剪辑流程：小短片　技术掌握：影片剪辑流程的具体运用　　　　　　　　　　　　　　页码：52

实战：基础剪辑　技术掌握：镜头初剪技术的应用　　　　　　　　　　　　　　　　　页码：76

实战：镜头精剪　技术掌握：镜头精剪技术的应用　　　　　　　　　　　　　　　　　页码：80

实战：云彩变速　技术掌握：素材速度的具体应用　　　　　　　　　　　　　　　　　页码：87

精彩案例

实战：四季变换 技术掌握：无级变速的具体应用   页码：89

实战：画面静止 技术掌握：冻结帧的具体应用   页码：90

综合实战：美景瀑布 技术掌握：素材剪辑、转场（淡入淡出）、音频淡出等知识点的综合应用   页码：91

实战：制作画面遮幅 技术掌握："宽银幕"滤镜的具体应用   页码：104

实战：水乡调色 技术掌握："老电影"滤镜的具体应用　　页码：105

实战：画面压角的制作 技术掌握：手绘遮罩滤镜的基础应用　　页码：106

实战：自定义遮罩 技术掌握：手绘遮罩滤镜的基础应用　　页码：107

实战：混合滤镜的应用 技术掌握：混合滤镜的基础应用　　页码：110

实战：组合滤镜的应用 技术掌握：组合滤镜的基础应用　　页码：111

精彩案例

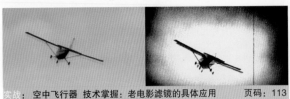

实战： 空中飞行器 技术掌握：老电影滤镜的具体应用　　　　页码：113

实战： 树林校色 技术掌握：YUV曲线滤镜的整合应用　　　　页码：121

实战： 公园调色 技术掌握："三路色彩校正"滤镜的整合应用 页码：122

实战： 海滩 技术掌握："色彩平衡"滤镜的整合应用　　　页码：123

实战： 麦穗 技术掌握："颜色轮"滤镜的整合应用　　　　页码：125

综合实战：夕阳 技术掌握：三路色彩校正、YUV曲线和色彩平衡滤镜的综合应用 页码：128

实战：镜头叠化的制作 技术掌握："视频透明线"关键帧的具体应用　　　　　　　　　　　　页码：132

实战：自定义风格的转场 技术掌握："Alpha自定义图形"转场滤镜的具体应用　　　　　　　　页码：137

实战：变迁 技术掌握：转场滤镜的添加与具体应用　　　　　　　　　　　　　　　　　　　页码：146

实战：公园一角 技术掌握：转场滤镜的添加与具体应用 页码：141

综合实战：短片赏析 技术掌握：各滤镜属性的自定义设置与修改 页码：147

精彩案例

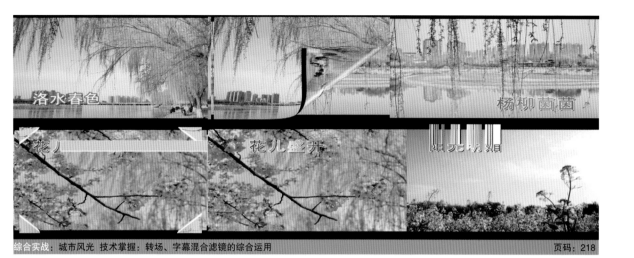

综合实战：城市风光 技术掌握：转场、字幕混合滤镜的综合运用   页码：218

13.2 开机视频赏析 技术掌握：了解和掌握影片的常规制作流程   页码：256

13.4 人文美景 技术掌握：镜头初剪、精剪、音频处理、节奏等应用   页码：266

【视频字幕制作 14-1】：旅游专线 技术掌握：Quick Titler字幕工具的整合应用   页码：276

精彩案例

【视频字幕制作 14-2】：天气预报1 技术掌握：Quick Titler字幕工具和视频布局的应用　　页码：279

【视频字幕制作 14-4】：国画效果 技术掌握：色彩平衡、焦点柔化、平滑模糊以及铅笔画等滤镜的综合应用　　页码：291

【视频字幕制作 14-5】：水墨效果 技术掌握：单色、YUV曲线、焦点柔化和浮雕等视频滤镜以及混合模式的应用　　页码：298

商业案例：豫见河南 品味洛阳 技术掌握：城市文化宣传片的制作流程　　页码：308

中文版

EDIUS Pro 7

从入门到精通

樊宁宁 编著

人 民 邮 电 出 版 社

北 京

图书在版编目（CIP）数据

中文版EDIUS Pro 7从入门到精通 / 樊宁宁编著. --
北京：人民邮电出版社，2016.4（2017.7重印）
ISBN 978-7-115-41560-8

Ⅰ．①中… Ⅱ．①樊… Ⅲ．①视频编辑软件 Ⅳ.
①TN94

中国版本图书馆CIP数据核字(2016)第028471号

内 容 提 要

本书详细地介绍了视频剪辑的制作流程和细节，帮助用户快速掌握 EDIUS Pro 7 软件的使用方法。全书共 15 章，包括剪辑常识大讲堂、剪辑入门必修知识、进入 EDIUS Pro 7 的世界、 EDIUS Pro 7 的剪辑流程、素材的采集与导入、素材的剪辑与操作、视频滤镜的应用、视频转场的应用、特效合成制作、字幕的应用、音频音效制作、视音频输出、实战案例制作、综合案例制作和商业案例等方面的内容，并在讲解过程中配有大量的辅助案例、练习、提示和技巧说明。

本书内容全面、结构清晰，案例操作步骤详细，语言通俗易懂。所有案例都具有较高的技术含量，实用性强，便于读者学以致用。无论用户是在视频剪辑方面具有一定经验和水平的专业人士，还是对视频剪辑感兴趣的初学者，都可以在本书中找到适合自己的内容。

本书的配套学习资源包括 PPT 课件、多媒体教学录像和实例文件，读者可通过在线方式获取这些资源，具体方法请参看本书前言。

本书适合作为全国各类院校影视后期制作专业的基础课程教材、社会影视后期培训班的首选教材和广大影视剪辑制作爱好者的自学用书。另外，本书同样适合刚从事影视后期制作的初、中级读者阅读。

◆ 编　著　樊宁宁
　　责任编辑　张丹丹
　　责任印制　陈　犇

◆ 人民邮电出版社出版发行　　北京市丰台区成寿寺路 11 号
　　邮编 100164　　电子邮件 315@ptpress.com.cn
　　网址 http://www.ptpress.com.cn
　　固安县铭成印刷有限公司印刷

◆ 开本：787×1092　1/16
　　印张：19.75　　　　　　　　彩插：4
　　字数：568 千字　　　　　　2016 年 4 月第 1 版
　　印数：3 001－3 600 册　　　2017 年 7 月河北第 3 次印刷

定价：49.00 元

读者服务热线：(010)81055410　印装质量热线：(010)81055316
反盗版热线：(010)81055315
广告经营许可证：京东工商广登字 20170147 号

前　言

EDIUS是Grass Valley（草谷）公司推出的一款非常优秀的非线性剪辑软件。无论是在广播新闻、新闻杂志内容、工作室节目、纪录片方面，还是在4K影视制作方面，EDIUS都是剪辑师们的最佳选择。与其他的EDIUS书籍相比，本书的特点是在重点介绍基础的命令、菜单、工具的同时，辅以多个配套的案例讲解和练习，举一反三并侧重相关技巧的阐述。希望各位读者不仅能很好地掌握相关的技巧和经验，更重要的是，能够从学习中找到乐趣并获得精神食粮，树立信念。

本书共分为15章，主要内容如下。

第1章"剪辑常识大讲堂"。主要讲解线性与非线性的基本概念、剪辑艺术修养、剪辑软件介绍、EDIUS Pro 7编辑硬件和剪辑行业的应用。对于即将从事或刚从事剪辑工作的人员来说，该章节是进入剪辑行业的基础或起点。

第2章"剪辑入门必修知识"。主要讲解影视后期剪辑涉及的一些入门基础知识，包括视频基础常识、常用图形图像文件的格式、常用视频压缩编码格式、常用音频压缩编码格式、常用视音频播放软件以及常用视频格式转换软件。

第3章"进入EDIUS Pro 7的世界"。主要讲解了EDIUS Pro 7新增的功能、对软硬件环境的需求、软件安装方法、工作界面的基本构成以及核心功能窗口的学习。

第4章"EDIUS Pro 7的剪辑流程"。主要讲解EDIUS Pro 7的标准化剪辑流程，为读者后续剪辑出好的作品打下坚实的基础。

第5章"素材的采集与导入"。主要讲解在EDIUS Pro 7中如何使用无磁带格式采集、软件与1394接口采集和素材导入与管理。

第6章"素材的剪辑与操作"。主要讲解素材的常规剪辑方法，素材的重命名、替换、分离、成组、变速等知识点和相应的操作。通过综合实战案例《美景瀑布》来巩固和强化本章知识点的应用。

第7章"视频滤镜的应用"。主要讲解在EDIUS Pro 7中如何添加滤镜、设置滤镜属性、删除滤镜和关闭（或隐藏）滤镜；视频滤镜和色彩校正的应用；最后通过综合案例来巩固和强化本章知识点的应用与拓展。

第8章"视频转场的应用"。主要讲解EDIUS Pro 7中提供的多种转场的方式及应用，以满足各种镜头切换的需要。

第9章"特效合成制作"。主要讲解EDIUS Pro 7中提供的特效制作与合成的功能，主要有视频布局、轨道蒙版、遮罩、抠像、色彩校正和叠加模式等模块的知识点。

第10章"字幕的应用"。主要讲解EDIUS Pro 7中Quick Titler字幕工具的详细应用。

第11章"音频音效制作"。主要讲解EDIUS Pro 7中调音台的控制、声音的录制、音频滤镜和声道映射的具体应用。

第12章"视音频输出"。主要讲解EDIUS Pro 7中如何将剪辑完成的工程文件输出到磁带、视频文件或者刻录DVD。

第13章"实战案例制作"。在本章中，通过3个具体的案例讲解，旨在提升读者对实战片子的把控能力，同时也为后续的综合案例和商业案例的讲解与制作打下坚实的基础。

第14章"综合案例制作"。在本章中，挑选视频字幕制作和风格调色制作两大类共计6个最具代表性、相对实用的综合案例，旨在提升读者的实战应用水平与能力。

第15章"商业案例"。在本章中，以"洛阳文化旅游宣传片"为主题，详细讲解该宣传片的制作流程（剪辑、小元素的包装制作等），让读者了解和学习到视频剪辑的商业制作流程。

本书由北京MGTOP设计团队、洛阳师范学院和郑州电子信息职业技术学院共同编著，编写的人员有樊宁宁、荆菲菲和周霞。感谢吉家进（阿吉）视觉导演对本书提供的宝贵建议和技术指导。由于编写时间和精力有限，书中难免会有不妥之处，恳请广大读者批评指正。在学习本书过程中如需要帮助，读者可以加入QQ超级服务群：44353587。

本书所有的学习资源文件均可在线下载，扫描封底的"资源下载"二维码，关注我们的微信公众号即可获得资源文件下载方式。资源下载过程中如有疑问，可通过我们的在线客服或客服电话与我们联系。在学习的过程中，如果遇到问题，也欢迎您与我们交流，我们将竭诚为您服务。

您可以通过以下方式来联系我们。

官方网站：www.iread360.com

客服邮箱：press@iread360.com

客服电话：028-69182687、028-69182657

最后，非常感谢您选用了本书，衷心希望本书能让您有所收获，谢谢！

编者

2016年2月于洛阳

目录

EDIUS

第 1 章

剪辑常识大讲堂

本章主要介绍线性与非线性编辑的基本概念、剪辑艺术修养、剪辑软件介绍、EDIUS 编辑硬件和剪辑行业的应用。这些基本常识，对于即将从事或刚从事剪辑工作的人员来说是基础，也是重要的知识点。

本章学习要点：

线性与非线性编辑

非线性剪辑的艺术修养

剪辑利器博览

EDIUS 编辑硬件

剪辑行业的应用

1.1 线性与非线性编辑

在本小节中，我们一起来学习线性编辑与非线性编辑的基本概念以及这两种编辑方式的不同之处。

1.1.1 剪辑的概念

剪辑是指将拍摄的镜头素材进行组合，并加上字幕、配上解说及音乐，最终形成一个情节流畅、含义明确、主题鲜明并有艺术感染力的影片。剪辑既是影片制作过程中一项必不可少的工作，也是影片艺术创作过程中所进行的最后一次再创作。

影视剪辑主要分为线性编辑和非线性编辑两大类，下面进行简要介绍。

1.1.2 线性编辑

传统的线性编辑是录相机通过机械运动使用磁头将25帧/秒的视频信号顺序记录在磁带上，在编辑时按照信息记录顺序寻找所需的视频画面，然后从磁带中重放视频数据来进行编辑。线性编辑主要设备由放像机、录像机、录音机、调音台、编辑控制器、切换机、字幕机、数字特技机等硬件组成，其工作流程十分复杂。

用传统的线性编辑方法插入与原画面时间不等的画面或删除节目中某些片段时都要重新编辑，且每编辑一次视频质量都会有所下降。

1.1.3 非线性编辑

随着高速处理器和DV的流行和普及，"非线性编辑"一词越来越被大家熟悉。非线性编辑系统是指把输入的各种视音频信号进行模拟信号到数字信号的转换，并采用数字压缩技术将其存入计算机硬盘中。非线性编辑不再采用磁带，而是使用硬盘作为存储介质来记录数字化的视音频信号，因为硬盘可以在1/25s（PAL）内完成任意一幅画面的随机读取和存储，实现视音频编辑的非线性操作。

如今的非线性编辑被赋予了很多新的含义。从狭义上讲，非线性编辑是指剪切、复制和粘贴素材，无需在存储介质上重新处理它们。从广义上讲，非线性编辑是指在用计算机编辑视频的同时，还能实现诸多的处理效果，如抠像、字幕和音效等。

对于能够编辑数字视频数据的软件，称之为非线性编辑软件，如EDIUS Pro 7、Premiere、Vegas和Final Cut等，它们都属于非线性编辑软件。

技巧与提示

目前，不少电视台使用的都是大洋或索贝的非线性系统。这类非线性系统由软件和硬件构成，带广播级的采集卡和编辑卡、一台高性能的视频工作站以及数字上载或模拟上载的视频输入设备等。

1.1.4 非线性编辑的特点

非线性编辑系统具有成本低、信号质量高、制作效率高、数据高度共享和网络传输等优势。从非线性编辑系统的作用来看，它能集录像机、切换台、数字特技机、编辑机、多轨录音机、调音台、MIDI创作等设备于一身，几乎囊括了所有传统的后期制作设备。

在对数字视频文件的编辑和处理时，它与计算机处理其他数据文件一样，可以随时、随地、多次反复地编辑和处理。任意剪辑、修改、复制和调动画面前后顺序，都不会引起画面质量的降低。可以说，相对于设备弱势和操作繁琐的传统线形编辑系统，非线性编辑系统更有优势。

1.2 非线性剪辑的艺术修养

在本小节中，主要讲解景别的基本概念和划分、镜头组接的常规技巧和规律，并讲解镜头组接的3种常用手法。

1.2.1 景别

景别是指由于摄影机与被摄体的距离不同，而造成被摄体在电影画面中所呈现出的范围大小的区别。通常情况下，我们把影像中的被拍摄主体作为依据来对景别进行分类。

根据在画面中截取被拍摄主体部位的多少，景别分为远景、全景、中景、近景、特写五大景别，其中后四种景别如图1-1所示。

不同的景别可以引起观众不同的心理反应和感受，塑造不同的画面节奏。使用全景能够较好地表现画面的气氛，中景则是表现人物与人物之间交流特别好的景别，近景侧重于揭示人物内心世界，特写最能表现出人物的情绪。

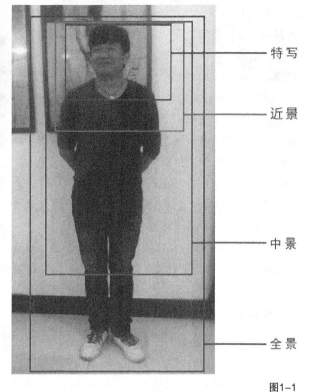

图1-1

1.远景

远景指的是被拍摄主体在画面中所占比例小于画面的四分之一，这种画面能突出背景的空间。远景是为了交代环境，气势宏大，能展示开阔的空间和场景全貌，以便抒发情感，渲染气氛，经常在开篇和结尾的时候使用这样的镜头，如图1-2所示。

图1-2

2.全景

全景指的是被拍摄主体的全身在画面中。全景主要起到叙事和描写的作用，侧重交代和说明，表现人物的关系和整体空间，如图1-3所示。

图1-3

3.中景

中景指的是人物膝盖以上的部位在画面中。中景既能看到部分面部表情，又能看到身体动作和姿态，常表现为人与人、人与物之间的动作和交流，如图1-4所示。

图1-4

4.近景

近景指的是人物胸部以上的部位在画面中。在影片中，近景主要用来突出面部表情，刻画人物性格，如图1-5所示。

图1-5

5.特写

特写指人物肩部以上的部分、被拍摄主体的局部细节在画面中。在影片中，特写镜头主要突出主观视点和细部特征以及需要被关注的点，如图1-6所示。

图1-6

技巧与提示

在影片中，利用复杂多变的场面和镜头调度，交替地使用各种不同的景别，可以使影片剧情的叙述、人物思想感情的表达、人物关系的处理更具有表现力，从而增强影片的艺术感染力和表现力。

1.2.2 镜头组接的技巧和规律

剪辑师要将一系列的镜头按照一定的排列次序、镜头发展的变化和情节组接起来，将其融合为一部完整而统一的影片。在本小节中将重点阐述镜头组接的一般技巧和规律。

1.理解镜头组接的逻辑性

镜头的组接在一般情况下需要符合生活和思维的逻辑，否则会出现观众不能理解、看不懂的情况。作品的主题和中心思想一定要明确，只有在这个基础上才能确定根据大众的思维逻辑和心理要求来选用镜头，并将它们有效地组接在一起。因此，镜头的组接必须符合大众的思想方式和影视的表现规律。

2.理解景别变化循序渐进的连贯性

在景别的选用和发展方面，需要采取循序渐进的方法。循序渐进地切换不同景别的镜头，使画面流畅、自然和连贯。如果景别切换过多，则不容易将剧情和画面组接起来；如果景别过少或变化不大，画面将会变得单一和枯燥，观众也容易产生视觉疲劳。

镜头组接的句式类似于文学句子，一个文学句子由若干个词组成；同理，镜头句式由若干个单独镜头组成，表示一个完整的意思或动作，而景别的安排是形成镜头句式的唯一元素。镜头组接常见的句形有5种。

第1种：前进式句型。这种叙述句型是指景别由远景、全景向近景、特写过渡。把观众的注意力从环境逐渐引向兴趣点，给人的感觉是情绪和气氛越来越强。

第2种：后退式句型。这种叙述句型是指景别由近景到远景。该句型适合于把细节部分放在前面突显出来，造成先声夺人的效果，再逐渐展示整体环境和氛围。

第3种：环行式句型。这种叙述句型是把前进式和后退式的句子结合在一起使用。由全景→中景→近景→特写，再由特写→近景→中景→远景，或者反过来运用。这类句型适合于情绪或气氛呈波纹形发展，一般在影视故事片中较为常用。

第4种：穿插式句式。这种句式是将几种句式相结合，使情绪随着景别的变化而起伏不定。

第5种：等同式句式。这种句式是指在一组戏中，景别基本一致或相同，主要用来表现对比、呼应和象征等效果。

3.理解遵循轴线规律的重要性

镜头组接要遵循"轴线规律"，组接在一起的画面一般是不能跳轴（越轴）的。在镜头中主体的运动、人物的视线和交流都会使画面具有方向性，编辑时必须根据现场人物所处的位置，处理好相邻两个镜头之间的方向关系，使观众对各个镜头所表现的空间有完整统一的感觉。另外，遵循"轴线规律"可以保证屏幕空间的统一感。

4.理解镜头组接遵循动接动、静接静的规律性

镜头组接要遵循"动接动"和"静接静"的规律，这里的"动"是指画面内主体的运动和镜头的运动，"静"指画面主体的静和画面本身是固定的镜头。

"动接动"和"静接静"有利于保持镜头的流畅和自然，这里的"动接动"和"静接静"是针对剪辑点位置上的"动"和"静"。当然在一些相对特殊的情况下，"动接静"和"静接动"也可以连接镜头。

在镜头组接时，如果画面中同一主题或不同主体的动作是连贯的，可以动作接动作，达到顺畅、简洁过渡的目的，这种组接简称为"动接动"。

如果两个画面中的主体运动不连贯，或者它们中间有停顿时，那么这两个镜头组接时必须在前一个画面主体做完一个完整动作停下来后，再接上一个从静止到开始的运动镜头，这种组接就是"静接静"。

"静接静"组接时，前一个镜头结尾停止的片刻叫作"落幅"，后一个镜头运动前静止的片刻叫作"起幅"，起幅与落幅的时间间隔大约为1~2秒钟。

运动镜头和固定镜头组接，也需要遵循这个规律。如果一个固定镜头要接一个摇镜头，那么摇镜头的开始应有起幅；相反一个摇镜头接一个固定镜头，那么摇镜头后应有落幅，否则画面就会给人一种跳动的视觉感。当然为了特殊效果的表现，有时也有"静接动"或"动接静"的镜头。镜头组接说到底就是节奏的控制和把握。

5.理解影调、色调变化与内容表达的统一性

影调是指画面上由颜色的深浅和色彩的配置而形成的明暗反差，它是画面造型和构图的主要手段，也是塑造剧情气氛的必要手段之一。

色调是指当画面的色彩组织和配置以某一颜色为主导时呈现出来的色彩倾向。利用色调可以表现情绪，创造意境。

影调和色调在一部片子中的作用和艺术表现力是不可低估的。在镜头组接时都应该保持影调和色调的一致性，否则将会产生视觉冲突，破坏时间描述的连贯性和影响内容表达的通畅性，最终打乱观众连贯的思维过程。

1.2.3 镜头组接的常用手法

在本小节中，主要讲解"连续组接""队列组接"和"分剪插接"3种常用的镜头组接手法。

1.连续组接

相连的两个或者两个以上的系列镜头表现同一主体的动作时，镜头转换的剪接点应选择在动作的进程中，这就是所谓的"动作中切"。

"动作中切"是最常用的动作剪辑方法，因为在"动作中切"时，动势的流程可冲淡由于景别变换所造成的视觉不协调感。剪辑点一般选择整个动作进程中的瞬间变化间隙点的位置，这样可以把动作衔接得更流畅。当然，"动作中切"也用于不同主体的动作连接剪接。例如，足球射门的镜头，把第一个镜头的结束点放在球员起脚踢球、球飞出的瞬间，第二个镜头的开始点放在守门员跃起扑球。

对不同主体的动作剪辑应注意几个问题：第一要注意动势自然衔接，使两个不同主体镜头的运动具有相同的动势；第二要注意动作形态的相似；第三要保持在相同的画面区域内。

2.队列组接

有时，相连镜头并不是同一主体的组接。由于主体的变化，下一个镜头主体的出现，观众会联想到上下画面的关系，这样会起到呼应、对比、隐喻、烘托的作用。这种镜头组接方式是队列组接，它有两种方式，即形象队列和构图对位。

形象队列就是一个独立的镜头与另一个独立的镜头画面相连接而产生的一个新概念。

构图对位是一种形象与另一种形象相连接产生的一种比喻，一种寓意。这种方式达到的效果可更形象地描写人物，这种描写不用语言，也不用声音，而是用形象，这也是镜头中最直接、最有说服力的表现手法。

3.分剪插接

分剪是指将一个内容连续或意义完整的镜头分为两个或两个以上的镜头使用，其屏幕效果不再是一个镜头。插接是指将分剪的镜头按照一定的逻辑意义联系在一起，形成新的镜头序列。

实际上，镜头的组接方法是多种多样的，通常是按照导演的意图、根据情节的内容和需要来进行设计的，没有具体的规定和限制。剪辑师可以根据具体情况来发挥，但不能脱离实际的情况和需求，从加大镜头的信息量和如何有效地利用镜头组接规律去考虑，选择有用的镜头进行组接。一部优秀的影片，意味着每个镜头都能传达一定的信息量。

1.3 剪辑利器博览

在Windows或MAC系统平台中，常用的专业剪辑软件有Premiere、Vegas、Avid、Final Cut Pro X和EDIUS等软件。

1.3.1 Premiere

Premiere是Adobe公司为剪辑爱好者和专业剪辑师开发的一款剪辑软件。Premiere提供了采集、剪辑、调色、美化音频、添加字幕、输出、刻录DVD

的一整套流程，并和其他Adobe软件（Photoshop、Illustrator、After Effects、Audition、SpeedGrade等）高效集成，足以满足剪辑师在编辑、制作、工作流程上遇到的所有挑战和要求。Premiere的最新版本为Adobe Premiere Pro CC，启动界面如图1-7所示。

图1-7

在原有的基础上，Adobe Premiere Pro CC改进并增加了不少功能。该版本增加了多GPU支持，能使用户利用所有的GPU资源，让多个Adobe Premiere Pro CC工作在后台排队渲染；并重新设计了Timeline（时间线），包括新的快捷键和新的选择性粘贴属性对话框；"链接"和"定位"可以帮助用户轻松找到编辑过程中所需的文件；在Muticam编辑中加入了多轨音频同步功能；拥有全新的隐藏字幕功能；内置了更多的编解码器和原生格式；拥有最新的Lumetri Deep色彩引擎，颜色分级更高效等。其工作界面如图1-8所示。

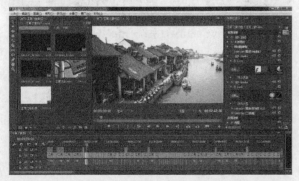

图1-8

1.3.2 Vegas

Vegas是SONY公司开发的一款专业影像编辑软件，也是PC上最佳的入门级视频剪辑软件之一。Vegas家族共有四个系列，包括Vegas Movie Studio、Vegas Movie Studio Platinum、Vegas Movie Studio Platinum Pro Pack 和Vegas Pro。其中前三个系列是为民用级的非线性编辑系统提供的产品解决方案，后一个Sony Vegas Pro系列是为专业级别的影视制作者们准备的视音频编辑系统，可以编辑出更完美的视频效果。Vegas的最新版本为Sony Vegas Pro 12，其启动界面如图1-9所示。

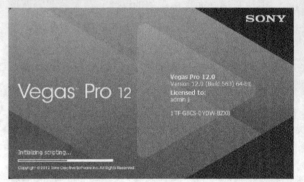

图1-9

Vegas Pro 12具有强大的后期处理功能，可以对视频素材进行剪辑合成、特效添加、颜色调整和字幕编辑等操作；可以为视频素材添加音效、录制声音、处理噪声以及生成杜比5.1环绕立体声；可以将编辑好的视频输出为各种格式的影片，并直接发布于网络或刻录成光盘以及回录到磁带中。Vegas Pro 12提供了全面的HDV和SD/HD-SDI采集、剪辑、回录支持，也可以通过Blackmagic DeckLink硬件板卡实现专业SDI采集支持。其工作界面如图1-10所示。

图1-10

1.3.3 Avid

世界著名的数字式视频编辑软、硬件开发商爱维德技术公司（Avid Technology Inc）具备尖端的视频技术，能够处理广播级的录像、电影和音频制作。

Avid提供了一系列专为后期制作专业人员设计的不同配置的产品。无论是Media Composer单独的软件产品，还是配备了功能强大的Avid DNA产品系列，Media Composer都是全球最佳剪辑软件之一，具有强大的性能、多功能特性和完美的Media Composer工具集。Media Composer的最新版本为Media Composer 7.0，启动界面如图1-11所示，工作界面如图1-12所示。

图1-11

图1-12

1.3.4 Final Cut Pro X

Final Cut Pro是苹果公司开发的一款专业视频非线性编辑软件，第一代Final Cut Pro在1999年推出。Final Cut Pro是Final Cut Studio中的一款产品，Final Cut Studio中还包括Motion livetype soundtrack等字幕、包装和声音方面的软件。

Final Cut Pro分为两种不同的版本，老版本更新到7.0.3后，苹果公司于2011年发行了新的版本——Final Cut Pro 10.0，也称为Final Cut Pro X，启动界面如图1-13所示。

图1-13

最新版本Final Cut Pro X包含进行后期制作所需的一切功能，如导入并组织媒体、编辑、添加效果、改善音效和颜色分级以及输出等，所有的操作都在该系统中完成，工作界面如图1-14所示。

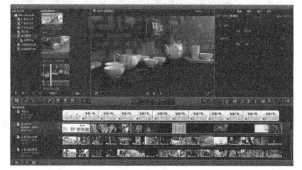

图1-14

Final Cut Pro X在视频剪辑方面进行了大规模更新。新的Magnetic Timeline（磁性时间线）可令多条剪辑片段如磁铁般吸在一起，剪辑片段能够自动让位，避免了剪辑的冲突和同步等问题；Clip Connections（片段相连）功能可将B卷、音效和音乐等元素与主要视频片段链接在一起；Compound Clips（复合片段）可将一系列复杂元素规整地折叠起来；Uditions（试镜）则可将多个备选镜头收集到同一位置，循环播放来挑选最佳镜头。

Final Cut Pro X为64位软件，支持多路多核心CPU、GPU加速和后台渲染，可编辑从SD到4K的各种分辨率视频，ColorSync管理的色彩流水线则可保证全片色彩的一致性。

Final Cut Pro X的另一项主要更新是内容自动分析功能。载入视频素材后，系统可在剪辑师进行编辑的过程中，自动在后台对素材进行分析，根据媒体属性标签、摄像机数据、镜头类型和画面中包含的任务数量进行归类整理。

1.3.5 大洋

中科大洋科技是国内著名的广播电视设备制造商和集成商之一，主要从事广播电视专业设备及相关产品的研制、开发和生产。大洋D3-Edit是一款高性能剪辑系统，全插件开放式构架、智能合成、强大的GPU三维特技、高效灵活的工作流程、专业音频处理功能和字幕与视频编辑的高度融合等是该系统的主要特征。大洋D3-Edit产品在国内各电视台被广泛使用，如图1-15所示。

图1-15

大洋D3-Edit不仅可以通过传统的AV采集（复合、分量、SDI等），也可通过IEEE1394采集原始DV信号（Mini DV、Sony DVCAM、Panasonic DVCPRO25/50等设备），这两种方式采集的信号均可被1394接口采集到系统中供编辑、调用。节目完成后，既可通过AV信号下载到录像带中，又可通过IEEE1394直接输出到DV设备中，码流可高达50M。

通过USB2.0/3.0接口将Panasonic P2驱动器连接到D3-Edit系统中，即可对P2卡上的素材进行编辑处理。当编辑完成后，除了可以通过传统的AV方式将节目下载到普通录像机中，也可将视频输出到P2卡上，真正实现全制作流程的无带化。

D3-Edit可以混合编辑多种格式的素材，如YUV、DV25、DV50、MPEG2-I、MPEG2-IBP、TS、AVI、WMV、RM和MOV等，并且可将制作好的视频生成广播质量的各种格式的视频文件，也可生成用于网络的流媒体文件，生成速度最快可达10：1。

1.3.6 EDIUS

EDIUS是由Grass Valley（草谷）公司推出的一款非常优秀的非线性剪辑软件。该软件专为广播和后期制作而设计。

EDIUS拥有完善的基于文件工作流程，提供实时、多轨道、多格式混编、合成、色键、字幕和时间线输出功能，除了支持标准的EDIUS系列格式，还支持Infinity™ JPEG 2000、DVCPRO、P2、VariCam、Ikegami GigaFlash、MXF、XDCAM和XDCAM EX等视频素材格式，同时还支持所有DV、HDV摄像机和录像机，最新版本为EDIUS Pro 7，启动界面如图1-16所示。

图1-16

EDIUS Pro 7因其高效、易用和稳定为广大剪辑师和电视人广泛使用，是混合格式编辑的绝佳选择。其工作界面如图1-17所示。

图1-17

1.3.7 Smoke

Smoke是由Autodesk公司开发的一款剪辑系统，它不仅是剪辑软件，同时还是3D特效制作软件，如图1-18所示。

Smoke主要用于SD、HD、2K及更高级电影的剪辑。Smoke是杰出的一体化在线剪辑和创造性完成系统，为创造性剪辑工作和客户监看下的制作任务提供实时的混合分辨率交互功能。

图1-18

此外，Smoke能与Autodesk视觉特效系统协同工作。Autodesk Inferno是高清视觉特效的终极交互式设计系统；Autodesk Flame是行业领先的实时视觉特效设计与合成系统；Autodesk Flint是用于后期制作和广播电视图形的高级视觉特效系统；Autodesk Backdraft Conform是媒体管理、后台I/O和整合的灵活解决方案；Autodesk Lustre是高性能的2K/4K数字调色配光和色彩校正系统。Smoke不仅为我们提供了一套创作工具包，还在竞争激烈的行业中保持领先优势。

1.4 EDIUS编辑硬件

EDIUS的非编编辑系统由EDIUS剪辑软件和EDIUS编辑硬件两部分构成，它们都是由Grass Valley（草谷）公司自主研发和生产，从根本上确保了系统的兼容和稳定。

EDIUS编辑硬件不仅支持视频的采集、在监视器上显示以及最终的输出等功能，还可以代替CPU、GPU来渲染图像。三款功能各异的HDSTORM、EDIUS NX和EDIUS SP-SDI是专为EDIUS剪辑软件设计的编辑硬件系统，这三款硬件产品包装中都内附了EDIUS安装文件。EDIUS支持OHCI火线，支持从DV和HDV设备中直接输入、输出视频等功能。

1. HDSTORM

HDSTORM是Grass Valley推出的基于HDMI的PCI Express接口编辑板卡，剪辑师通过HDMI接口可以轻松地输入和输出视频，其板载Canopus HQ硬件编解码器可以让CPU从繁重的任务中解脱出来，并优化采集和输出视频。

HDSTORM硬件可以和EDIUS软件完美结合，可以处理任何高清和标清的节目，视频、音频、字幕和图像层数都没有限制，可以应用任何实时的特效。HDSTORM硬件如图1-19所示。

图1-19

在采集或生成用于编辑的高质量的Canopus HQ AVI文件时，Canopus HQ编解码器可以让剪辑师不再受限于CPU的速度或工作站配置。Canopus HQ编解码器不仅提供完美的图像质量，而且在采集高清视频时不会耗费过多的硬盘空间。

HDSTORM可以确保从高清素材输出生成的高清节目完全保留了原始的图像质量，以便用于进一步的编辑、DVD或蓝光盘制作，或者将其保存下来以备后用。由于拥有清晰的输入质量，即使转换成其他播出格式（如手机或网络播出格式时），画面也一样清晰。

HDSTORM可以让剪辑师直接在EDIUS时间线中同步输出全分辨率的特效和视频预览，其独立的压缩过程使编辑和特效制作的环境更加稳定，使性能和效率更高。

2. EDIUS NX

EDIUS NX秉承了Canopus系列先进的非线性解决方案的一贯传统，如DVRex、DVRex RT、DVStorm和DVStorm 2。它全面继承了前辈的优势，而且受益于64位PCI总线的支持，使模拟输入质量提升，并为可以编辑的视频格式，如HDV、HDCAM和DVCPRO HD等，提供方便的升级途径，如图1-20所示。

EDIUS NX采用无缝的实时工作流程，混合编辑各种模拟、数字视频格式，为编辑人员提供了无限的视频、音频和特效层，让剪辑师体验到标清视频制作的感觉，其特有的广阔升级空间能引领剪辑师将视频快捷地过渡到高清（通过增加HD扩展选件可实现完善的HD输入/输出,并可将高清视频输出到高质量的监视器上预览)。

图1-20

3. EDIUS SP-SDI

EDIUS SP-SDI是EDIUS系列中面向专业级视音频编辑领域推出的重量级产品,它不仅继承了Canopus优异的DV编解码技术,同时也结合Canopus独有的"CPU+GPU+硬件加速+编码"和媒体技术,具有可无限升级的多格式混编的实时能力。

EDIUS SP-SDI是DVREX-RT Pro的升级换代产品,如图1-21所示,它除了继承上一代产品优异的DV编解码技术,还具有Canopus 新一代的HQ编码技术,以便在大压缩率的情况下,保证高品质的图像质量。

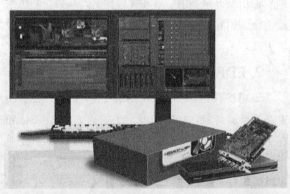

图1-21

因为有与DVREX-RT Pro相同的视/音频接口,EDIUS SP-SDI保证了与前后期设备广泛的兼容性,包括对BetaCAM SP、DVCAM、DVCPRO25等专业级视频设备的支持。通过HDV、DVCPRO 50、DVCPRO HD选件,EDIUS SP-SDI可直接采集HDV、DVCPRO 50、DVCPRO HD的原始信号。

EDIUS SP-SDI通过选配高清选件就可以采集、编辑和输出HDV的信号,这也为进入高清时代的编辑提供了必要的基础。

1.5 剪辑行业的应用

"非线性剪辑"在剪辑行业的应用主要有电影剪辑、电视剧剪辑、微电影制作、电视节目制作、宣传片剪辑、婚礼MV制作等方面。

1.5.1 电影剪辑

一部影片的镜头往往少则几百个、多则上千个,可见电影剪辑是一项繁重而细致的工作。电影剪辑往往要经过初剪、复剪、精剪和综合剪等步骤,这就要求剪辑师比较精准地把控镜头,同时非常到位地理解镜头,既要保证镜头与镜头组成的动作事态外观的自然、连贯和流畅,又要突出镜头并列赋予动作事态内在含义的表现性效果。

电影剪辑要保证叙事与表现双重功能的辩证统一,这也是剪辑艺术技巧运用于电影创作的总则。要实现这双重功能,需要掌握传统的剪辑技法和创造性的剪辑艺术技巧,如图1-22所示。

图1-22

1.5.2 电视剧剪辑

在电视剧剪辑中,剪辑工作一般由剪辑师和剪辑助理来完成。随着电视剧剪辑流程的不断发展和细化,剪辑助理又细分为"大助理"和"小助理"。

一般来说"小助理"负责采集素材和搭对白;"大助理"负责粗剪,对剪辑点进行控制,并把内容剪辑出来;剪辑师则根据剧本调整内容、剪辑点和卡时间长度。在剪辑师剪完后,得到的基本上就是我们看到的成品电视剧了（有时候会根据导演的意图做些修改），如图1-23所示。

图1-24

1.5.4 电视节目制作

电视节目的制作主要分为策划、拍摄和后期制作三个部分，其中后期制作的部分是将拍摄素材剪辑为完整的电视节目。后期制作最常用的方法就是将多机位拍摄的内容剪辑为一期节目，并为节目添加上制作的包装（如片头、片花、片尾和导视系统等），如图1-25所示。

图1-23

1.5.3 微电影制作

微电影从起初个人随性的拍摄，渐渐登堂入室，上升到了电影的层次，投资规模也从几十万到几千万不等。其实微电影（即微型电影）是在电影和电视剧艺术的基础上衍生出来的小型影片，具有完整的故事情节和很强的观赏性。随着DV摄像机和单反相机的普及，微电影以其短小、精练和灵活的形式风靡中国互联网，如图1-24所示。

图1-25

1.5.5 宣传片剪辑

宣传片一般由企业自主投资制作，主观介绍自有企业的主营业务、产品、企业规模和人文历史等的专题片。宣传片主要有四种，即企业宣传片、企业形象片、企业专题和企业历史片。

剪辑师根据脚本和配音对拍摄的素材进行挑选、剪辑和优化组合，在宣传企业的同时展现片子的整体风格、节奏和美感，如图1-26所示。

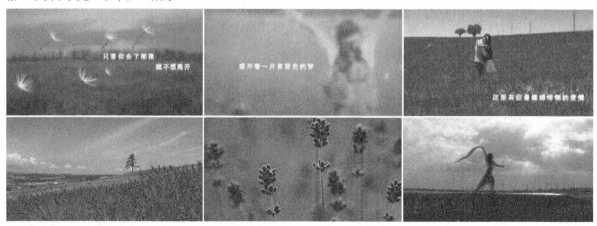

图1-26

1.5.6 婚礼MV制作

婚礼MV，顾名思义，就是把婚礼拍成MV，在拍摄与制作过程中加入MV元素。婚礼MV主要由新人恋爱故事、结婚筹备和婚礼现场等不同时段的内容构成。在婚礼MV制作中，主要考验剪辑师对素材、色调和氛围的把控能力，如图1-27所示。

图1-27

EDIUS

第 2 章

剪辑入门必修知识

本章主要介绍影视后期剪辑涉及的一些入门基础知识，包括视频基础常识、常用图形图像文件的格式、常用视频压缩编码格式、常用音频压缩编码格式、常用视音频播放软件以及常用视频格式转换软件。了解和掌握这些知识是本章学习的重点。

本章学习要点：

视频基础常识
常用图形图像文件的格式
常用视频压缩编码格式
常用音频压缩编码格式
常用视音频播放软件
常用视频格式转换软件

2.1 视频基础常识

多媒体文件有很多种格式，按类型可分为视频、音频和图形图像3大类，在日常生活和工业生产中，这些文件都与我们紧密相连。不同的多媒体编辑软件对多媒体文件的支持也不一样，本节将针对剪辑影片制作中所涉及的基础知识做简要讲解，以便配合不同硬件设备、平台和各种软件的使用。

2.1.1 电视制式

电视制式是对电视信号的传输方式及各项技术指标的规定，包括黑白电视体制、彩色电视制式和频道划分。全球有多种电视制式，主要使用的电视广播制式有NTSC、PAL、SECAM 3种，每种制式都有各自的特点，下面介绍这3种常见制式。

1. NTSC制

NTSC是国家电视标准委员会，National Television Standards Committee的缩写，其制定的NTSC制奠定了"标清"的基础。不过该制式从产生以来除了增加了色彩信号的新参数之外没有太大的变化，且信号不能直接兼容于计算机系统。

NTSC制式的电视播放标准如下。

◎ 分辨率720像素×480像素。
◎ 画面的宽高比为4:3。
◎ 每秒播放29.97帧（简化为30帧）。
◎ 扫描线数为525。

目前，美国、加拿大等大部分西半球国家以及日本、韩国、菲律宾等在使用该制式。

2. PAL制

PAL制式又称为帕尔制，由前联邦德国在NTSC制的技术基础上研制出来的一种改进方案，克服了NTSC制对相位失真的敏感性。

PAL制式的电视播放标准如下。

◎ 分辨率720像素×576像素。
◎ 画面的宽高比为4:3。
◎ 每秒播放25帧。
◎ 扫描线数为625。

目前，中国、印度、巴基斯坦、新加坡、澳大利亚、新西兰以及一些西欧国家和地区在使用该制式。

3. SECAM制

SECAM是法文Sequentiel Couleur A Memoire的缩写，意思是"按顺序传送彩色与存储"，SECAM制又称塞康制，由法国研制。SECAM制式的特点是不怕干扰、彩色效果好，但兼容性差。

SECAM制的电视播放标准如下。

◎ 画面的宽高比为4:3。
◎ 每秒可播放25帧。
◎ 扫描线数为819。

SECAM制式有3种形式：一是法国SECAM（SECAM-L），用在法国和它以前的群体上；二是SECAM-B/G，用在中东地区、德国东部地区和希腊；三是SECAM D/K，用在俄罗斯和西欧国家。

2.1.2 分辨率

分辨率（Resolution，也称为"解析度"）是指单位长度内包含的像素点的数量，它的单位通常为像素/英寸（ppi）。

由于屏幕上的点、线和面都是由像素组成的，因此显示器可显示的像素越多，画面就越精细，同样的屏幕区域内能显示的信息也就越多。以分辨率为720像素×576像素的屏幕来说，即每一条水平线上包含720个像素点，共有576条线，即扫描列数为720列、行数为576行。

分辨率不仅与显示尺寸有关，还受显像管点距、视频带宽等因素的影响，另外，它还和刷新频率的关系比较密切。当然，分辨率过大的图像在视频制作时会浪费很多的制作时间和计算机资源，分辨率过小的图像则会使图像在播放时清晰度不够。

2.1.3 隔行扫描和逐行扫描

通常显示器分隔行扫描和逐行扫描两种扫描方式。

相对于隔行扫描，逐行扫描是一种先进的扫描方式，它是指显示屏对显示图像进行扫描时，从屏幕左上角的第一行开始，逐行进行，整个图像扫描一次即完成扫描。因此，图像显示画面闪烁小，效果好。目前，先进的显示器大都采用逐行扫描方式。

隔行扫描是指每一帧被分割为两场，每一场包含了一帧中所有的奇数扫描行或者偶数扫描行，通常是先扫描奇数行得到第一场，然后扫描偶数行得到第二场。由于视觉暂留效应，人眼将会看到平滑的运动而不是闪动的半帧半帧的图像。但是，这种方法导致两幅图像显示的时间间隔比较大，从而使图像画面闪烁较大。因此，这种扫描方式较为落后，通常用在早期的显示产品中。

 技巧与提示

至于选择哪一种扫描方式，主要取决于视频系统的用途。在电视的标准显示模式中，i表示隔行扫描，p表示逐行扫描。

2.1.4 数字信号与模拟信号

视频记录方式一般有两种，一种是以数字信号（Digital）的方式记录，另一种是以模拟信号（Analog）的方式记录。

数字信号以0和1记录数据内容，常用于一些新型的视频设备，如DC、Digits、Beta Cam和DV-Cam等。数字信号可以通过有线和无线的方式传播，传输质量不会随着传输距离的变化而变化，但必须使用特殊的传输设置，以保证在传输过程中不受外部因素的影响。

模拟信号以连续的波形记录数据，用于传统影音设备，如电视、VHS、S-VHS、V8、Hi8摄像机等。模拟信号也可以通过有线和无线的方式传播，其传输质量随着传输距离的增加而衰减。

在视频编辑中，通常用时间码来识别和记录视频数据流中的每一帧，从一段视频的起始帧到终止帧，其间的每一帧都有一个唯一的时间码地址。根据动画和电视工程师协会（Society of Motion Picture and Television Engineers，SMPTE）使用的时间码标准，其格式是"小时:分钟:秒:帧"或hours:minutes:seconds:frames。例如，一段长度为00:01:25:15的视频片段的播放时间为1分钟25秒15帧；如果以每秒30帧的速率播放，则它的播放时间为1分钟25.5秒。

根据电影、录像和电视行业中使用的不同帧速率，各有其对应的SMPTE标准。由于技术的原因，NTSC制式实际使用的帧率是29.97f/s而不是30f/s，因此在时间码与实际播放时间之间有0.1%的误差。为了解决这个误差问题，设计出丢帧（Drop-frame）格式，即在播放时每分钟要丢2帧（实际上是有2帧不显示而不是从文件中删除），这样可以保证时间码与实际播放时间的一致。与丢帧格式对应的是不丢帧（Nondrop-frame）格式，它忽略时间码与实际播放帧之间的误差。

2.1.5 复合视频信号

复合视频信号（Composite Video Signal）包括亮度和色度的单路模拟信号，它由色度（色彩和饱和度）和亮度信息、声画同步信息、消隐信号脉冲一起组成单信号。

复合视频信号也称为基带视频信号或RCA视频信号，使用NTSC电视信号传送图像数据。在快速扫描NTSC电视中，高频（VHF）和超高频（UHF）载波通过复合视频信号进行振幅调制。

在复合视频信号中，色度和亮度之间的信号干扰是不可避免的，信号越弱干扰越严重。在用录像带、VCD机等与监视器连接时，只使用一个视频信号，这个信号就是复合信号。复合信号就是由分量信号YUV进一步转换得到的。

2.2 常用图形图像文件的格式

在视频剪辑中，涉及的文件格式和压缩编码也是多种多样的。为了以后进行更好的制作，下面详细介绍最常用的图形图像文件的格式。

2.2.1 JPEG格式

JPEG是最常见的一种图像格式，它的扩展名为.jpg或.jpeg，其压缩技术十分先进。它用有损压缩方式去除冗余的图像和彩色数据，在取得极高的压缩率的同时能展现十分丰富生动的图像（换句话说，就是可以用最少的磁盘空间得到较好的图像质量）。

由于JPEG格式是采用平衡像素之间的亮度色彩的算法来压缩的，因而更有利于表现带有渐变色彩且没有清晰轮廓的图像。

2.2.2 TGA格式

TGA（Tagged Graphics）是由美国Truevision公司开发的一种图像文件格式，TGA文件的扩展名为.tga，并支持压缩。TGA使用不失真的压缩算法，并且带有通道图，同时支持行程编码压缩。

TGA兼顾了BMP的图象质量和JPEG的体积优

势，在多媒体领域有着很大影响，是计算机生成图像向电视图像转换的一种首选格式，因为兼具体积小和效果清晰的特点，所以在CG领域常作为影视动画的序列输出格式。

2.2.3 TIFF格式

TIFF（Tag Image File Format）是Mac（苹果电脑）中广泛使用的图像格式，它的特点是存储的图像细微层次的信息非常多。

该格式有压缩和非压缩两种形式，其中压缩可采用LZW无损压缩方案存储。目前，在Mac和PC上移植TIFF文件非常便捷，所以，TIFF现在也是PC上使用最广泛的图像文件格式之一。

2.2.4 PNG格式

PNG（Portable Network Graphics）是一种新兴的网络图像格式，它有以下几个优点。

第1个优点：PNG格式是目前保证最不失真的格式，它汲取了GIF和JPEG二者的优点，存储形式丰富，兼有GIF和JPEG的色彩模式。

第2个优点：PNG格式能把图像文件压缩到极限，这以利于网络传输，但又能保留所有与图像品质有关的信息。因为PNG是采用无损压缩方式来减少文件的大小，这一点与牺牲图像品质以换取高压缩率的JPEG有所不同。另外，它的显示速度很快，只需下载1/64的图像信息就可以显示出低分辨率的预览图像。

第3个优点：PNG同样支持透明图像的制作。透明图像在制作网页图像的时候很有用，可以把图像背景设为透明，用网页本身的颜色信息来代替透明的色彩，这样可让图像和网页背景很和谐地融合在一起。

PNG格式文件也有它的缺点，那就是不支持动画应用效果。

2.2.5 PSD格式

PSD（Photoshop Document）格式是图像处理软件Photoshop的专用格式。PSD其实是Photoshop进行平面设计的一张草稿图，它里面包含各种图层、通道、遮罩等多种设计的样稿，以便于下次打开文件时可以修改上一次的设计。在Photoshop所支持的各种图像格式中，PSD的存取速度比其他格式快很多，功能也很强大。

2.3 常用视频压缩编码的格式

在视频剪辑中，涉及的文件格式和压缩编码也多种多样。为了以后进行更好的制作，下面详细介绍最常用的视频压缩编码格式。

2.3.1 AVI格式

AVI（Audio Video Interleaved）即音频视频交错格式。所谓音频视频交错，就是可以将视频和音频交织在一起进行同步播放。这种视频格式的优点是图像质量好，可以跨多个平台使用；缺点是体积过于庞大，而且更加糟糕的是其压缩标准不统一，因此高版本Windows媒体播放器播放不了采用早期编码编辑的AVI格式视频，而低版本Windows媒体播放器又播放不了采用最新编码编辑的AVI格式视频，这两种情况经常会出现。

2.3.2 MPEG格式

MPEG（Moving Picture Expert Group）即运动图像专家组格式，家里常看的VCD、SVCD、DVD就是这种格式。MPEG文件格式是运动图像压缩算法的国际标准，它采用有损压缩方法，从而减少运动图像中的冗余信息。MPEG的压缩方法是保留相邻两幅画面绝大多数相同的部分，而把后续图像和前面图像有冗余的部分去除，从而达到压缩的目的。目前MPEG格式有3个压缩标准，分别是MPEG-1、MPEG-2、和MPEG-4。

MPEG-1：它是针对1.5Mbit/s以下数据传输率的数字存储媒体运动图像及其伴音编码而设计的国际标准，也就是通常所见到的VCD制作格式。这种视频格式的文件扩展名包括.mpg、.mlv、.mpe、.mpeg和VCD光盘中的.dat文件等。

MPEG-2：它的设计目标为高级工业标准的图像质量以及更高的传输率，这种格式主要应用在DVD/SVCD的制作（压缩）方面，同时在一些HDTV（高清晰电视广播）和一些高要求视频编辑和处理上面有相当的应用。这种视频格式的文件扩展名包括.mpg、.mpeg、.m2v、.mp2和DVD光盘上的.vob文件等。

MPEG-4：它是为了播放流式媒体的高质量视频而专门设计的，可利用很窄的带度，通过帧重建技术压缩和传输数据，以求使用最少的数据获得最佳的图像质量。MPEG-4最有吸引力的地方，是它能够保存接近于DVD画质的小体积视频文件。这种视频格式的文件扩展名包括.asf、.mov和.DivX、.AVI等。

2.3.3 MOV格式

MOV即QuickTime影片格式，它是Apple公司开发的一种视音频文件格式，用于存储常用数字媒体类型，默认的播放器是苹果的Quick Time Player。

QuickTime格式用于保存音频和视频信息，包括Apple Mac OS、MicrosoftWindows95/98/NT/2003/XP/VISTA甚至Windows7在内的所有主流电脑平台都支持此格式。当选择QuickTime（*.mov）作为"保存类型"时，视频将保存为.mov文件。

MOV具有较高的压缩比率和较完美的视频清晰度，其最大的特点是跨平台性，既能支持MacOS，又能支持Windows系列。

2.3.4 WMV格式

WMV是微软公司推出的一种流媒体格式，它是由ASF（Advanced Stream Format）格式升级延伸而来的。在同等视频质量下，WMV格式的体积非常小且画面质量优良，很适合在网上播放和传输。

2.3.5 AVCHD格式

AVCHD是索尼(Sony)公司与松下电器(Panasonic)在2006年5月联合推出的高画质光碟压缩技术。AVCHD标准基于MPEG-4 AVC/H.264视讯编码，支持480i、720p、1080i、1080p等格式，同时支持杜比数位5.1声道AC-3或线性PCM 7.1声道音频压缩。

2.3.6 XDCAM格式

XDCAM是索尼(Sony)公司在2003年推出的无影带式专业录影系统。XDCAM产品范围包括摄影机和录影机，它取代了传统录影机的格式，允许XDCAM光碟应用在传统影带式的工作流程上。XDCAM录影机可作为随机存取磁盘机，它可以IEEE 1394及以太网等途径很容易地汇入录像到非线性编辑系统，与过去使用影带的录影机系统比起来，使用这种格式进行

非线性编辑更容易。

XDCAM格式使用数种不同的压缩方式和储存格式，虽然提供DVCAM及IMX独立型号，但很多标清XDCAM摄影机也可很容易地切换成IMX至DVCAM等格式。

2.3.7 P2格式

P2格式实质上是一种数码的储存卡，为专业视音频而设计，一般用于新闻采编领域。P2卡可以直接插入笔记本的卡槽中，卡上的视音频可即刻被加载，每一段剪辑都是MXF和元数据文件，不需要数字化采集就可以在剪辑软件中剪辑。

2.3.8 MXF格式

MXF（Material eXchange Format）是素材交换格式的缩语，是SMPTE（美国电影与电视工程师学会）组织定义的一种专业音视频媒体文件格式。MXF主要应用于影视行业媒体制作、编辑、发行和存储等环节。SMPTE为其定义的标准包括SMPTE - 377M、SMPTE - EG41和SMPTE - EG42等，并仍然在不断进行更新和完善。

MXF文件通常被视为一种"容器"文件格式，它与内容数据的格式无关，主要得益于MXF底层使用了KLV（键—长度—值）三元组编码方式。MXF文件通常包含文件头、文件体和文件尾等几个部分。在今后，MXF文件格式的应用会越来越广泛。

2.3.9 DIVX格式

DIVX是一种将影片的音频由MP3来压缩、视频由MPEG-4技术来压缩的数字多媒体压缩格式，无论是声音还是画质都可以和DVD相媲美。由于DIVX后来转为了商业软件，只有免费（不是自由）的版本和商用版本，其发展受到了很大限制，表现相对欠佳，在竞争中处于了劣势。

2.3.10 XVID格式

XVID一直是世界上最流行的视频编码器，其文件扩展名可以是AVI、MKV、MP4等。它基于OpenXVID编写而成，是一个开放源代码的MPEG-4

视频编解码器。XVID支持多种编码模式、量化（Quantization）方式和范围控、运动侦测（Motion Search）和曲线平衡分配（Curve）等编码技术，功能十分强大。XVID的主要竞争对手是DIVX。

技巧与提示

仅从扩展名并不能看出这个视频的编码格式，如一部电影是.avi格式，但是实际上的视频编码格式可以是DV-Code、XVID或者其他；音频编码格式也可以是PCM、AC3或者MP3。

2.3.11 FLV格式

FLV（Flash Video）流媒体格式是随着Flash MX的推出而出现的一种新兴的视频格式。FLV格式有文件体积小、CPU占有率低和视频质量好等特点，使其盛行于网络。

2.3.12 SWF格式

利用Flash可以制作出一种后缀名为SWF（Shock Wave Format）的动画，这种格式的动画图像能够用比较小的体积来表现丰富的多媒体形式。

在传输方面，SWF格式的图像不必等到文件全部下载才能观看，而是可以边下载边观看，因此特别适合网络传输，特别是在传输速率不佳的情况下，也能取得较好的效果。

SWF如今已被大量应用于网页进行多媒体演示与交互性设计。此外，SWF动画是其于矢量技术制作的，因此不管将画面放大多少倍，画面品质也不会有任何损失。

2.4 常用音频压缩编码的格式

在视频剪辑中，涉及的文件格式和压缩编码也是多种多样。为了以后进行更好的制作，下面详细介绍一下最常用的音频压缩编码格式。

2.4.1 WAV格式

WAV是微软公司开发的一种声音文件格式，它符合RIFF（Resource Interchange File Format）文件规范，用于保存Windows平台的音频信息资源，被Windows平台及其应用程序所支持。

WAV格式支持MSADPCM、CCITT A-Law等多种压缩算法，支持多种音频位数、采样频率和声道。标准格式的WAV文件和CD格式一样，也是44.1K的采样频率、速率88K/秒、16位量化位数。

WAV格式的声音文件质量和CD相差无几，也是目前PC上广为流行的声音文件格式，几乎所有的音频编辑软件都支持WAV格式。

2.4.2 MP3格式

MP3格式诞生于20世纪80年代的德国，所谓MP3就是指MPEG标准中的音频部分，也就是MPEG音频层。根据压缩质量和编码处理的不同分为3层，分别对应.mp1、.mp2和.mp3这3种声音文件。

相同长度的音乐文件，用MP3格式来储存，文件大小一般只有WAV文件的1/10，而音质要次于CD格式或WAV格式的声音文件。

MP3格式压缩音乐的采样频率有很多种，可以64kbit/s或更低的采样频率节省空间，也可以320kbit/s的标准达到极高的音质。值得注意的是，MP3音乐的版权问题一直找不到办法解决，因为MP3没有版权保护技术，谁都可以用。

2.4.3 MIDI格式

MIDI（Musical Instrument Digital Interface）允许数字合成器和其他设备交换数据。MIDI文件并不是一段录制好的声音，而是记录声音的信息，然后告诉声卡如何再现音乐的一组指令。一个MIDI文件每存1分钟的音乐只用大约5～10kB。

MIDI文件主要用于原始乐器作品、流行歌曲的业余表演和游戏音轨以及电子贺卡等，其重放的效果完全依赖声卡的档次。MIDI的最大用处是在电脑作曲领域，可用作曲软件写出，也可以通过声卡的MIDI口把外接音序器演奏的乐曲输入电脑，制成MIDI文件。

2.4.4 WMA格式

WMA（Windows Media Audio）音质要强于MP3格式，是以减少数据流量但保持音质的方法进行压缩的，所以比MP3压缩率更高，可以达到1:18左右。

WMA可以限制播放时间和播放次数，甚至限制播放的机器等，这对被盗版搅得焦头烂额的音乐公司来说是一个福音。另外，WMA还支持音频流（Stream）技术，适合在网络上在线播放。

WMA格式在录制时，可以对音质进行调节。同一格式，音质好的可与CD媲美，压缩率较高的可用于网络广播。

2.4.5 AIFF格式

AIFF（Audio Interchange File Format）格式是苹果（Apple）公司开发的一种音频文件格式，它是苹果（Apple）电脑使用的标准音频格式，属于QuickTime技术的一部分，支持ACE2、ACE8、MAC3和MAC6压缩，也支持16位44.1kHz立体声。

AIFF的特点是其格式本身与数据的意义无关。由于AIFF的包容特性，所以它支持许多压缩技术。

2.5 常用视音频播放软件

在本小节中，重点介绍在日常剪辑工作中常用的Windows Media Player、QuickTime、KMPlayer、暴风影音和foobar2000视音频播放软件。

2.5.1 Windows Media Player

Windows Media Player是微软公司出品的一款免费的播放器，是Microsoft Windows的一个组件，通常简称WMP，如图2-1所示。

图2-1

Windows Media Player 11版本的UI界面设计得很漂亮，可以与可移动磁盘同步，为用户提供了更为方便的功能，甚至可以播放4K的影片。不过，在有同类功能的播放器中，该播放器占用系统资源比较多，AVI解码器等也需要单独下载。

2.5.2 Apple QuickTime

Apple QuickTime是苹果公司出品的一款拥有强大的多媒体技术的内置媒体播放器，如图2-2所示。Apple QuickTime可以用来进行多种媒体的创建、生产和发布，并为这一过程提供端到端的支持，包括媒体的实时捕捉、以编程的方式合成媒体、导入和导出现有的媒体以及编辑、制作、压缩、发布和用户回放等多个环节。

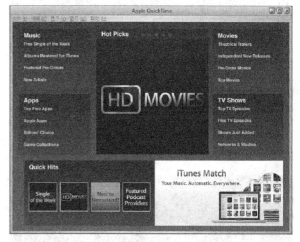

图2-2

QuickTime Player拥有简洁的设计和易用的控制选项，并拥有H.264的先进视频压缩技术。QuickTime 7 Pro版本除了可以将文件转换为多种格式外，还可录制并剪辑视频。Apple QuickTime流媒体解决方案可以让用户在互联网上传播视频。

2.5.3 KMPlayer

KMPlayer（KMP）是一套将网络上所有能见到的解码器收集于一身的影音播放软件，支持大多数的视频、音频和图片等格式，如图2-3所示。

KMP支持的视频格式包括AVI、RealMedia、MPEG-1/2/4、ASF、MKV、OGM、FLV、VCD、SVCD和MP4等，其中AVI支持Xvid、DivX、3vid、H264 OGG、OGM、MKV容器、AC3、DTS解码和Monkey Audio解码等。

KMP支持的音频格式包括APE、MP3、WAV、

图2-3

MPC、Flac和MIDI等，支持的图片格式包括BMP、GIF、JPEG和PNG等，支持制成光碟的音乐格式包括BIN、ISO、IMG和NRG等。只要安装了它，就不用再另外安装一大堆解码、转码程序或插件，就能够顺利观赏所有特殊格式的影片。

2.5.4 暴风影音

暴风影音是一款视频播放器，该播放器兼容大多数的视频和音频格式，如图2-4所示。

图2-4

暴风影音支持的视频格式包括RealMedia、QuickTime、MPEG-2、MPEG-4(ASP/AVC）、VP3/6/7、Indeo和FLV等，支持的音频格式包括AC3、DTS、LPCM、AAC、OGG、MPC、APE、FLAC、TTA和WV等，支持媒体封装及字幕的格式有3GP、Matroska、MP4、OGM、PMP和XVD等。暴风影音配合Windows Media Player 最新版本，可完成当前大多数流行影音文件、流媒体、影碟等的播放，而无须其他播放器。

2.5.5 foobar2000

foobar2000是一款免费软件，是多功能的音频播放器。在所有媒体软件中，它是最专业和最追求完美音质的一种专家级音乐播放解码器。除了播放之外，foobar2000还支持生成媒体库、转换媒体文件编码和提取CD等功能，如图2-5所示。

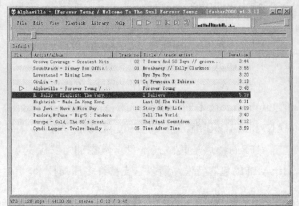

图2-5

除了重要的音频管道以外，foobar2000播放器所有功能部件均是模块化的。此外，foobar2000在所有媒体软件中降噪功能独树一帜，是其他音乐播放器所不能与之媲美的。

2.6 常用视频格式转换软件

在日常剪辑工作中，经常会有一些剪辑软件无法识别的视频格式，这时只能通过格式转换软件来把视频转化成常规的剪辑软件能识别的格式。在本小节中，重点介绍格式工厂、TMPGEnc、魔影工厂和Canopus ProCoder、狸窝全能视频转换器等格式转换软件，供大家在以后的工作中参考。

2.6.1 格式工厂

格式工厂（Format Factory）是一款多功能的多媒体格式转换软件，如图2-6所示。该软件可以实现大多数视频、音频以及图像不同格式之间的相互转换，在转换过程中还可以修复某些意外损坏的视频文件，支持iPhone、iPod和PSP等多媒体指定格式，并支持文件缩放、旋转、添加水印和DVD视频抓取功能，可以轻松备份DVD到本地硬盘。

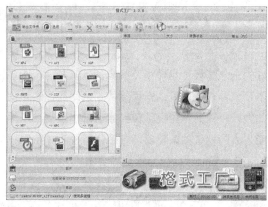

图2-6

格式工厂被定义为万能多媒体格式转换软件，只要装了格式工厂，就无须再去安装其他多种转换软件，该软件支持的操作系统包括Windows 2000/XP/Vista和Windows 7等。

格式工厂支持的视频格式有MP4、3GP、AVI、MKV、WMV、MPG、VOB、FLV、SWF和MOV等，支持的音频格式有MP3、WMA、FLAC、AAC、MMF、AMR、M4A、M4R、OGG、MP2和WAV等，支持的图片格式有JPG、PNG、ICO、BMP、GIF、TIF、PCX和TGA等。

2.6.2 TMPGEnc

TMPGEnc（TMPGEnc Video Mastering Works）是一款早期的高画质视频编码转换工具软件，如图2-7所示。该软件曾是视频转换领域的画质冠军，支持VCD、SVCD、DVD和所有主流媒体格式（Windows Media、Real Video、Apple QuickTime、Microsoft DirectShow、Microsoft Video for Windows、Microsoft DV、Canopus DV、Canopus MPEG-1 和 MPEG-2 编码），而且还提供对高清晰度视频格式的支持。

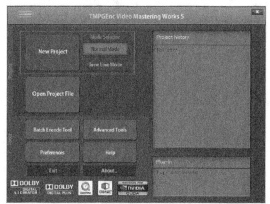

图2-7

上一代的TMPGEnc经常被大家用来压缩高质量视频，它能使视频的体积足够小，以便存到容量较小的硬盘驱动器、DVD、蓝光光盘或满足其他特殊的格式的特定需要。

2.6.3 魔影工厂

魔影工厂（WinAVI Video Converter）是一款全能格式转换工具，它是海外流行的视频格式转换软件WinAvi视频转换器的升级版，也是面向中国用户推出的官方中文版。该软件具有广泛的格式与移动设备支持、最完善的视频格式支持和高速的转换过程等特点，如图2-8所示。

图2-8

魔影工厂支持几乎所有流行的视频格式，包括AVI、MPEG-1/2/4、RM、RMVB、WMV、VCD/SVCD、DAT、VOB、MOV、MP4、MKV、ASF和FLV等，可以随心所欲地在各种视频格式之间互相转换，转换的过程中还可以随意对视频文件进行裁剪、编辑，更可批量转换多个文件等。

2.6.4 Canopus ProCoder

Canopus ProCoder 3是一款视频转换软件，如图2-9所示。其前身是广受赞誉的Canopus ProCoder 2，是一款集速度和灵活性于一体，适合专业人士使用的先进视频格式转换工具。

Canopus ProCoder 3具有广泛的输入输出选项、先进的滤镜、高效的批处理功能和简单易用的界面。无论是为流媒体应用进行编码，还是在制式间相互转换，ProCoder3都能快速而方便地完成。

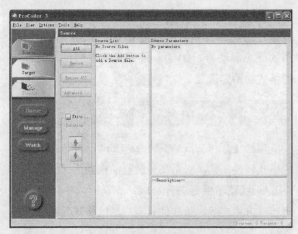

图2-9

ProCoder3新增H.264的编码和解码,同时增强了对EDIUS产品工作流程的支持,包括支持AVCHD便携摄像机的格式、加快多核CPU系统的编码速度和支持杜比数字音频等。

2.6.5 狸窝全能视频转换器

狸窝全能视频转换器是一款功能强大、界面友好的全能型视音频转换及编辑的工具软件,如图2-10所示。该软件可以进行视频格式之间的任意转换。除此之外,狸窝全能视频转换器也是一款简单易用且功能强大的视音频编辑器,包括裁剪视频、给视频添加LOGO和截取部分视频转换等功能。

图2-10

EDIUS

第 3 章

进入 EDIUS Pro 7 的世界

在前面一章中我们重点讲解了剪辑入门的必修知识。从这一章开始，我们将进入 EDIUS Pro 7 的 学习之旅。在本章，我们将会重点讲解 EDIUS Pro 7 的新增功能，对软、硬件环境的需求，软件安装方法，工作界面的基本构成，核心功能面板和窗口以及基本设置。另外，对于如何学好剪辑，我们也会给出一些意见，希望这些经验之谈能够对读者有所裨益。

本章学习要点：

EDIUS Pro 7新增功能的讲解

EDIUS Pro 7对软、硬件环境的要求

EDIUS Pro 7的安装

启动与退出EDIUS Pro 7

认识EDIUS Pro 7的工作界面

自定义工作界面

素材库面板

节目窗口

时间线窗口

工程设置

学好EDIUS Pro 7的一些建议

3.1 EDIUS Pro 7简介

　　Grass Valley（草谷）是美国的专业视讯及广播制作技术公司，成立于1959年4月7日，在1974年与Tektronix公司合并，直到1999年9月重新独立。2002年Grass Valley被法国汤姆逊集团收购，2011年1月又被美国私募基金Francisco Partners公司收购，同年3月Canopus（康能普视）公司并入Grass Valley。Canopus（康能普视）是一家生产视频编辑卡与视频编辑软件的日本公司，2005年被法国汤姆逊集团收购，2011年3月并入美国Grass Valley公司。

　　EDIUS Pro 7是由Grass Valley（草谷）公司推出的一款非常优秀的非线性剪辑软件。该软件拥有完善的基于文件的工作流程，并提供了实时、多轨道、多格式混编、合成、色键、字幕和时间线输出功能。EDIUS Pro 7除了支持标准的EDIUS系列格式，还支持 Infinity、JPEG 2000、DVCPRO、P2、VariCam、Ikegami、GigaFlash、MXF、XDCAM和XDCAM EX等格式，也支持所有DV、HDV摄像机和录像机。

　　无论是标准版的EDIUS Pro 7还是网络版的EDIUS Elite 7，在广播新闻、新闻杂志内容、工作室节目，包括纪录片，甚至4K影视制作等方面，它们都是剪辑师们的最佳工具。更多的创造性工具和对于所有标清、高清格式的实时、无须渲染即可编辑的特性，使EDIUS Pro 7成为当前最实用和实现快速编辑的非线性编辑工具之一，如图3-1所示。

图3-1

　　网络版EDIUS Elite 7已经有了一个完整的制作系统，包括服务器、重播系统和切换台，可以作为GV STRATUS非线性制作产品组中的工具之一。它与制作和播出操作完全整合，每台计算机、每个需要的人员都可以访问所有媒体资源和元数据信息。网络版EDIUS Elite 7除了拥有EDIUS Pro 7的所有特性之外，还拥有以下特性。

1. K2素材采集

　　剪辑师可以从网络客户端的EDIUS系统将内容直接输出到K2 SAN。使用EDIUS的I/O硬件（如STORM 3G或者STORM Mobile），剪辑师可以录制K2兼容的格式文件，且支持边采集边剪辑。

2. 同步编辑

　　在网络环境中（SAN或者NAS），多台EDIUS客户端可以同时编辑网络上另一台EDIUS客户端实时采集的视频，此时只有采集端要求安装EDIUS Elite 7授权，其他编辑端只需要EDIUS Pro 7授权即可。

3.与GV STRATUS交换素材和序列

　　使用GV STRATUS完成的序列可以立即在EDIUS时间线上使用，一些如Assignment List的插件也可用来整合GV STRATUS和多个NRCS系统。

4. 直接访问Grass Valley K2文件系统

　　直接访问Grass Valley K2文件系统可实现多台计算机同时在线编辑，在支持Dolby E/AC3音频（直通音频比特流）的前提下，K2素材和节目可直接被导入或导出。

3.1.1 新增功能的讲解

　　作为原生64位软件，EDIUS Pro 7充分利用了Windows 7和Windows 8的64位操作系统的内存存取性能，使剪辑师在编辑层叠、进行复杂媒体操作（如3D、多机位及多轨道、4K和同一时间线实时帧速率转换等）时，都有无与伦比的性能表现。下面介绍EDIUS Pro 7新增的一些主要功能。

　　◎　支持3D立体编辑，内置响度表、影像稳定器，并支持高达16个机位同时剪辑。

　　◎　支持最新的文件格式（如Sony XAVC/XVAC S、Panasonic AVC-Ultra和Canon 1D CM-JPEG等）。

　　◎　源码支持各种视频格式（如Sony XDCAM、Panasonic P2、Ikegami GF、RED、Canon XF和EOS视频格式等）。

◎ 混编各种不同分辨率素材（从24×24到4000×2000），以及同一时间轴上的帧速率的实时转换提供了更高效的编辑效率。

◎ 拥有顺畅的4K工作流程，支持Blackmagic Design DeckLink 4KExtreme板卡，支持与DaVinci的EDL交换时间线校色。

◎ 向第三方厂商开放硬件接口（如Blackmagic Design、Matrox和AJA等）。

◎ 拥有快速灵活的用户界面（包括无限视频、音频、字幕和图形轨道等）。

◎ 拥有市面上最快的AVCHD编辑速度（3层以上实时编辑）。

3.1.2 对软、硬件环境的要求

EDIUS Pro 7软件可以安装在Windows 64位的操作系统中，下面简单介绍一下它对软、硬件环境的要求，以方便读者配置自己的工作平台。

◎ 操作系统：Windows 7 64位 (Service Pack 1以上)或 Windows 8 64位。

◎ 处理器：至少64位Intel® Core™2 Duo、Intel® Core™ iX CPU或AMD Phenom® II处理器，要求支持SSE2和SSE3指令集。

◎ 内存：至少1GB（推荐 8 GB或更高）的RAM。

◎ 显卡：支持1024×768 32-bit及以上分辨率，支持Direct3D 9.0C或以上和PixelShader Model 3.0 或以上（推荐1920×1080分辨率，2G或以上显存，使用双显示器）。

◎ 硬盘：程序安装要求6GB硬盘空间。在剪辑高清项目时，建议使用SSD（固态硬盘）与RAID（硬盘阵列）组合。

◎ 推荐使用Canopus DVStorm系列和EDIUS系列非编硬件。

◎ 安装QuickTime7.74或以上版本。

3.2 安装、启动与退出EDIUS Pro 7

3.2.1 EDIUS Pro 7的安装

下面介绍EDIUS Pro 7的安装步骤。

第1步：打开EDIUS Pro 7文件夹，以管理员身份运行EDIUS Pro 7程序，如图3-2所示。

图3-2

第2步：在弹出的EDIUS Pro 7安装程序对话框中，单击"Next"（下一步）按钮，如图3-3所示。

图3-3

第3步：在软件许可协议界面中，单击"I Agree"（接受）按钮，继续安装，如图3-4所示。

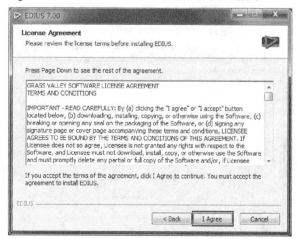

图3-4

第4步：在填写用户信息界面中，填写用户的名字和公司名称。填写完成后，单击"Next"（下一步）按钮，如图3-5所示。

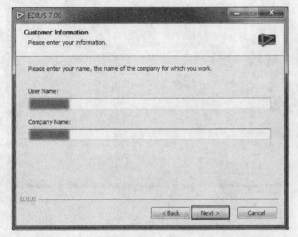

图3-5

第5步：在指定完软件的安装路径后，继续单击"Next"（下一步）按钮，如图3-6所示。

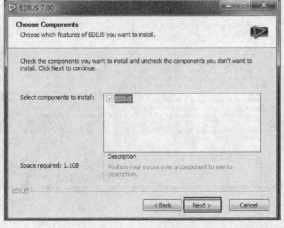

图3-6

第6步：在弹出的界面中，继续单击"Next"（下一步）按钮，如图3-7和3-8所示。

图3-8

第7步：软件安装的速度会根据当前计算机的硬件配置而定，如图3-9所示。在注册使用信息界面中，不勾选"Open the Web page to register user information"（打开网页注册用户信息），然后单击"Next"（下一步）按钮，如图3-10所示。

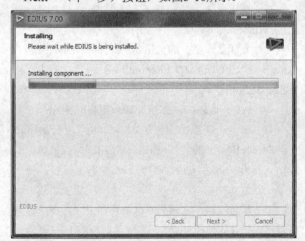

图3-9

图3-7

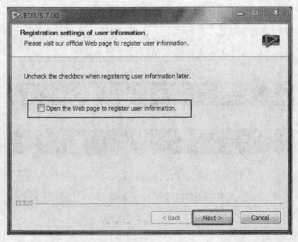

图3-10

第8步：在安装完成后，选择"I want to reboot my computer now."（重新启动系统）后，单击"Finish"（完成）按钮，如图3-11所示，重新启动系统。

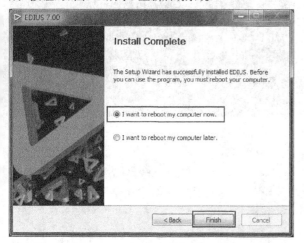

图3-11

3.2.2 启动与退出EDIUS Pro 7

1. EDIUS Pro 7的启动

启动EDIUS Pro 7软件的常用方法有两种：一种是通过操作系统的开始菜单进行启动，另外一种是通过电脑桌面的快捷图标方式进行启动。

第1种：单击电脑桌面左下角的"开始"按钮，然后在"所有程序"中找到"Grass Valley"（草谷）文件夹中的"EDIUS Pro 7"图标，接着用鼠标左键单击它，即可启动该软件，如图3-12所示。

图3-12

第2种：双击桌面上的EDIUS Pro 7快捷图标即可启动EDIUS Pro 7软件，如图3-13所示。

图3-13

采用以上任一方法启动软件后，软件将弹出载入进度的提示启动界面，如图3-14所示。

图3-14

如果软件没有注册，在启动后会弹出提示信息，输入注册序列号后，单击"注册"按钮可以完成注册操作。如果没有注册号，也可以点击"启动试用版"，进行31天的试用，如图3-15所示。

图3-15

在第一次使用EDIUS Pro 7时，需要指定一个放置项目文件的位置（以后每次使用，除非用户重新指定，EDIUS Pro 7将在指定路径下创建工程和相应文件），如图3-16和3-17所示。

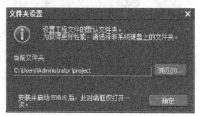

图3-16

图3-17

在指定完工程文件夹设置后，即可进入EDIUS Pro 7"初始化工程"界面，可以新建一个或者打开以前的工程项目文件，如图3-18所示。

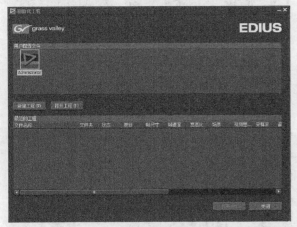

图3-18

单击"新建工程(N)"按钮，然后在弹出的"创建工程预设"对话框中，可以设置项目的视频尺寸、帧速率和比特，接着单击"下一步(N)"按钮，如图3-19所示。在弹出的对话框中再勾选所需的工程预设，最后单击"完成(C)"按钮，如图3-20所示。

图3-19   图3-20

在"工程设置"面板中，指定"工程名称(N)"和"文件夹(F)"后，在"预设列表"中选择"HD 1280×720 25p 16:9 8bit"，然后单击"确定"按钮，如图3-21所示，即可进入EDIUS Pro 7软件的工作界面，如图3-22所示。

图3-21

图3-22

技巧与提示

对于那些需要自定工程尺寸的剪辑项目，可以在"工程设置"面板中，指定完"工程名称（N）"和"文件夹（F）"后，勾选"自定义（C）"选项，在单击"确定"按钮后，如图3-23所示，即可进入"工程设置"面板，自定义工程设置，如图3-24所示。

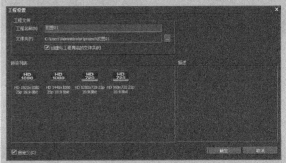

图3-23

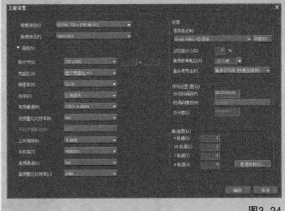

图3-24

2.退出EDIUS Pro 7

退出EDIUS Pro 7软件有以下3种常用的方法。

第1种：执行"文件>退出(X)"菜单命令，即可退出软件，如图3-25所示。

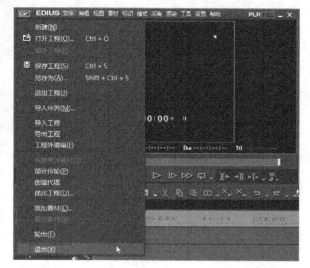

图3-25

第2步：在菜单栏中，单击 按钮，在弹出的选项中，选择"关闭(C)"菜单命令，如图3-26所示，即可退出EDIUS Pro 7软件。

图3-26

第3步：在菜单栏中，单击"退出"按钮，如图3-27所示，即可退出EDIUS Pro 7软件。

图3-27

3.3 EDIUS Pro 7工作界面的基本构成

3.3.1 认识工作界面

EDIUS Pro 7的标准工作界面很简洁，布局也非

常清晰。其工作界面主要由菜单栏、节目窗口、时间线窗口、素材库面板、特效面板、序列标记面板、源文件浏览面板和信息面板等组成，如图3-28所示。

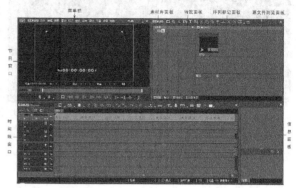

图3-28

1.菜单栏

EDIUS Pro 7的菜单栏由图3-29所示的A、B、C、D 4部分组成。

图3-29

A部分为主控按钮，单击 按钮后，可以进行移动、改变大小、最小化和关闭的操作，如图3-30所示。

图3-30

B部分为常规的命令菜单，分别是"文件""编辑""视图""素材""标记""模式""采集""渲染""工具""设置"和"帮助"，如图3-31所示。

文件 编辑 视图 素材 标记 模式 采集 渲染 工具 设置 帮助

图3-31

C部分相对特殊一些，主要用于"播放窗口"和"录制窗口"的切换。图3-32所示的是播放窗口，图3-33所示的是录制窗口。

图3-32

图3-33

D部分为软件的"最小化"和"关闭"控制部分,单击■可以最小化EDIUS Pro 7软件,单击✖可以关闭EDIUS Pro 7软件。

2.节目窗口

在默认状态下,该区域为"录制窗口"单视窗显示。在菜单栏中,执行"视图>双窗口模式"可以将视图切换为双视窗显示,如图3-34所示。左边的窗口为"播放窗口",用来采集素材或单独显示选择的素材;右边的窗口为"录制窗口",用来显示最终输出的视频内容。

图3-34

技巧与提示
"录制窗口"有时也被大家称为"节目窗口"或者"监视器窗口"。

3.时间线窗口

时间线窗口是EDIUS Pro 7中的核心功能窗口之一,其中主要由项目名称、轨道面板、工具栏、时间线标尺、时间轨道和信息栏等部分组成,如图3-35所示。

图3-35

4.素材库面板

素材库面板主要用于管理项目素材(导入或创建视频、音频、字幕和序列等),此外还可以查看每个素材的属性信息,如图3-36所示。

图3-36

5.特效面板

为丰富和优化画面效果,EDIUS Pro 7特效面板提供了丰富的视频滤镜、音频滤镜、转场、音频淡入淡出、字幕混合和键等特效,如图3-37所示。

图3-37

6.序列标记面板

序列标记一般用来做素材的注释和说明,有时候也可以用作剪辑的节奏或参考点,此外,还可以作为输出DVD章节的分段点,如图3-38所示。

图3-38

7.源文件浏览面板

在EDIUS Pro 7源文件浏览面板中，可以快速地查找音频CD/DVD、GF、Infinity、K2（FTP）、P2、可移动媒体、XDCAM EX、XF和XDCAM等类型的素材信息，提高素材查找的效率，如图3-39所示。

图3-39

8.信息面板

EDIUS Pro 7的信息面板中主要涉及图3-40所示的A、B和C三部分的内容。A部分主要用来显示在时间线中选择的素材的相关属性（如文件名称、素材名称、源入点、源出点等）；B部分可以通过"打开设置对话框"，打开视频布局面板或素材上已经添加的相关特效面板；C部分主要显示选择素材上已经添加的相关特效。

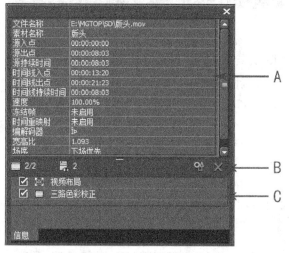

图3-40

3.3.2 自定义工作界面

根据剪辑师不同的工作习惯和需求，EDIUS Pro 7的工作界面可以自定义，有下面两种方式。

1.菜单自定义

剪辑师可以通过选择"视图"菜单中的子菜单来自定义各面板的开启和关闭，如图3-41所示。

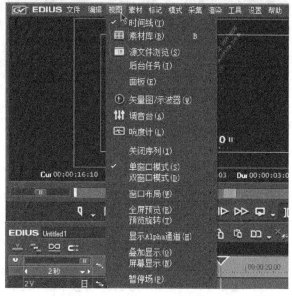

图3-41

2.手动拖放面板

剪辑师也可以用手动拖放的方式来自定义各面板的尺寸，只要将光标放置在两个相邻面板或群组面板之间的边界上，当光标变成分隔形状时，拖曳光标就可以调整相邻面板之间的尺寸，如图3-42所示。

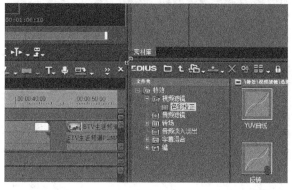

图3-42

剪辑师可以设置各面板的自由组合摆放，通过拖动任意一个面板至另一个面板底部的黑色区域，鼠标光标外形会发生改变；此时松开鼠标，两个面板就组合在一起了，如图3-43所示。

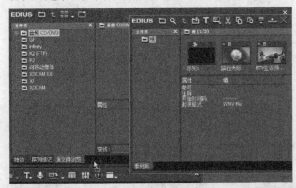

图3-43

💡 **技巧与提示**

如果对当前的组合工作界面比较满意，可以执行"视图>窗口布局>保存当前布局"菜单命令进行保存。如果想要恢复系统默认的工作界面，可执行"视图>窗口布局>常规"菜单命令进行恢复。

3.4 核心功能面板和窗口

在本节中，我们来学习EDIUS Pro 7的三大核心功能面板和节目窗口，分别是素材库面板、时间线窗口和节目面板。这是EDIUS Pro 7的技术精华之所在，是学习的重点。

3.4.1 素材库面板

素材库面板主要由图3-44所示的A按钮栏、B文件夹窗口、C素材索引与属性窗口三大部分构成。

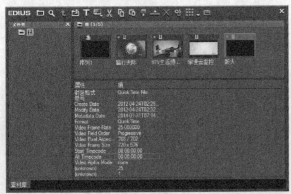

图3-44

1.按钮栏

按钮栏包含了大部分工具按钮，具体解释如表3-1所示。

表3-1

序号	按钮	快捷键	说明
1		Ctrl + R	用来显示或隐藏文件夹窗口
2		Ctrl + F	利用这个功能可以找到需要的素材或项目工程
3		Backspace	返回上一级的目录
4		Ctrl + O	添加/导入素材
5		Ctrl + T	添加字幕
6			新建素材（如彩条、色块等）
7		Ctrl + X	剪切并复制素材
8		Ctrl + Insert	复制素材
9		Ctrl + V	粘贴素材
10		Enter	将选择的素材显示在播放窗口中
11		Shift + Enter	将选择的素材添加到时间线窗口中
12		Delete	删除选择的素材
13		Alt + Enter	设置选择素材的属性
14			设置素材的显示方式
15			工具（包含光盘刻录、ED监视和MPEG TS写入）

2.文件夹窗口

在文件夹窗口中单击鼠标右键可以打开快捷菜单，如图3-45所示，各菜单命令功能如下。

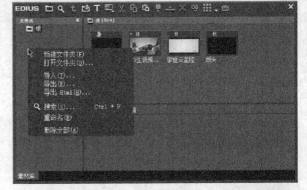

图3-45

◎ 新建文件夹：可以根据项目的需求创建新的文件夹，如图3-46所示。

◎ 打开文件夹：可以将文件夹中的素材全部导入素材库面板中。

图3-46

◎ 导入：导入EBD格式的文件素材。

◎ 导出：将素材库面板中选择的素材以EBD格式导出。

◎ 导出Html：将素材库面板中选择的素材以Html格式导出，如图3-47所示。

图3-47

◎ 搜索：利用这个功能可以找到需要的素材或项目工程。

◎ 重命名：重命名文件夹。

◎ 删除全部：删除选择的文件夹。

3.素材索引与属性窗口

在素材索引与属性窗口中单击鼠标右键可以打开快捷菜单，如图3-48所示。

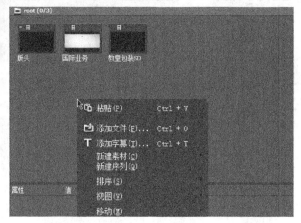

图3-48

此外，不同类型的素材元素，在索引与属性窗口中的图标也不一样，如图3-49所示。当选择某一素材后，素材的相关属性将会在下方显示出来，如图3-50所示。

图3-49

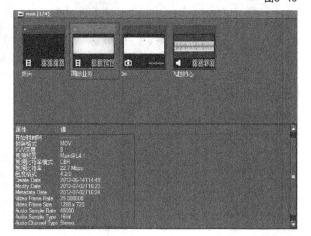

图3-50

在选择的素材上单击鼠标右键可以打开素材的快捷菜单，如图3-51所示。

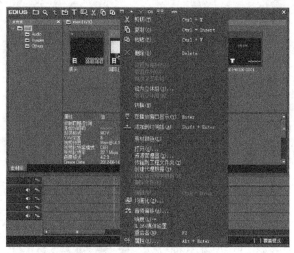

图3-51

技巧与提示

在素材的快捷菜单中，要谨慎使用"删除"命令。该命令将会把素材直接从计算机中删除。

3.4.2 时间线窗口

时间线窗口是非线性剪辑软件最重要的组成部分，绝大部分的剪辑工作都是在该窗口中完成的。该窗口由图3-52所示的A、B、C、D 4大部分组成。

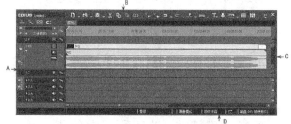

图3-52

1.A部分

A部分为轨道面板区域，提供了对轨道的一系列的操作，如图3-53所示。

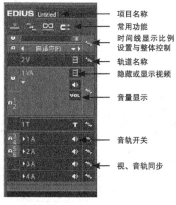

图3-53

41

续表

A部分参数解析

- **项目名称**：表示当前打开的制作工程的名字。

- **常用功能**：提供了插入/覆盖、设置波纹模式、组/链接模式和吸附到事件常用功能设置。

- **时间线显示比例设置与整体控制**：主要用来设置时间线的显示比例，单击按钮边向下的小箭头能打开时间线显示比例菜单，如图3-54所示。

图3-54

技巧与提示
剪辑师还可以使用Ctrl＋鼠标中键滚轮来调节时间线的显示比例。

- **轨道名称**：在EDIUS中提供了四种类型的轨道。V轨道用来放置视频素材或字幕素材；VA轨道用来放置视、音频素材或字幕素材；T轨道用来放置字幕素材或视频素材；A轨道用来放置音频素材。

- **隐藏或显示视频**：开启后，该轨道上的视频不可见。

- **音量显示**：开启后，可以设置轨道上音量的控制。

- **音轨开关**：开启后，该轨道上的音频将会静音。

- **视、音频同步**：开启后，素材的视、音频保持同步。在未开启的开启状态下，插入视频时，素材的视、音频会发生偏移并以红色显示偏移的帧数。

2.B部分

B部分为按钮栏区域，提供了20个必备的操作按钮选项，具体解释如表3-2所示。

表3-2

序号	按钮	快捷键	说明
1			
		Ctrl + Shift + N	新建序列
		Ctrl + N	新建工程
2			
		Ctrl + O	打开工程

序号	按钮	快捷键	说明
			可以执行"打开工程""导入序列""恢复离线素材"和"导入工程"等操作
3			
		Ctrl + S	保存工程
			可以执行"保存工程""另存为""优化工程""导出工程""工程设置"和"序列设置"等操作
4		Ctrl + X	剪切选择的素材
5		Ctrl + Insert	复制选择的素材
6		Ctrl + V	粘贴复制的素材
7			
		Ctrl + R	替换素材（所有）
			可以执行"所有""滤镜""混合器""素材"和"素材和滤镜"等替换操作
8			删除选择的素材
9		Alt + Delete	波纹删除选择的素材
10			
		Ctrl + Z	撤销
			选择具体的撤销步数
11			
		Ctrl + Y	恢复
			选择具体的恢复步数
12			
		C	添加剪切点
			可以执行"选定轨道""全部轨道""入点/出点-选定轨道""入点/出点-全部轨道"和"移除剪切点"的操作
13			
		Ctrl + P	添加默认的转场效果
			可以执行"添加到指针位置""添加到素材入点""添加到素材出点""粘贴到指针位置""粘贴到素材入点"和"粘贴到素材出点"的操作
14			
			创建字幕
			可以执行"在视频轨道上创建字幕""在1T轨道上创建字幕""在新的字幕轨道上创建字幕""彩条""色块"和"QuickTitler"的操作
15			切换同步录音显示
16			
		Ctrl + Q	渲染入/出点间
			可以执行"渲染全部""渲染入点/出点""删除渲染文件"和"渲染并添加到时间线"的操作
17		B	显示/隐藏素材库面板
18			切换调音台
19			切换矢量图/示波器显示
20			切换面板显示，可以执行"显示全部面板""隐藏全部面板""特效面板""信息面板"和"标记面板"的选择操作

3.C部分

C部分为时间线的操控区域，如图3-55所示。

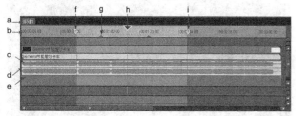

图3-55

C部分参数解析

- a：项目中创建的序列名称。
- b：时间标尺。
- c：音频音量控制。
- d：声相控制线。
- e：设置视频的透明度。
- f：入点。
- g：标记点。
- h：时间线指针。
- i：出点。

技巧与提示
时间线操控部分有不同颜色的划分。蓝色部分可以实时预览，无需渲染；橙色部分需要回放缓存才能实时预览；红色部分需要渲染才能预览；绿色部分已经渲染完成。

4.D部分

D部分为时间线的状态显示区域，主要涉及"缓冲""插入或覆盖模式""波纹开启或关闭""工作状态"和"硬盘使用百分比"等信息显示，如图3-56所示。

图3-56

技巧与提示
轨道名称下面有两个小三角形图标（这里以VA轨为例），如图3-57所示。

图3-57

展开第一个小三角图标，单击VOL/PAN可以分别切换到VOL（音量）和PAN（声相）控制线，如图3-58和图3-59

所示。其中，亮橙色的线是音量控制线，浅蓝色的线是声相控制线。

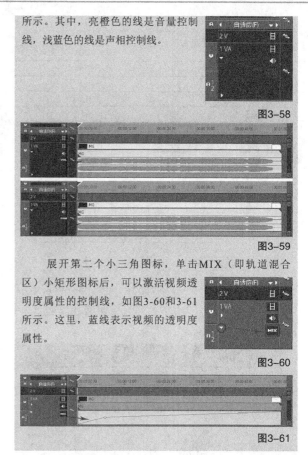

图3-58

图3-59

展开第二个小三角图标，单击MIX（即轨道混合区）小矩形图标后，可以激活视频透明度属性的控制线，如图3-60和3-61所示。这里，蓝线表示视频的透明度属性。

图3-60

图3-61

3.4.3 节目窗口

节目窗口也是非线性剪辑软件的重要组成部分，该窗口由"播放窗口"和"录制窗口"两部分组成，在默认状态下只显示"录制窗口"。

1.播放窗口

在播放窗口中，可以采集素材和单独显示选择的素材文件，也可以对素材进行初剪的操作，如图3-62所示。按钮的相关介绍如表3-3所示。

图3-62

表3-3

序号	按钮	快捷键	说明
1		I	设置素材的入点
2		O	设置素材的出点
3			停止
4		J	快退
5			上一帧
6		Space	播放
7			下一帧
8		L	后进
9		Ctrl + Space	循环
10		]	覆盖到时间线
11		[	插入到时间线
12		Shift + Ctrl + B	添加播放窗口的素材到素材库
13			添加子素材到素材库

2.录制窗口

在录制窗口中，可以查看时间线中剪辑的素材画面内容，如图3-63所示。相关按钮的介绍如表3-4所示。

图3-63

表3-4

序号	按钮	快捷键	说明
1		A	上一个编辑点
2		S	下一个编辑点
3			播放指针区域
4			输出

 技巧与提示
在播放窗口和录制窗口中都有的按钮，这里将不再重复介绍。

3.5 EDIUS Pro 7的基本设置

掌握和使用EDIUS Pro 7的基本设置可以帮助用户最大化地利用有限资源，提升剪辑效率。剪辑师要熟练运用EDIUS Pro 7进行项目制作，就必须熟悉这些基本设置。基本设置主要包括系统设置、用户设置、工程设置、序列设置和更改配置文件，如图3-64所示。

图3-64

3.5.1 系统设置

执行"设置>系统设置"菜单命令，可以打开"系统设置"面板。在"系统设置"面板中，主要涉及"应用""硬件""导入器/导出器""特效"和"输入控制设备"属性的设置，如图3-65所示。

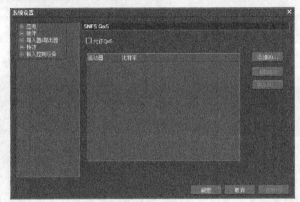

图3-65

1.应用

在"应用"项中，可以设置"SNFS QoS""响度计""回放""工程预设""文件输出""检查更新""渲染""源文件浏览""用户配置文件"和"采集"等属性，主要对使用EDIUS Pro 7软件进行设置，如图3-66所示。

应用参数解析

- SNFS QoS：设置是否"允许QoS"属性项"添加""删除"和"更改"可配置的硬盘。
- 响度计：设置响度计的基本属性。
- 回放：设置是否开启"掉帧时停止回放"、

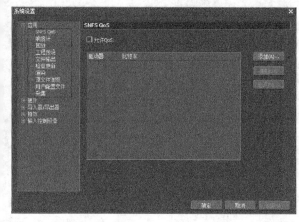

图3-66

调整"回放缓冲大小"和"在回放前缓冲"属性。

- **工程预设**：根据项目需求自定义工程的预设。

- **文件输出**：设置是否开启"输出60p/50p时以偶数帧结尾（R）"属性。

- **检查更新**：设置是否开启"检查EDIUS在线更新（C）"属性。

- **渲染**：设置"渲染选项""渲染判断"和"删除无效的渲染文件"属性项。

- **源文件浏览**：设置"文件传输文件夹""创建带日期的文件夹"和"文件传输文件夹路径"属性项。

- **用户配置文件**：设置"用户配置文件""预置文件"和"共享服务器"等属性。

- **采集**：设置视频采集时的软件属性设置。

2.硬件

在"硬件"项中，主要设置"设备预设"和"预览设备"属性，如图3-67所示。

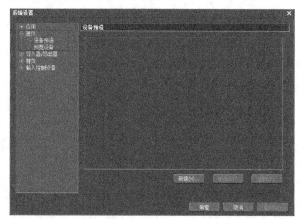

图3-67

硬件参数解析

- **设备预设**：设置"新建""更改"和"删除"设置预设。

- **预览设置**：设置是否加载"选定设备"、是否开启"下拉变换格式优先"等属性。

3.导入器/导出器

在"导入器/导出器"项中，主要可以设置AVCHD、GF、GXF、Infinity、K2（FTP）、MPEG、MXF、P2、RED、XDCAM、XDCAM EX、XF、可移动媒体、静态图像和音频CD/DVD属性项，如图3-68所示。

图3-68

导入器/导出器参数解析

- **AVCHD**：设置是否开启"使用加速查找""在后台创建查找信息""将查找信息保存到文件"和"从图像时序SEI获取时码"功能。

- **GF**：设置源文件夹的路径位置。

- **GXF**：设置服务器，可以添加FTP设置。

- **Infinity**：设置添加或删除Infinity的"源文件夹"。

- **K2（FTP）**：设置添加或删除FTP服务器的服务器列表。

- **MPEG**：设置是否开启"使用加速查找""在后台创建查找信息""将查找信息保存到文件""A/V同步使用PTS"和"从GOP头部获取时间码"功能。

- **MXF**：设置添加或删除FTP服务器的"服务器列表"。

- **P2**：设置添加或删除浏览器的"源文件夹"。

- **RED**：设置预览质量。

- **XDCAM**：设置FTP服务器、导入器和浏览器。

■ **XDCAM EX**：设置添加或删除XDCAM EX的"源文件夹"。

■ **XF**：设置添加或删除XF的"源文件夹"。

■ **可移动媒体**：设置添加或删除可移动媒体的"源文件夹"。

■ **静态图像**：设置静态图像的"采集场""过滤""调整宽高比"和图片的"文件类型"属性项。

■ **音频CD/DVD**：设置"文件设置""音频CD设置""DVD视频设置"和"DVD-VR设置"属性项。

4.特效

在"特效"项中，主要设置"After Effects插件桥接""GPUfx设置"和"VST插件桥设置"属性项，如图3-69所示。

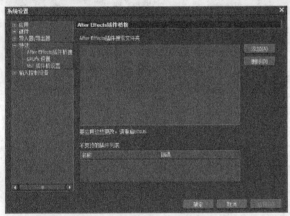
图3-69

特效参数解析

■ **After Effects插件桥接**：将After Effects的插件添加到EDIUS7中使用。

■ **GPUfx设置**：设置"多重采样""渲染质量"和"GPU"属性项。

■ **VST插件桥设置**：添加或删除VST插件。

5.输入控制设备

在"输入控制设备"项中，主要设置"推子"和"旋钮设置"属性项，如图3-70所示。

输入控制设备参数解析

■ **推子**：设置推子的"设备"和"端口"。

■ **旋钮设置**：设置旋钮设备的"设备"和"端口"。

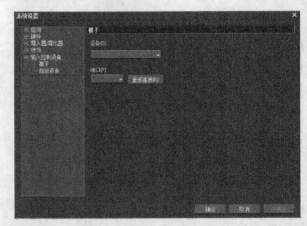
图3-70

3.5.2 用户设置

执行"设置>用户设置"菜单命令，打开"用户设置"面板。在"用户设置"面板中，主要涉及"应用""预览""用户界面""源文件"和"输入控制设备"属性的设置，如图3-71所示。

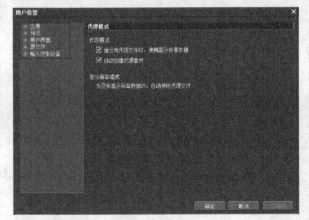
图3-71

1.应用

在"应用"项中，可以设置"代理模式""其他""匹配帧""后台任务""工程文件"和"时间线"属性项，如图3-72所示。

应用参数解析

■ **代理模式**：设置是否开启"当没有代理文件时，使用高分辨率数据"和"自动创建代理素材"功能。

■ **其他**：设置最近使用过的文件，主要控制是否开启"显示最近使用的素材列表""在最近素材列表中显示缩略图""切换大或小的显示方式""保持

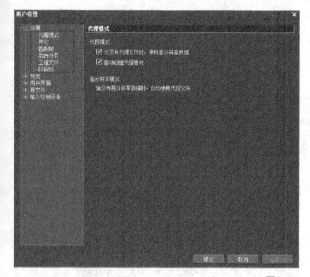

图3-72

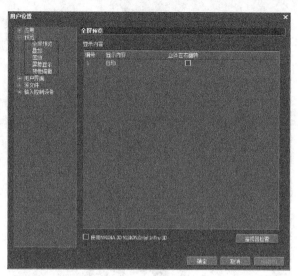

图3-73

窗口位置""显示工具提示""注册素材时创建波形缓存""将移动硬盘或网络硬盘上的波形缓存创建到工程文件夹下",设置播放窗口是以源格式还是时间线格式显示和系统默认的字幕工具。

- **匹配帧**:主要设置"搜索方向""目标轨道"和"转场"。

- **后台任务**:设置是否加载"在回放时暂停后台任务"。

- **工程文件**:设置"工程文件""最近工程""备份"和"自动保存"。

- **时间线**:设置是否开启"转场/音频淡入淡出时延展素材""转场中插入默认的音频淡入淡出""音频淡入淡出中插入默认的转场""在裁剪时显示工具提示""当把音频素材移动到另一轨道时,初始化其声相设置"以及是否开启"吸附选项""默认""插入/覆盖模式""素材缩略图"等属性项。

2. 预览

在"预览"项中,主要设置"全屏预览""叠加""回放""屏幕显示"和"预卷编辑"属性项,如图3-73所示。

预览参数解析

- **全屏预览**:可设置"显示内容"、是否"使用NVIDIA 3D VISION/Intel InTru 3D"以及"监视器检查"属性设置。

- **叠加**:设置"更新频率"、斑马纹预览的"超过""未及"百分比和"颜色"、是否开启"显示安全区域""活动安全区""字幕安全区域"以及"16:9画面向导线"属性。

- **回放**:设置预卷的时长、是否开启"编辑时继续回放""从播放窗口添加到时间线时继续播放""修剪素材时继续回放""拖拽时显示正确的帧"和"组合滤镜层和轨道层"等属性。

- **屏幕显示**:主要设置是否开启"常规编辑时显示""裁剪时显示""输出显示"和"显示电平"等属性。

- **预卷编辑**:设置"预卷"和"后卷"的时间。

3. 用户界面

在"用户界面"项中,主要可以设置"按钮""控制""窗口颜色""素材库"和"键盘快捷键"属性项,如图3-74所示。

用户界面参数解析

- **按钮**:显示和设置EDIUS Pro 7所有的按钮。

- **控制**:设置是否"显示时间码";是否开启播放窗口和录制窗口中的"当前""入点""出点""持续时间"和"全长";"飞梭/滑块"和"按钮"属性的设置。

- **窗口颜色**:设置窗口的颜色,可通过红、绿、蓝的滑块或数值来自定义窗口的颜色。

■ **素材库**：设置素材库中"视图""文件夹类型"和"列"等属性。

■ **键盘快捷键**：设置对应的快捷键来执行菜单命令。

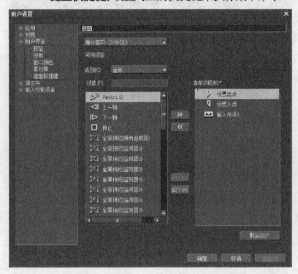

图3-74

4. 源文件

在"源文件"项中，主要可以设置"恢复离线素材""持续时间""自动校正"和"部分传输"属性项，如图3-75所示。

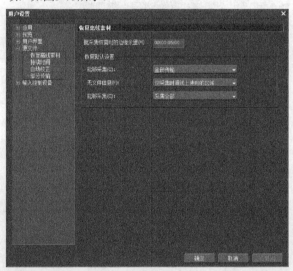

图3-75

源文件参数解析

■ **恢复离线素材**：设置"批采集恢复时的边缘余量"的时间；在"恢复默认设置"中，设置"能够采集""无文件信息"和"能够采集"的属性。

■ **持续时间**：设置静帧、字幕、静音等属性的持续时间，以及是否开启"创建在入/出点之间"等属性。

■ **自动校正**：设置是否开启"载入素材时调节帧速率"、均衡化采样窗口大小值、子素材边缘余量的时间。

■ **部分传输**：设置"目标素材""自动传输"以及"边缘余量时间"的属性。

5. 输入控制设备

在"输入控制"项中，主要设置Behringer BCF2000和MKB-88 for EDIUS属性项，如图3-76所示。

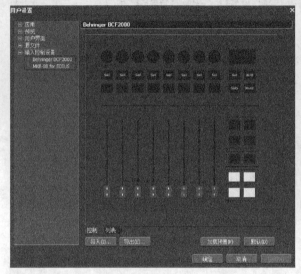

图3-76

输入控制设备参数解析

■ **Behringer BCF2000**：设置Behringer BCF2000的快捷键和操作等。

■ **MKB-88 for EDIUS**：设置MKB-88 for EDIUS的快捷键和操作等。

3.5.3 工程设置

执行"设置>工程设置"菜单命令，打开"工程设置"面板，如图3-77所示。在"工程设置"面板中，可以选择预设列表的预设，也可以单击"更改当前设置"，执行自定义工程设置，如图3-78所示。

图3-77

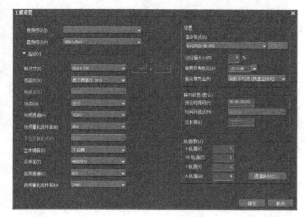

图3-78

3.5.4 序列设置

执行"设置>序列设置"菜单命令,打开"序列设置"面板,如图3-79所示。在"序列设置"面板中,可以设置"序列名""时间码预设""时间码模式""总长度"和"通道映射"等属性。

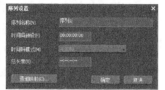

图3-79

3.5.5 更改配置文件

执行"设置>更改配置文件"菜单命令,打开"更改配置文件"面板,如图3-80所示。在"用户配置"面板中,可以选择不同的用户,实现多用户共用EDIUS Pro 7剪辑软件系统。

图3-80

技巧与提示

关于如何选择不同用户,首先需要在"设置>系统设置>应用>用户配置文件"菜单命令中添加或删除用户配置文件(还可以设置用户的权限),然后在"设置>更改配置文件"菜单命令中选择不同的用户。

3.5.6 剪辑前的常规设置

在开始剪辑工作之前,可以对EDIUS Pro 7进行常规的基本设置,以便更好地完成我们的剪辑工作。

1.回放

在"系统设置>应用>回放"选项卡中,设置"回放缓冲大小"值为512MB,在"回放前缓冲"值为15帧,如图3-81所示。

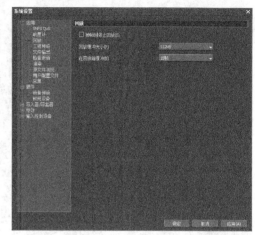

图3-81

技巧与提示

将"回放缓冲大小"值设置为512MB,这样适合流畅回放,但缓存时间较长。如果硬件配置较高的话,可以设置为256MB或128MB。

2.采集

在"系统设置>应用>采集"选项卡中,勾选"采集时确认文件名""采集后"和"采集后导入到播放窗口"选项,取消勾选"在时间码断开处""当音频采样率改变时""当宽高比改变时"和"在录制时间数据改变时"选项,如图3-82所示。

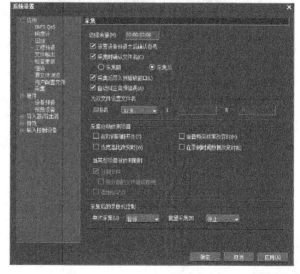

图3-82

3. 静态图像

在"系统设置>导入器/导出器>静态图像"选项卡中，选择"偶数场"和"仅动态"选项，然后设置"文件类型"为"JPEG Files（*.jpg）"选项，如图3-83所示。

图3-83

 技巧与提示
设置静态图像的相关属性，可以提高导入的静态图像的清晰度。

4. 时间线

在"用户设置>应用>时间线"选项卡中，去掉"应用转场/音频淡入淡出延展素材"和"波纹模式"选项，如图3-84所示。

图3-84

技巧与提示
去掉"应用转场/音频淡入淡出延展素材"选项可以精确控制镜头之间的转场。

3.6 学好剪辑的一些建议

虽然学习的过程是枯燥乏味的，但却是自我修正与自我完善的一个过程。学习剪辑大致有以下3个阶段（或称3个过程），这3个阶段无法逾越，需要一步一个脚印。

3.6.1 学习镜头的运用

在学习剪辑的第一阶段中，重点不是如何使用软件，而是学习镜头的运用。学习剪辑必须先学镜头的基本知识（如镜头的分类、景别的区分、镜头的角度等），其次需要了解镜头拍摄的基本语法（如构图、轴线等），最后才是剪辑的基本理论（如剪辑的要素、镜头衔接的技巧、剪辑的风格等）。

3.6.2 模仿好作品

挑选各种风格片子的经典片段，把注意力集中在构图、灯光、镜头运动上，多分析和揣摩导演的用意，模仿他们的手法来拍摄和剪辑，一定要多尝试剪辑各种风格、各种题材的片子。

这个阶段可以把模仿的一些剪辑手法运用到相关的商业项目中，这样既可以检验学习效果，又可以增强学习信心。

3.6.3 艺术修养更重要

从事剪辑需要的不仅仅是技术的学习和经验的积累，更重要的是综合素质和艺术修养（在这里音乐和美术的修养也是要具备的）的不断提升。平时多看电影、多听音乐会，提高自己对美的感悟。技术固然重要，但艺术修养更重要。

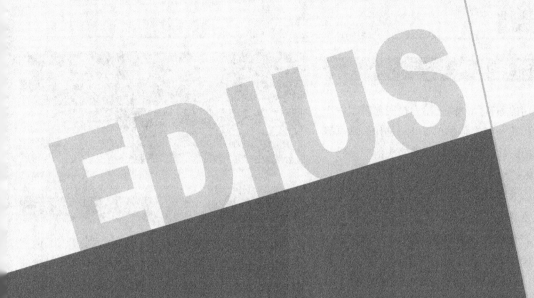

第 4 章

EDIUS Pro 7 的剪辑流程

在使用 EDIUS Pro 7 进行影片的剪辑工作时，主要流程为新建项目、导入素材、素材剪辑、视频特效、转场特效、字幕制作、音频编辑、文件保存和项目输出等。本章的学习会让大家掌握在 EDIUS Pro 7 中剪辑的基本工作流程。

本章学习要点：

新建项目
导入素材
素材剪辑
视频特效
转场特效
字幕制作
音频编辑
文件保存
文件输出

4.1 剪辑流程说明

很多刚入门的剪辑师，都把精力投向剪辑软件快捷键的记忆，如某个菜单命令在哪里，是什么意思等问题；而优秀的影片需要剪辑师把握镜头的节奏感，通过规范、高效的操作流程完成剪辑工作。

剪辑的工作效率越高，越能有更多的时间来考虑如何更好地讲述剧情（或故事）。遇到复杂的项目，会因为低效率的剪辑工作而浪费大量的时间和精力。

标准化剪辑流程的学习，能够让大家快速而有效地掌握剪辑的基本流程，为剪辑出好的作品打下坚实的基础。在EDIUS Pro 7中，基本的剪辑流程如图4-1所示。

图4-1

4.2 剪辑流程

素材位置	实例文件>CH04>剪辑流程: 小短片
实例位置	实例文件>CH04>剪辑流程: 小短片.ezp
视频位置	多媒体教学>CH04>剪辑流程: 小短片.flv
难易指数	★★★☆☆
技术掌握	影片剪辑流程的具体运用

本小节以《安全生产》短片中的一组镜头作为剪辑案例，提供了六段视频素材和一段音频素材，如图4-2所示，剪辑完成之后的效果如图4-3所示。

图4-2

图4-3

4.2.1 新建项目

新建项目是剪辑工作的第一步。根据剪辑项目的需求设置视频的帧尺寸（标清的SD PAL 720×576，高清的HD PAL 1920×1080等，也可以自定义视频的帧尺寸）。

01 单击电脑桌面左下角的"开始"按钮，然后在"所有程序"中找到Grass Valley文件夹中的EDIUS Pro 7软件，接着单击快捷图标，启动EDIUS Pro 7程序，如图4-4所示。

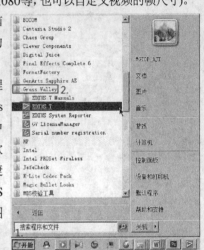

图4-4

02 在"初始化工程"对话框中，单击"新建工程(N)"按钮，如图4-5所示。

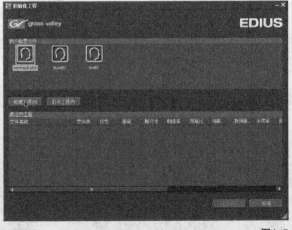

图4-5

03 在"工程设置"对话框中，设置"工程名称(N)"为"小短片"，然后在预设列表中，选择"HD 960×720 25P 16:9 8bit"选项，接着单击"确定"按钮，如图4-6所示。

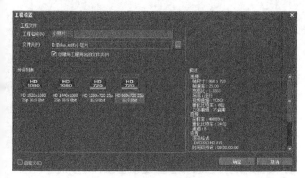

图4-6

4.2.2 导入素材

采集的视频素材、动态视频素材、音频音效素材、静态素材和序列素材等,只要剪辑项目需要,都可以导入"素材库"面板,供剪辑师使用。

01 在"素材库"面板中单击鼠标右键,然后在弹出的菜单中选择"添加文件(F)"选项,如图4-7所示。

图4-7

02 在"打开"对话框中框选需要的素材,然后单击"打开(O)"按钮,即可完成导入素材操作,如图4-8和图4-9所示。

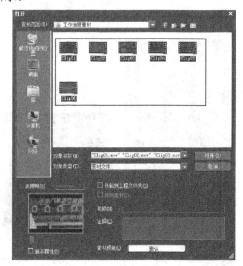

图4-8

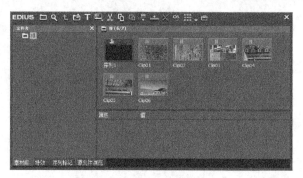

图4-9

技巧与提示

关于素材的导入以及素材的后续管理,请参阅本书第5章中的相关内容。

4.2.3 素材剪辑

01 将素材库中的Clip01素材用鼠标左键拖曳到时间线轨道1VA轨道上,如图4-10所示。

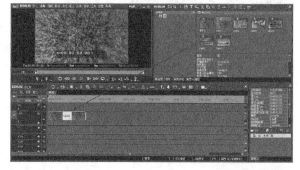

图4-10

02 将时间线指针移动到第2秒15帧处,然后按快捷键"C"对素材进行裁剪,如图4-11所示。接着选择2秒15帧后的素材,按键盘的"Delete"键,将其删除。

图4-11

03 将素材库中的Clip02、Clip03、Clip04、Clip05和Clip06素材用鼠标左键依次拖曳到时间线轨道1VA轨道Clip01素材的后面,如图4-12所示。

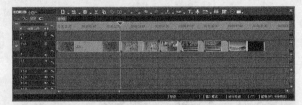

图4-12

 技巧与提示

关于素材的剪辑知识，请参阅本书第6章中的相关
内容。

4.2.4 视频特效

01 在"特效"面板中，将"色彩校正"文件夹中的
"提高对比度"滤镜拖曳到"Clip01"素材上，如图
4-13所示。

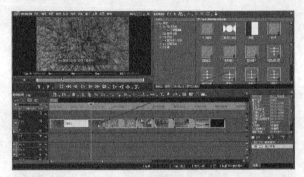

图4-13

02 在"信息"面板中，选择"色彩平衡"，然后单
击"打开设置对话框"按钮，如图4-14所示。接着打
开"色彩平衡"控制面板，修改"色度"值为5、"亮
度"值为15，最后单击"确定"按钮，如图4-15所示。

图4-14   图4-15

03 在"录制窗口"中单击"播放"按钮 ▶ ，观看
所添加的特效，如图4-16所示。

图4-16

 技巧与提示

关于视频特效的具体知识，请参阅本书第7章中的
相关内容。

4.2.5 转场特效

01 在"特效"面板中，将"转场"文件夹中的"溶化"
滤镜拖曳到"Clip01"素材上，如图4-17所示。

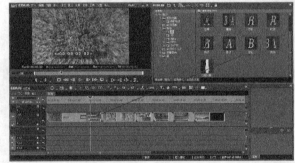

图4-17

02 在"信息"面板中，选择"溶化"，然后单击
"打开设置对话框"按钮，如图4-18所示。接着打开
"溶化"控制面板，设置"时间"和"进展"属性的
结束点关键帧在第15帧处，如图4-19所示。

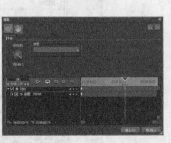

图4-18   图4-19

03 设置完成后，Clip01和Clip02素材之间的镜头转

场过渡效果如图4-20所示。

图4-20

💡 **技巧与提示**

关于转场特效的具体知识，请参阅本书第8章中的相关内容。

4.2.6 字幕制作

字幕担负着标明主题、介绍内容和补充画面信息等媒介交流任务。使用EDIUS Pro 7字幕系统可以创建出各种静态、动态字幕，并将其添加到视频镜头之中。

01 在时间线窗口的"按钮栏"中，使用"在1T轨道上创建字幕"工具创建字幕，如图4-21所示。

图4-21

02 在Quick Titler字幕窗口中，使用"横向文字"工具 T 在画面合适的位置上创建字幕"安全生产"，然后双击"Style-01"设置字幕的风格属性，如图4-22所示。

图4-22

03 在右侧的面板中，设置"字距"为50、"字体"为"汉真广标"、字号为72，如图4-23所示。

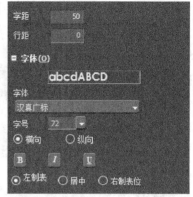

图4-23

04 取消勾选"边缘"选项，然后设置"实边宽度"为0，如图4-24所示。

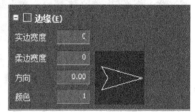

图4-24

05 勾选"阴影"属性，然后设置字幕的阴影"颜色"为黑色，接着设置"横向"和"纵向"为5，如图4-25所示。

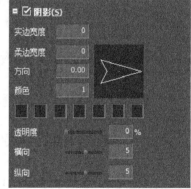

图4-25

06 所有属性设置完成后，对字幕执行保存操作，如图4-26所示。

图4-26

07 将时间线轨道1T轨道上字幕的出点时间设置为第7秒12帧,如图4-27所示。最终字幕的画面预览效果如图4-28所示。

图4-27

图4-28

技巧与提示

关于字幕制作的详细知识,请参阅本书第10章中的相关内容。

4.2.7 音频编辑

任何一部片子都需要有好的配音来渲染环境和制造气氛,以便更好地诠释画面的效果。接下来的任务就是在上述镜头中添加合适的音频,并加以编辑处理。

01 在"素材库"面板中导入Audio音频素材,然后将其拖曳到时间线轨道1A轨道上,如图4-29所示。

图4-29

02 单击1A轨道上的小三角图标,展开1A轨道。然后将Audio音频素材的出点时间设置为第7秒13帧,如

图4-30所示。

图4-30

03 单击"VOL/PAN"按钮切换到"VOL"(音量)状态;然后在第1秒处,添加一个关键帧;接着将第0帧处的关键帧值设置为"-inf(0.00%)",这样就完成了音量淡入的效果制作,如图4-31所示。

图4-31

技巧与提示

关于音频编辑的具体知识,请参阅本书第11章中的相关内容。

4.2.8 文件保存

01 在整组镜头都制作完成之后,可以将工程项目进行保存,只需执行"文件>另存为(A)"菜单命令即可,如图4-32所示。

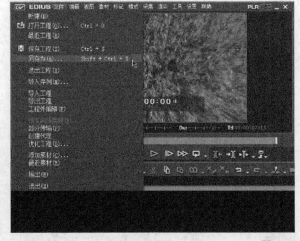

图4-32

02 在弹出的"另存为"对话框中,设置工程项目的路径和文件名,然后单击"保存(S)"按钮,如4-33所示。

图4-33

4.2.9 文件输出

在完成文件保存的工作之后，即可将整组镜头作为数字视频文件输出，以便使用视频播放器观看。

01 执行"文件>输出(E)>输出到文件(F)"菜单命令，如图4-34所示。

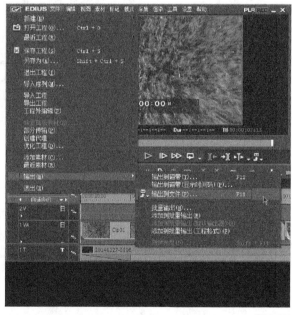

图4-34

02 在弹出的"输出到文件"对话框中，选择左边列表中的"H.264/AVC"，然后选择右边列表中的"H.264/AVC"，接着单击"输出"按钮，如图4-35所示。

图4-35

03 在弹出的"H.264/AVC"对话框中，设置数字视频的路径和文件名，然后设置"平均"为"5000000"bit/s、"比特率"为"192"kbit/s，接着单击"保存"按钮，如图4-36所示。最后EDIUS Pro 7进入数字视频文件的渲染状态，如图4-37所示。

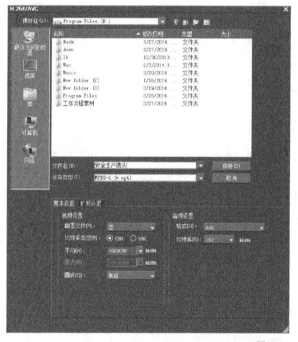

图4-36

图4-37

 技巧与提示

关于项目输出的其他知识，请参阅本书第12章中的相关内容。

04 使用KMPlayer或QuickTime等播放器观看输出的数字视频文件，如图4-38和图4-39所示。

图4-38   图4-39

EDIUS

第 5 章

素材的采集与导入

前期拍摄完成的镜头素材需要采集到计算机的硬盘中，然后使用 EDIUS Pro 7 进行后期的剪辑处理。对于使用模拟摄像机拍摄的镜头素材，需要进行数字化的采集，将模拟信号转化为数字信号；对于使用数字摄像机拍摄的镜头素材，则可以通过配有 IEEE 1394 接口的视频采集卡或者 USB 接口等设备直接传输到计算机硬盘中。本章将重点讲述无磁带格式采集、软件与 1394 接口采集、素材的导入与管理。

本章学习要点：

无磁带格式采集
软件与 1394 接口采集
素材的导入
素材的管理

5.1 素材的采集

以前的数字录像机在与非线性编辑机连接时，要么采用模拟分量接口，要么采用数字串行接口（SDI）接口。在采用模拟分量接口时，信号要经过多次转变、压缩/解压缩和数/模转换，使数字录像机多代复制能力大打折扣；采用数字串行接口时，非线性编辑的SDI板卡非常贵，使很多剪辑师纠结在其性能与价格之间。

随着PC性能的不断提高，众多计算机厂家都将IEEE1394接口作为其产品的标配（如在MAC系统上只需安装Final Cut Pro软件，即可支持摄像机与计算机IEEE1394接口实现非线性编辑功能），基于硬件的非线性编辑已经逐渐转为基于软件的非线性编辑。

近几年来，随着无磁带网络化制播模式的高速发展，ENG的记录介质也发生了本质的变化，硬盘、光盘以及半导体固态存储器等新型记录介质已取代了传统的磁带记录。

素材的采集在历史上经历了两次较大的变革，第一次是从复杂且昂贵的编辑录像机采集到性价比较高的IEEE 1394采集，第二次是到现今的无磁带采集。

技巧与提示

ENG的全称是Electronic News Gathering，它的定义是电子新闻采集，即使用便携式的摄像、录像设备来采集电视新闻。ENG方式非常适合于现场拍摄，其拍摄的素材可在后期进行处理，其工作过程分为前期拍摄和后期制作两个阶段。

在本小节中，将详细讲解无磁带格式采集和软件与1394接口采集的方法。

5.1.1 无磁带格式采集

Panasonic P2 摄影录像机（如图5-1所示）、Sony XDCAM HD（如图5-2所示）和XDCAM EX 摄影录像机（如图5-3所示）、Sony基于CF的HDV摄影录像机（如图5-4所示）以及AVCHD摄影录像机（如图5-5所示）通常将拍摄的素材内容录制到硬盘、光学媒体或闪存媒体，而非录像带。这些摄影录像机和格式称为基于文件格式或无磁带格式，非线性采集素材的主流趋势是磁带格式采集。

图5-1

图5-2

图5-3

图5-4

图5-5

无磁带格式采集是将无磁带媒体中的拍摄素材（P2卡、SONY紧凑型闪存卡、XDCAM媒体、XDCAM EX SXS卡、硬盘摄像机、DVD或AVCHD媒体）首先传输到硬盘，然后再将其导入EDIUS Pro 7进行后期的剪辑，在此过程中无须进行传统的采集和数字化的繁琐操作。将拍摄的素材从基于文件的媒体传输到硬盘时，最好保持素材文件夹的结构完整。以下列举了常见的无磁带媒体。

1. AVCHD

从AVCHD中传输文件到硬盘中时，应拷贝整个BDMV文件夹及其所有内容，其中STREAM文件夹中存放的是拍摄的视频素材，视频素材的格式为MTS，如图5-6所示。

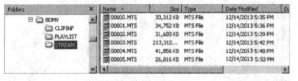

图5-6

技巧与提示

AVCHD是SONY(索尼)公司与Panasonic(松下电器)在2006年5月联合推出的高画质光碟压缩技术，它将DVD架构与一款基于MPEG-4 AVC/H.264先进压缩技术的编解码器整合在一起。因此AVCHD是标准的基于MPEG-4 AVC/H.264视频编码格式，支持480i、720p、1080i、1080P等格式，同时支持杜比数位5.1声道AC-3或线性PCM 7.1声道音频压缩。

此外，AVCHD格式仅用于剪辑师自己生成视频节目，因此避免了复杂的版权保护等问题。

2. DVCPRO HD

从DVCPRO HD传输文件到硬盘中时，应拷贝整个CONTENTS文件夹及其所有内容，其中VIDEO文件夹中存放的是拍摄的视频素材，视频素材的格式为MXF，如图5-7所示。

图5-7

技巧与提示

DVCPRO是1996年Panasonic（松下）在DV格式基础上推出的一种新的数字格式。DVCPRO HD又称为DVCPRO 100，是Panasonic（松下）推出的一种广播级高清视频格式。DVCPRO HD采用基于DVCPRO算法的技术，将视频数据率扩展到100 Mbit/s，以DVCPRO 50相同的方式保持向上与HDTV的兼容性。

为了能够让读取P2卡，计算机需要安装相应的驱动程序，该驱动程序可从Panasonic网站上下载。Panasonic提供的P2 Viewer应用程序可以浏览并播放存储在P2卡上的视、音频。

3. XDCAM EX

从XDCAM EX传输文件到硬盘中时，应拷贝整个BPAV文件夹及其所有内容，其中CLPR文件夹中存放的是拍摄的视频素材，视频素材的格式为MP4，如图5-8所示。

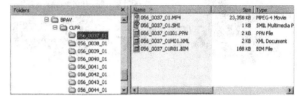

图5-8

技巧与提示

SONY（索尼）在2007年11月发布了XDCAM EX标准和PMW-EX1摄影机。该标准使用同XDCAM相似的编码格式，只是存储介质换成了SXS内存卡。该标准能够以25Mbit/s的固定码率存储标清格式（1440×1080）或以35Mbit/s的浮动码率存储高清格式（1920×1080）的视频。PMW-EX1摄影机在使用SXS固态存储内存卡时，使用4:2:0 MPEG-2 Long-GOP编码，并可以在HD-SDI接口上实现4:2:2采样的输出。

在2008年4月，SONY（索尼）推出了一款可更换镜头的PMW-EX3摄影机，EX3在内部设计上和EX1没有太大区别，在外观上改用了肩托支撑设计，同时增加了可选外挂硬

4. DVD

从DVD传输文件到硬盘中时，应拷贝整个DVD文件夹及其所有内容，其中VIDEO_TS文件夹中存放的是拍摄的视频素材，视频素材的格式为VOB，如图5-9所示。

图5-9

5.1.2 软件与1394接口采集

现在仍有一部分剪辑师在使用1394接口采集拍摄的素材。接下来以EDIUS Pro 7与1394接口采集标清素材为例，讲解采集的基本流程，其流程可分为以下步骤。

第1步：传统模拟摄像机拍摄的视频素材除了可

以使用编辑录像机采集外，还可以将其与计算机上的IEEE 1394接口（如图5-10所示）或者非编采集卡（如HDSTORM、EDIUS NX或EDIUS SP-SDI等）连接，此时打开摄像机并将其调至播放状态。

图5-10

第2步：EDIUS Pro 7中的采集设置划分得较为细致，且可以把设置过的采集方案保存下来，在以后遇到同样需求的采集时，直接选择层级里设置好的采集项即可，既方便又快捷。启动EDIUS Pro 7软件后，在"初始化工程"对话框中，单击"新建工程（N）"按钮，如图5-11所示。

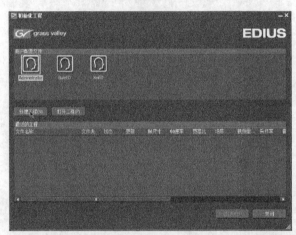

图5-11

第3步：在"工程设置"对话框中，根据项目的需求设置"工程名称"（这里设置"工程名称（N）"为"视频采集"），然后勾选"自定义（C）"选项，接着单击"确定"按钮，如图5-12所示。

图5-12

第4步：在弹出的对话框中，设置"视频预设"为"SD PAL 720×576 50i 4:3"、"渲染格式"为"Grass Valley HQ很好"，然后单击"确定"按钮，如图5-13所示。

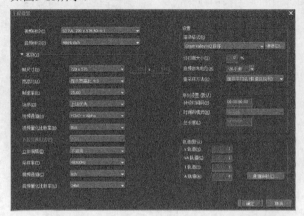

图5-13

第5步：执行菜单栏中的"设置>系统设置"命令，进入"系统设置"面板，如图5-14所示。

图5-14

第6步：在"系统设置"面板中，选择"硬件>设备预设"，然后单击"新建（N）"按钮，如图5-15所示。

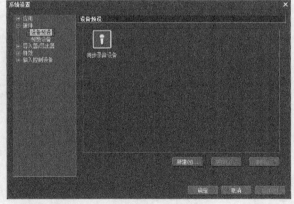

图5-15

第7步：在"预设向导"对话框中，输入"名称"为"素材采集"，然后单击"下一步（N）"按钮，如图5-16所示。

图5-16

第8步：设置"接口"为"Generic OHCI"、"视频格式"为"720×576 50i"、"编码"为"DVCPRO50（HW）"、"文件格式"为"AVI"，接着单击"下一步（N）"按钮，如图5-17所示。

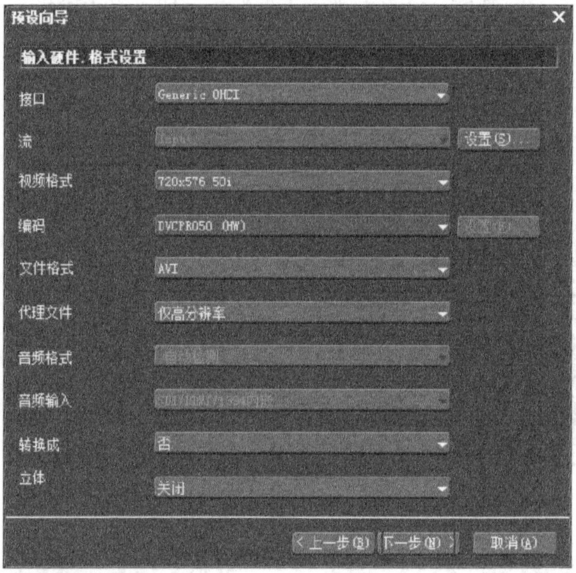

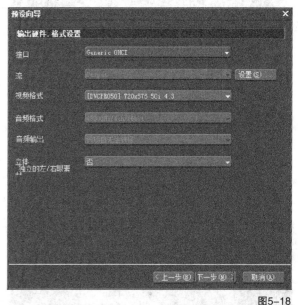

图5-17

 技巧与提示

下面介绍一下"预设向导"中的参数。

接口：用来选择输入信号的设备（非编采集卡）。

流：选择输入信号时所用的板卡接口（如SDI），单击该项右侧的"设置"按钮可弹出调节视频质量的选项窗口。

视频格式：信号源的所处信号的格式。

编码：视频采集时所用的编码器，单击该项右侧的"设置"按钮可弹出用来调节视频质量的选项窗口。

文件格式：采集后生成的文件类型（如AVI）。

代理文件：在采集时同时生成一个低码流的文件，可以对代理文件进行编辑。

音频格式：音频的质量和声道。

音频输入：音频的输入接口类型。

转换成：菜单中的16Bit/zch（c）表示将音频采集成两声道立体声。

立体：指的是采集时音频是否保留为立体声。

第9步：设置"接口"为"Generic OHCI"、"视频格式"为"[DVCPRO50] 720×576 50i 4:3"，这里的"视频格式"要与输入时的格式一致，然后单击"下一步（N）"按钮完成对采集的设置，接着单击"完成(C)"按钮，如图5-18和5-19所示。

图5-18

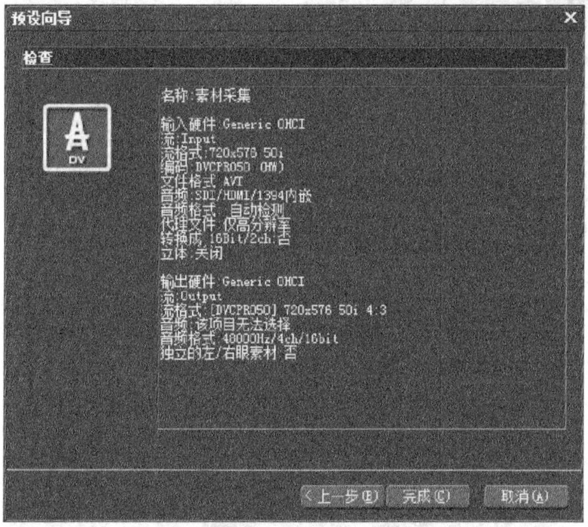

图5-19

第10步：设置完成后，就可以正常进行视音频采集了。执行菜单栏中的"采集>选择输入设置"命令，如图5-20所示。然后在"选择输入设备"面板中，可以看到刚才设置的采集项，选择"素材采集"

选项，接着单击"确定"按钮即可看到视频信号，如
图5-21所示。

图5-20

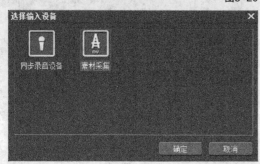

图5-21

第11步：在 EDIUS Pro 7的播放窗口中观看摄像
机里拍摄的内容，如图5-22所示。

图5-22

第12步：执行菜单栏中的"采集>采集（C）F9"命
令，开始采集视频信号，如图5-23和图5-24所示。

图5-23

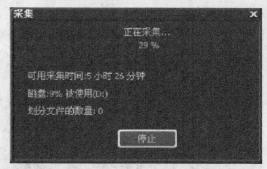

图5-24

技巧与提示

此外，按默认的快捷键"F9"或单击录制窗口的右下方
的采集按钮，也可以进行视频的采集工作，如图5-25所示。

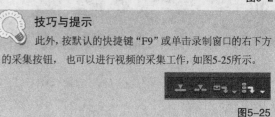

图5-25

第13步：从采集过程中可以看到可供使用的磁
盘空间等信息，单击"停止"按钮，即可中止采集。
采集的素材将出现在EDIUS Pro 7的"素材库"面板
中，如图5-26所示。

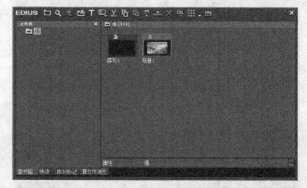

图5-26

5.2 素材的导入与管理

在剪辑项目中，除了会使用前期拍摄的素材外，
还会根据项目的需要导入其他的素材（如制作或客户
提供的静态素材、三维软件制作的序列素材、辅助的
动态视频素材以及音频音效素材等）。规范素材的导
入和管理会提高后续剪辑的工作效率。因此，素材的
导入和管理对剪辑师来说显得尤为重要。

一般来说，素材包括动态视频素材、音频音效素
材、静态素材和序列素材等。在本小节中，我们一起
来学习各类素材的导入与管理。

5.2.1 素材的导入

1. DVCPRO HD

在EDIUS Pro 7中，可以支持的动态视频素材格式有Canopus DV、Canopus HQ、Canopus Lossless、Infinity JPEG 2000、3GPP、AVCHD、AVC-Intra、DirectShow Video*、DV25、DVCPRO 50（包括P2）、DVCPRO HD（包括VariCam、P2）、GFCAM、H.246 TS*、MPEG-1、MPEG-2、MPEG-2(HDV)、MXF*、QuickTime*、无压缩AVI、XDCAM（SD和HD）、XDCAM EX、MP4、F4V、Flash Video、Windows Media Video、RED、Canon XF和EOS视频等。导入动态视频素材的操作分为以下2个步骤。

第1步：单击"素材库"面板，在面板顶部的工具栏中单击"添加素材"按钮，然后在弹出的"打开"对话框中，选择所需的动态视频素材；接着单击"打开（O）"按钮，将素材导入到"素材库"面板中，如图5-27所示。

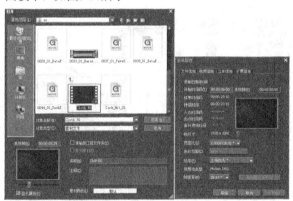

图5-27

技巧与提示

单击所需的动态视频素材后，可以拖曳预览滑块，预览动态视频素材的画面内容。如果需要查看动态视频素材的具体属性，可以勾选"显示属性"。在弹出的"素材属性"面板，可以详细查看素材的具体信息，查看结束后可单击"确定"按钮。

第2步：当导入动态视频素材后，该素材在"素材库"面板中自动创建素材缩略图。在素材"属性"栏中，也会显示素材的相关信息，如图5-28所示。

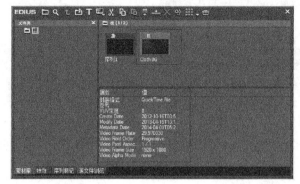

图5-28

技巧与提示

导入素材也可以使用快捷键"Ctrl + O"或在"素材库"的根面板中用鼠标左键双击该素材。

2. 导入音频音效素材

在EDIUS Pro 7中，支持的音频音效素材格式有AAC、AIFF、Dolby Digital AC-3、MPEG Audio、MPEG Audio Layer-3 (MP3)、Ogg Vorbis、PCM Wave和Windows Media Audio等。导入音频音效素材操作分为以下2个步骤。

第1步：单击"素材库"面板，在面板顶部的工具栏中单击"添加素材"按钮；然后在弹出的"打开"对话框中，选择所需的音频音效素材；接着单击"打开（O）"按钮，将素材导入到"素材库"面板中，如图5-29所示。

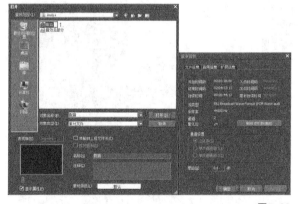

图5-29

第2步：当导入音频素材后，该素材在"素材库"面板中自动创建音频波形缩略图。在素材"属性"栏中，也会显示出音频的相关信息，如图5-30所示。

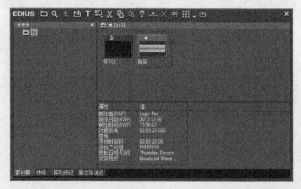

图5-30

3. 导入静态素材

在EDIUS Pro 7中，可以支持的静态素材格式有DPX（SMPTE 268M-2003）、Flash Pix File、GIF、JPEG、JPEG File Interchange Format、Mac Pict File、Maya IFF File、Photoshop、PNG、QuickTime Image File、SGI、Targa、Windows Bitmap和Windows Meta File等。导入静态素材操作分为以下2个步骤。

第1步：单击"素材库"面板，然后在面板顶部的工具栏中单击"添加素材"按钮 🔲；接着在弹出的"打开"对话框中，选择素材；最后单击"打开（O）"按钮，将静态素材导入到"素材库"面板中，如图5-31所示。

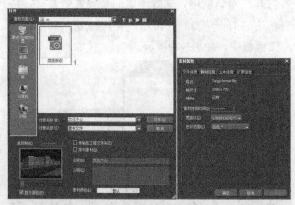

图5-31

> 💡 **技巧与提示**
>
> 单击所需的静态素材后，可以在预览小窗口中预览素材的内容。如果需要查看静态素材的具体属性，可以勾选"显示属性"选项。在弹出的"素材属性"面板，可以详细查看素材的具体信息，查看结束后可单击"确定"按钮。

第2步：当导入静态素材后，该素材在"素材库"面板中自动创建缩略图。在素材"属性"

栏中，会显示出该静态素材的相关信息，如图5-32所示。

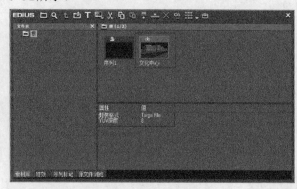

图5-32

4. 导入序列素材

导入序列素材操作分为以下4个步骤。

第1步：在三维软件中渲染出来的序列帧素材也可以被导入EDIUS Pro 7。单击"素材库"面板，在面板顶部的工具栏中单击"添加素材"按钮 🔲；然后在弹出的"打开"对话框中单击第一张序列帧素材，接着勾选"序列素材"选项，如图5-33所示。

图5-33

> 💡 **技巧与提示**
>
> 如果需要查看静态素材的具体属性，可以勾选"显示属性"选项，在弹出的"素材属性"面板，可以详细查看素材的具体信息，查看结束后可单击"确定"按钮。接着，单击"打开（O）"按钮，系统会自动按序列号码将其导入"素材库"面板。

第2步：在导入序列时会弹出"正在载入文件"的对话框，在此对话框中显示当前导入序列的路径和进度百分比，如图5-34所示。

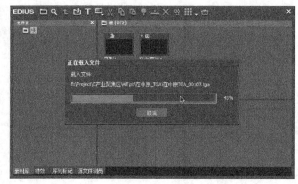

图5-34

第3步：导入序列帧素材后，该素材在"素材库"面板中会自动生成一个序列素材缩略图，图标 表示当前的文件为序列，如图5-35所示。

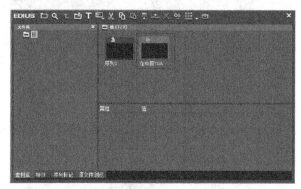

图5-35

第4步：在"素材库"面板中，鼠标左键双击该序列帧素材，则可以在播放窗口中播放和预览素材的画面内容，如图5-36所示。

图5-36

5.2.2 素材的管理

在EDIUS Pro 7中，素材的管理工作主要涉及素材文件夹、素材搜索、素材显示方式和素材排序方式等基本操作。

1. 素材文件夹

在EDIUS Pro 7中，可以直接将整个文件夹里的镜头素材都导入"素材库"面板。素材文件夹的操作分为以下4个步骤。

第1步：在"文件夹"面板的空白区域单击鼠标右键，在弹出的菜单中选择"打开文件夹（O）"命令，如图5-37所示。

图5-37

第2步：在弹出的"浏览文件夹"对话框中，指定需要导入的"SC"文件夹，然后单击"确定"按钮，如图5-38所示。

图5-38

第3步：在"正在载入文件"的对话框中，可以看到当前载入文件的路径和进度条，如图5-39所示。

图5-39

第4步：导入完成后的效果如图5-40所示。

图5-40

为了方便管理、调用和整理素材，可以在"文件夹"面板中新建文件夹，操作步骤如下。

第1步：在"文件夹"面板的空白区域单击鼠标右键，然后在弹出的菜单中选择"新建文件夹（F）"命令，如图5-41所示。接着将新建的文件夹命名为"光"，如图5-42所示。

图5-41

图5-42

第2步：单击"SC"文件夹后，将选择的素材拖曳到"光"文件夹中，如图5-43和图5-44所示。

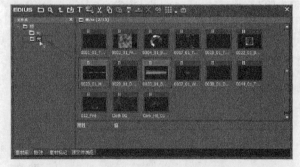

图5-43

图5-44

文件夹之间可以通过拖拽的方式设置层级关系，操作步骤如下。

第1步：选择"光"文件夹，按住鼠标左键将其拖放到"SC"文件夹，如图5-45所示。

图5-45

第2步：此时，文件夹之间新的层级关系如图5-46所示。

图5-46

对于导入错误或者不需要的文件夹素材，可以通过删除的方式将其从"素材库"面板中删除，操作步骤如下。

第1步：选择"光"文件夹，单击鼠标右键鼠标，然后在弹出的菜单中，选择"删除（D）"命令，如图5-47所示。接着选择"是（Y）"按钮，如图5-48所示。

图5-47

图5-48

第2步：最终"光"文件夹及其中的素材都被删除，如图5-49所示。

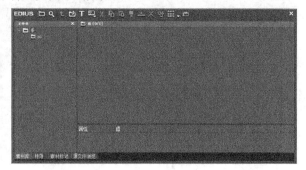

图5-49

2. 素材搜索

在面对较为复杂、素材信息量大的剪辑项目时，在"素材库"面板中快速找到所需的镜头素材极其重要。"素材库"面板中素材搜索功能在很大程度上帮助剪辑师解决了这一难题，操作步骤如下。

第1步：在"素材库"面板中单击"搜索"工具按钮，执行素材搜索的操作，如图5-50所示。

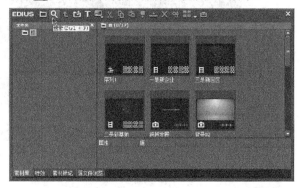

图5-50

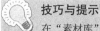
技巧与提示

在"素材库"面板中，执行素材的搜索也可以使用快捷键"Ctrl＋F"。

第2步：在弹出的"素材库搜索"对话框中可以对搜索的条件进行相应的设置，如"类别""文本"和"区分大小写"等，以便进行更加准确的搜索操作，如图5-51所示。

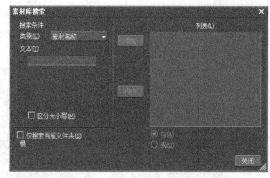

图5-51

第3步：在"类别（C）"下拉列表中可以按各种类别对需要的素材进行搜索，如按"素材名称""时间码""素材类型""文件注释"和"卷号"等，如图5-52所示。

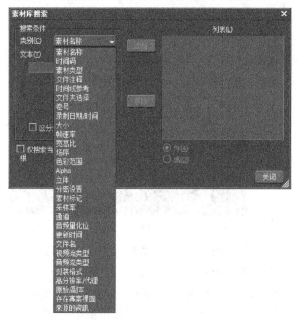

图5-52

第4步：将"类别"选择为"文件名"，然后在"文本"栏中输入".mov"，单击"添加"按钮，将其搜索条件添加到"列表"栏中，接着单击"关闭"按钮，如图5-53所示。

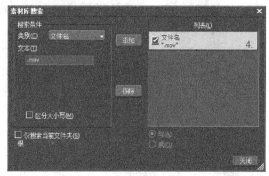

图5-53

第5步：搜索完成后，在"素材库"的"文件夹"面板中会自动添加"搜索结果"，同时会显示已经搜索到的所有符合条件的素材文件，如图5-54所示。

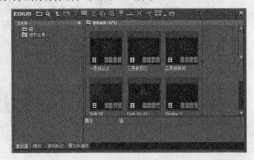

图5-54

在"文件夹"面板的"搜索结果"上，单击鼠标右键将弹出搜索修改菜单。在搜索修改菜单中，提供了"改变搜索设置""结果中搜索""重命名"和"清除"4个命令，如图5-55所示。

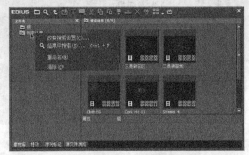

图5-55

当需要对搜索素材的搜索格式进行修改时，可以通过选择"改变搜索设置"命令来对"类别"和"文本"等选项进行二次修改，以便更准确地进行搜索，操作方法如下。

第1步：在"搜索结果"上单击鼠标右键，然后选择"改变搜索设置"命令，如图5-56所示。

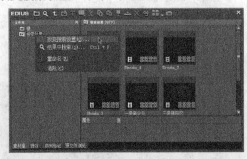

图5-56

第2步：在弹出的"素材库搜索"对话框的"文本"栏中，输入"Streaks"；然后单击"添加"按钮，将其添加到"列表"栏中；接着单击"关闭"按钮，如图5-57所示。最终的搜索结果如图5-58所示。

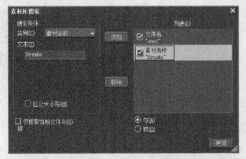

图5-57

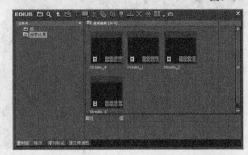

图5-58

当搜索到的素材量很多时，可以通过"结果中搜索"命令来进行更精确的筛选，操作方法如下。

第1步：在"搜索结果"上单击鼠标右键，然后选择"改变搜索设置"命令，如图5-59所示。

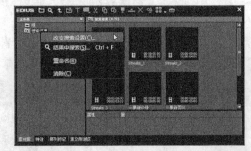

图5-59

第2步：在弹出的"素材库搜索"对话框中，将"类别"选择为"素材名称"；然后在"文本"栏中输入"地图"，单击"添加"按钮，将其搜索条件添加到"列表"栏中；接着单击"关闭"按钮，如图5-60所示。最终的搜索结果如图5-61所示。

图5-60

70

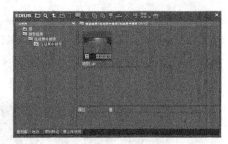

图5-61

当需要对搜索结果进行准确分类时，可以用"重命名"命令进行设置。对搜索结果重命名，类似于在"素材库"面板中创建了一个文件夹，然后把部分素材拖放到了该文件夹中，操作方法如下。

第1步：在"搜索结果"项目上单击鼠标右键，然后选择"重命名"命令，如图5-62所示。

图5-62

第2步：将"搜索结果"修改为"风景素材"，如图5-63所示。

图5-63

搜索的结果有误或不再需要时，可以选择"清除"命令对搜索的结果进行删除，操作方法如下。

第1步：在"搜索结果"项目上单击鼠标右键，然后选择"清除"命令，如图5-64所示。

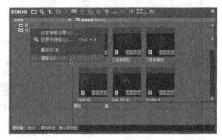

图5-64

第2步：在弹出的对话框中，选择"是（Y）"按钮，如图5-65所示，清除之后的画面效果如图5-66所示。这里执行清除命令后，不会将素材从"素材库"面板删除。

图5-65

图5-66

3. 素材显示方式

改变素材的显示方式，能够更为方便地选择素材以及查看素材的相关信息。当导入的镜头素材量较大时，也可以单击"视图"按钮 来更改镜头素材的显示方式，如图5-67所示。

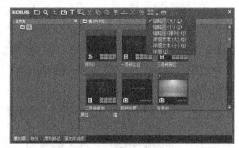

图5-67

单击"视图"按钮左边的部分 ，每单击一次，系统自动切换一次素材的显示方式。单击"视图"按钮右边的部分的三角按钮 ，则可以指定镜头素材的具体显示方式，共分为以下6种方式。

第1种：当选择"缩略图（大）（L）"时，素材的显示方式如图5-68所示。该显示方式为系统默认的显示方式。

图5-68

第2种：当选择"缩略图（小）（S）"时，素材的显示方式如图5-69所示。

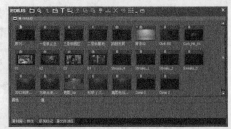

图5-69

第3种：当选择"缩略图（排列）（T）"时，素材的显示方式如图5-70所示。在该显示方式下，仅显示素材的缩略图，这样可以显示"素材库"面板中更多的素材。

图5-70

第4种：当选择"详细文本（大）（D）"时，素材的显示方式如图5-71所示。在该显示方式下，可以显示素材的缩略图、素材名称、素材颜色、素材类型、开始时间码、结束时间码、持续时间、大小、宽高比和通道等信息。

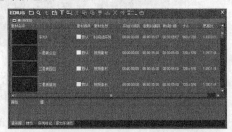

图5-71

第5种：当选择"详细文本（小）（E）"时，素材的显示方式如图5-72所示。

图5-72

第6种：当选择"详细（I）"时，素材的显示方式如图5-73所示。在该显示方式下，仅显示素材名称、素材颜色、素材类型、开始时间码、结束时间码、持续时间、大小、宽高比和通道等信息。

图5-73

技巧与提示

除此之外，还可以在"素材库"面板中的空白区域单击鼠标右键，然后在弹出的菜单中，选择"视图"中的菜单命令来更改素材的显示方式，如图5-74所示。

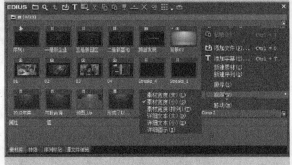

图5-74

4. 素材排序方式

在"素材库"面板中的空白区域单击鼠标右键，在弹出的菜单中，选择"排序"中的菜单命令可以更改素材的显示顺序。排序依据主要包括素材名称、素材颜色、素材类型、开始时间码、结束时间码、持续时间、大小、宽高比和通道选项，如图5-75所示。

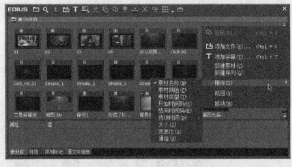

图5-75

EDIUS

第 6 章

素材的剪辑与操作

在本章中，主要讲解素材的常用剪辑方法，素材的重命名、替换、分离、成组和变速等。这些知识点和相应的操作，既是 EDIUS Pro 7 的基础，又是 EDIUS Pro 7 的重点。最后通过综合实战《美景瀑布》来巩固和强化本章知识点的应用。

本章学习要点：

常规模式

剪辑模式

多机位剪辑

重命名素材

替换素材

视音频素材的分离

视音频素材的成组

素材速度

时间重映射

冻结帧

6.1 素材剪辑

剪辑是一个反复修改、雕琢的过程。首先会对整个影片进行剧情轮廓的初剪，然后细化调整每个镜头，直到镜头剧情过渡自然且思路清晰。最后，浏览一遍所有的内容，进行更细致的调整，使得整个片子节奏更加流畅、紧凑和饱满。

在EDIUS Pro 7中，剪辑的模式主要分为常规模式、剪辑模式、多机位模式和代理模式四种。在实际工作中，主要以前三种模式为主。

6.1.1 常规模式

执行"模式>常规模式"菜单命令，即可切换到"常规模式"，如图6-1所示。"常规模式"是系统默认的剪辑模式（也可以理解为素材的初剪模式）。常规剪辑有两种，分别是播放窗口中的剪辑和时间线窗口中的剪辑。

图6-1

1.播放窗口中的剪辑

播放窗口中的剪辑的步骤如下。

第1步：在"素材库"面板中选择需要粗剪的"万马奔腾"素材，单击按钮栏上的"将选择的素材显示在播放窗口中"按钮，如图6-2所示。

图6-2

第2步："万马奔腾"素材会自动切换到"播放窗口"中，此时可以看到该素材的整体时长为3分42秒07帧，如图6-3所示。

图6-3

技巧与提示

要将初剪素材添加到"播放窗口"中，可以在"素材库"面板中直接双击该素材；也可以在选择素材后，执行热键"Enter"键。

第3步：在"播放窗口"中单击"播放"按钮，播放预览该素材；然后在第30秒13帧处，单击"设置入点"按钮，设置素材剪切的入点，如图6-4所示。

图6-4

技巧与提示

在"播放窗口"中，可以使用键盘"←"或"→"键或拖动"时间线指针"按钮来逐帧观看画面。

设置素材剪切的入点，也可以执行热键"I"。

第4步：在第39秒01帧处，单击"设置出点"按钮，设置素材剪切的出点，如图6-5所示。

图6-5

图6-8

设置素材剪切的出点，也可以执行热键"O"。

第5步：在设置完素材的入点和出点后，可单击"覆盖到时间线"按钮 ，如图6-6所示，将其添加到时间线中。时间线指针会自动跳转到素材的出点处，如图6-7所示。

2.时间线窗口中的剪辑

时间线窗口中的剪辑的方法如下。

第1步：在"素材库"面板中选择需要粗剪的"万马奔腾"素材，按住鼠标左键直接拖放到"时间线"窗口的任一轨道上，如图6-9所示。

图6-6

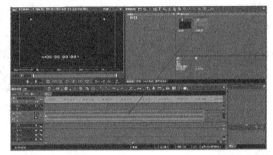

图6-9

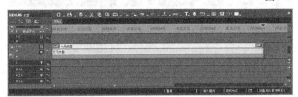

图6-7

第2步：在"录制窗口"中单击"播放"按钮 ，播放该段镜头素材；然后在第30秒13帧处选定素材的入点；接着单击时间线窗口"按钮栏"中的"选定轨道"按钮 ，将素材剪开，如图6-10和图6-11所示。

技巧与提示
要将"播放窗口"中设置好出点和入点的素材添加到时间线中，也可以执行热键"J"。

第6步：当初剪的素材添加到时间线上时，"播放窗口"会自动切换到"录制窗口"。单击"播放"按钮 ，观看该镜头素材，此时可以看到初剪后素材的时长为8秒13帧，如图6-8所示。

图6-10

图6-11

第3步：在第39秒01帧处选定素材的出点，然后单击"选定轨道"按钮，将素材剪开，如图6-12所示。

图6-12

技巧与提示

要将素材剪开，也可以执行快捷键"C"键。

第4步：双击"选定轨道"按钮，在时间线轨道上直接完成素材的入点和出点的操作。该段镜头素材被剪成了三段，然后删除第1段和第3段素材，接着将中间的素材拖曳到时间线的第0帧处，如图6-13所示。

图6-13

第5步：单击"播放"按钮，观看该镜头素材，此时可以看到初剪后素材的时长为8秒13帧，如图6-14所示。

图6-14

技巧与提示

如果一段拍摄的素材中包含多个景别，那么在初剪时，要么在播放窗口中完成，要么在时间线窗口中完成，不建议将两种初剪的方法混合在一起使用，容易出问题。

实战：基础剪辑

素材位置　实例文件>CH06>实战：基础剪辑
实例位置　实例文件>CH06>实战：基础剪辑.ezp
视频位置　多媒体教学>CH06>实战：基础剪辑.flv
难易指数　★★★☆☆
技术掌握　镜头初剪技术的应用

01 在桌面上双击EDIUS Pro 7快捷图标，启动EDIUS Pro 7程序，如图6-15所示。

图6-15

02 在"初始化工程"对话框中，单击"新建工程（N）"按钮，如图6-16所示。

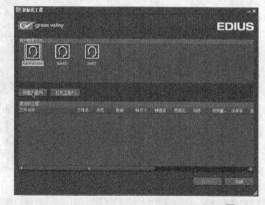

图6-16

03 在"工程设置"对话框中，设置"工程名称（N）"为"基础剪辑"，然后在"预设列表"中选择"HD 960×720 25P 16:9 8bit"选项，接着单击"确定"按钮，如图6-17所示。

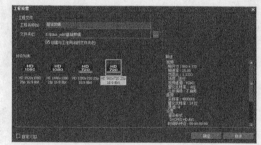

图6-17

04 在"素材库"面板的工具栏中单击"添加素材" 按钮，然后在弹出的"打开"对话框中导入"CONTENTS"文件夹下"VIDEO"文件夹里拍摄的视频素材，如图6-18~图6-20所示。

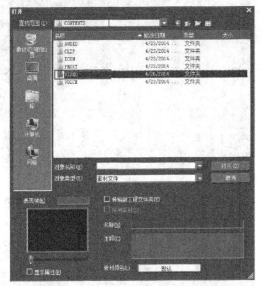

图6-18

图6-19

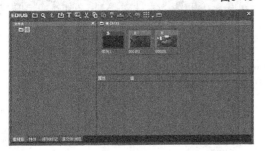

图6-20

05 双击"0001RI"素材后，就可以在"播放窗口"中开始素材的初剪。首先将画面中酒店服务员的服务姿势摆好，作为该段镜头的入点（即第2秒06帧处），如图6-21所示。然后单击"设置入点"按钮 ，设置素材剪切的入点，如图6-22所示。

图6-21

图6-22

06 将镜头平移到酒店大厅小全景处，作为该段镜头的出点（即第6秒10帧处）。然后单击"设置出点"按钮 ，设置素材剪切的出点，如图6-23所示。

图6-23

07 单击"覆盖到时间线"按钮 ，如图6-24所示。然后将其添加到时间线中，如图6-25所示。

图6-24

图6-25

08 在"素材库"面板中，双击"00025L"素材；然后在"播放窗口"中根据画面的构图和镜头运动，将第10帧作为该镜头的入点；接着单击"设置入点"按钮 ，如图6-26所示。

图6-26

09 将第4秒05帧处作为该镜头的出点，单击"设置出点"按钮 ，如图6-27所示。

图6-27

10 单击"覆盖到时间线"按钮 ，如图6-28所示。然后将其添加到时间线中，如图6-29所示。

图6-28

图6-29

11 在该组镜头的初剪工作完成后，要将项目保存。首先执行"文件>另存为（A）"菜单命令，如图6-30所示。然后在弹出的"另存为"对话框中，设置工程项目的路径和文件名。最后单击"保存（S）"按钮即可，如图6-31所示。

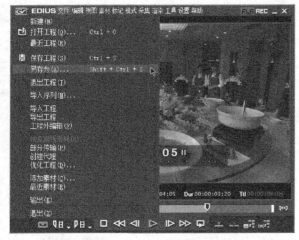

图6-30

图6-31

6.1.2 剪辑模式

在"常规模式"下粗剪结束后，可在"剪辑模式"下，较为精确地调整相邻素材之间的入点和出点。执行"模式>剪辑模式"菜单命令（或按快捷键"F6"键），可以切换到"剪辑模式"（剪辑模式也可以理解为素材精剪模式），如图6-32所示。

图6-32

切换到"剪辑模式"后，"录制窗口"中的工具栏会发生变化，具体属性说明如图6-33和6-34所示。

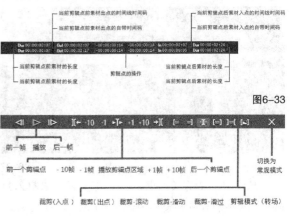

图6-33

图6-34

要想在剪辑模式下更好地处理素材出点和入点，可以先执行"视图>双窗口模式"菜单命令，将视图切换为双视窗显示，如图6-35所示。

图6-35

当使用"裁剪"（ 、 ）和"裁剪滚动"工具 时，"剪辑模式"窗口显示2幅画面，如图6-36所示。

图6-36

当使用"裁剪滑动"工具 和"裁剪滑过"工具 时，"剪辑模式"窗口则显示4幅画面，可同时操作临近的3段镜头之间的出点和入点，如图6-37所示。其中，第一个窗口表示第一段素材的出点，第二个窗口表示中间素材的入点，第三个窗口表示中间素材的出点，第四个窗口表示第三段素材的入点。

图6-37

当使用"裁剪（入点）"工具 设置素材入点时，在"剪辑模式"窗口中鼠标光标显示为 ；在时间线面板中的显示如图6-38所示。

图6-38

当使用"裁剪（出点）"工具 设置素材出点时，在"剪辑模式"窗口中鼠标光标显示为 ；在时间线面板中的显示如图6-39所示。

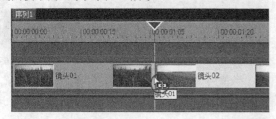

图6-39

当使用"裁剪—滚动"工具 设置素材出点时，在"剪辑模式"窗口中鼠标指针显示为 ；在时间线面板中的显示如图6-40所示。使用该按钮会改变相邻素材间的入点和出点，但不改变两段素材的总长度。

图6-40

当使用"裁剪—滑动"按钮 设置素材出点时，在"剪辑模式"窗口中鼠标光标显示为 ；在时

间线面板中的显示如图6-41所示。使用该按钮仅改变选中素材的入点和出点，不影响该素材当前的原始位置和原始持续时间。

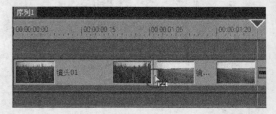

图6-41

当使用"裁剪—滑过"工具 设置素材出点时，在"剪辑模式"窗口中鼠标光标显示为 ；在时间线面板中的显示如图6-42所示。使用该按钮仅改变选中素材的位置，不改变其入点、出点和持续时间，但会影响前一段素材的出点和后一段素材的入点。

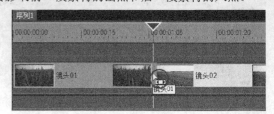

图6-42

技巧与提示

在"剪辑模式"下对素材进行精剪的操作，在选择相应的工具后，剪辑师可以根据自己的工作习惯在"剪辑模式"窗口或"时间线"窗口中操作。

实战：镜头精剪

素材位置	实例文件>CH06>实战：镜头精剪
实例位置	实例文件>CH06>实战：镜头精剪.ezp
视频位置	多媒体教学>CH06>实战：镜头精剪.flv
难易指数	★★★☆☆
技术掌握	镜头精剪技术的应用

01 使用EDIUS Pro 7打开"实战：镜头精剪.ezp"文件，如图6-43所示。

图6-43

02 在"素材库"面板中双击"镜头01"素材，如图6-44所示；然后在"播放窗口"中设置第10帧处为该素材的入点、第3秒06帧处为该素材的出点，如图6-45所示。

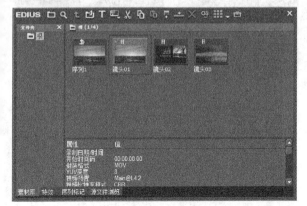

图6-44

图6-45

03 设置完素材的入点和出点后，单击"覆盖到时间线"按钮，将初剪的素材添加到时间线中，如图6-46所示。

图6-46

04 在"素材库"面板中双击"镜头02"素材；然后在"播放窗口"中设置第1秒处为该素材的入点、第3秒10帧处为该素材的出点；接着单击"覆盖到时间线"按钮，将其添加到时间线中，如图6-47所示。

图6-47

05 在"素材库"面板中双击"镜头03"素材；然后在"播放窗口"中设置第10帧处为该素材的入点，第3秒20帧处为该素材的出点；接着单击"覆盖到时间线"按钮，将其添加到时间线中，如图6-48所示。"镜头01""镜头02"和"镜头03"素材在时间线中的初剪效果如图6-49所示。

图6-48

图6-49

06 为了能够在剪辑模式更好地处理素材的出入点，执行"视图>双窗口模式"菜单命令，将视图切换为双视窗显示，如图6-50所示。

图6-50

07 执行"模式>剪辑模式"菜单命令（快捷键为"F6"），切换到"剪辑模式"（剪辑模式也可以理解为素材精剪模式），如图6-51和6-52所示。

图6-51

图6-52

08 使用"裁剪—滑动"工具 设置"镜头02"的入点时间为第2秒21帧处、出点时间在第5秒06帧处，如图6-53所示。

图6-53

09 开启设置"波纹模式" ，如图6-54所示。然后使用"裁剪（入点）"工具 设置"镜头03"的入点时间为第5秒06帧，如图6-55所示。接着将该剪辑项目进行保存操作即可。

图6-54

图6-55

> **技巧与提示**
>
> 开启"波纹模式"后，不管使用"裁剪（入点）"工具怎么调整"镜头03"素材的入点，"镜头03"的入点始终都会与"镜头02"的出点无缝链接。
>
> 在系统默认状态下，"波纹模式"处于关闭状态。在调整素材时一定要确认其是处于打开还是关闭状态，若处于打开状态，那么当前素材的裁剪将对其后面素材的位置直接产生影响。

6.1.3 多机位剪辑

在拍摄谈话交流场景中，一般需要多个角度的主客观镜头切换来阐述剧情（交流谈话可以架设2~3台摄像机）。某些大型的节目剪辑往往也需要多角度切换，在现场一般会有多台摄像机同时拍摄。最后，剪辑师将多台摄像机拍摄的素材进行剪辑，这个过程就称为"多机位剪辑"。

1.关于16机位剪辑

在EDIUS Pro 7中支持高达16个机位素材（即16台摄像机）同时剪辑，如图6-56和图6-57所示。

图6-56

图6-57

2.多机位剪辑的应用

"多机位剪辑"的应用的操作步骤如下。

第1步：将拍摄的3机位素材分别添加到时间线窗口中的3个轨道中，如图6-58所示。

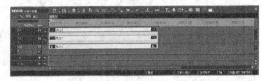

图6-58

第2步：执行"模式>多机位模式（M）"菜单命令，切换到"多机位剪辑（M）"，如图6-59所示。在机位数量中，系统会自动切换到"3+主机位（3）"，如图6-60所示。

图6-59

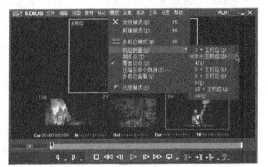

图6-60

第3步：切换到多机位模式后，"录制窗口"被划分成4个小窗口，"主机位"窗口显示的是当前选中的机位，下面的3个小窗口分别是3个摄像机机位拍

摄的内容，如图6-61所示。

图6-61

第4步：在多机位剪辑之前可以先设置"同步点"，执行"模式>同步点（Y）"菜单命令，然后根据素材的具体情况选项对应的选项，这里选择"素材入点（I）"，如图6-62所示。

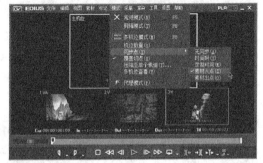

图6-62

第5步：在时间线轨道面板中轨道名称前边出现了"C1""C2"和"C3"字样，"C1"代表1号机位，"C2"代表2号机位，"C3"代表3号机位。当在"录制窗口"中选择1VA时，其他两个轨道上的2号机位和3号机位素材处于灰色状态，如图6-63所示。单击"录制窗口"中的播放按钮▶，根据剧情和镜头表述的需求，点选3个小窗口中的各机位，EDIUS会自动剪辑最终的效果，如图6-64所示。

图6-63

图6-64

第6步：多机位剪辑完成后，执行"模式>压缩至单个轨道（T）"菜单命令，将3个机位剪辑的素材压缩到1个轨道上，如图6-65所示。

图6-65

第7步：在弹出的"压缩选定的素材"对话框中，选择"新建轨道（V轨道）"选项，如图6-66所示。最终的压缩效果如图6-67所示。

图6-66

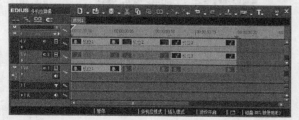

图6-67

第8步：最后执行"模式>常规模式（N）"菜单命令，将其切换到常规模式，如图6-68和6-69所示。

图6-68

图6-69

技巧与提示

在多机位剪辑结束后，可以根据片子节奏的需求，进一步精剪。在多机位剪辑时，时间线中灰色显示的素材为非显示（关闭显示）状态，如果要显示可以执行热键"0"。

6.2 素材的操作

时间线窗口是EDIUS Pro 7中最重要和最核心的部分，承载着大量素材的剪辑、制作和配音配乐等工作。在剪辑的过程中，我们首先需要掌握一些基础且重要的操作。在本小节中，将重点讲解素材的重命名、替换、视音频分离与成组以及变速等相关的操作。

6.2.1 重命名与替换素材

1.重命名素材

重命名时间线窗口中的镜头素材，可以在一定程度上提高剪辑工作的效率。图6-70所示的3组镜头素材，如果将其进行重命名的处理，将会更加便于识别和应用。

图6-70

素材重命名的操作分为以下3个步骤。

第1步：在时间线窗口中选择"镜头01"素材，然后单击鼠标右键，接着在弹出的菜单中选择"属性（R）"，如图6-71所示。

图6-71

 技巧与提示

可以在选择素材后，执行组合热键"Alt + Enter"打开"素材属性"对话框。

第2步：在"素材属性"对话框中选择"文件信息"选项卡，在"名称"栏中输入素材的名称，然后单击"确定"按钮。这里将"镜头01"素材由原来的"河流"重新命名为"河面"，如图6-72所示。

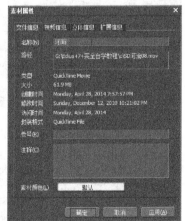

图6-72

第3步：使用上述方法，重命名"镜头02"素材为"荷叶"、"镜头03"素材为"水草"，如图6-73所示。

图6-73

 技巧与提示

如需要将导入"素材库"面板中的素材进行重新命名，可以选择需要重命名的素材，单击鼠标右键，在弹出的菜单中选择"重命名（R）"（快捷键为"F2"）即可对素材重命名，如图6-74所示。

图6-74

2.替换素材

在时间线窗口中，素材替换的功能对剪辑工作有着不可忽视的作用。在图6-75所示的3组镜头素材中，根据镜头需求设定，需用"花草"镜头替换"草地"镜头，并删除原始的"花草"镜头，将替换之后的"花草"镜头的入点设置在第0帧处，"大树"镜头作为第二组镜头，具体操作步骤如下。

图6-75

第1步：在时间线窗口中选择"花草"素材，单击按钮栏上的"复制"按钮，如图6-76所示。

图6-76

第2步：选择"草地"素材，在按钮栏上选择"替换素材"按钮的子选项"所有（A）"，然后

85

将第一步中复制的"花草"素材替换"草地"素材，如图6-77所示。替换之后的效果如图6-78所示。

图6-77

图6-78

第3步：选择第一组"草地"素材，单击按钮栏上的"波纹删除"按钮，然后将第一组"草地"素材删除，如图6-79所示。删除之后的最终效果如图6-80所示。

图6-79

图6-80

技巧与提示

"删除"按钮和"波纹删除"按钮是有区别的，"删除"按钮在删除选择的素材后，不会影响其他素材所在的原始位置，被删除的素材处会"留空"；"波纹删除"按钮在删除所选的素材后，后面的素材会自动填补"留空"，其他素材的所在的原始位置自然也会发生变化。

6.2.2 视音频素材的分离与成组

1.视音频素材的分离

将拍摄的镜头素材添加到时间线上剪辑的时候，通常需要去掉前期拍摄时的声音，在剪辑完成后，配上符合片子风格的背景音乐和音效。由于画面和声音是链接在一起的，因此在取代拍摄声音的时候，需要执行"解锁"命令，然后选择声音轨道，最后将其删除。视音频素材的分离操作可以分为以下3个步骤。

第1步：在时间线窗口中选择素材，然后单击鼠标右键，在弹出的菜单中选择"连接/组>解锁"菜单命令，如图6-81所示。

图6-81

第2步：此时，视频和音频轨道被分离了，移动音频轨道，视频轨道不会受到影响，如图6-82所示。

图6-82

第3步：选择音频素材，然后按下按Delete键，即可将音频轨道上的素材删除，如图6-83所示。

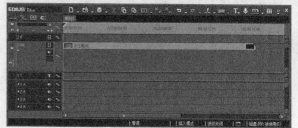

图6-83

2.视音频素材的成组

在剪辑完某组镜头素材且配好音效之后，如果需要一起移动素材和音效的位置，最为简便的方法就是将视频和音频设置成一个整体，这样在移动的时候既快捷也不会破坏音频对应画面的节奏点。

要将画面和声音设置成一个整体，需要在选择视频和音频轨道后，执行"设置组"命令。

视音频素材的成组操作分为以下2个步骤。

第1步：在时间线窗口中框选视频和音频素材，然后单击鼠标右键，在弹出的菜单中选择"连接/组>设置组"菜单命令，如图6-84所示。

图6-84

第2步：此时，视频和音频轨道就设置成一个整体了。不管是移动音频轨道还是视频轨道，它们都会一起被移动，如图6-85所示。

图6-85

6.2.3 素材变速

在EDIUS Pro 7时间线窗口中，素材变速实质上是指"时间效果"，主要包括"速度（E）""时间重映射（M）""冻结帧（F）"和"场选项（T）"，如图6-86所示。接下来将重点讲解"速度（E）""时间重映射（M）"和"冻结帧（F）"3个核心知识点。

图6-86

1.速度

如果需要对素材进行加速、减速或倒放的操作，可以选中需要变速的素材，然后单击鼠标右键，在弹出的菜单中执行"时间效果>速度"选项，打开"素材速度"对话框，如图6-87所示。

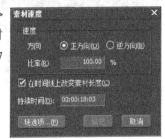

图6-87

素材速度参数介绍

- **速度**：用来设置素材的速度属性。

方向：选择"正方向（O）"表示素材是正常向前播放，选择"逆方向（B）"表示素材是倒放的效果。

比率（R）：用来设置素材的播放速率。100%是正常播放素材，大于100%是加速播放，小于100%是减速播放。

- **在时间想上改变素材长度**：默认处于勾选状态。一般情况下，不需要改变。

- **持续时间（D）**：设置素材在时间线上的持续时间。

- **场选项...（F）**：设置"场"的具体设置。

01 使用EDIUS Pro 7打开"实战：云彩变速.ezp"文件，如图6-88所示。

图6-88

02 将时间线指针移动到第3秒处，执行快捷键"C"对素材进行裁剪，将素材剪成两部分，如图6-89所示。

图6-89

03 选择第一段素材，然后将其重新命名为"慢速云彩"；接着选择第二段素材，将其重新命名为"快速云彩"，如图6-90和图6-91所示。

图6-90

图6-91

04 选择"慢速云彩"，然后单击鼠标右键，接着在弹出的菜单中执行"时间效果>速度"选项，打开"素材速度"对话框，设置"比率"为75%，如图6-92所示。

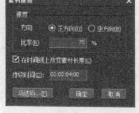

图6-92

05 选择"快速云彩"，然后单击鼠标右键，接着在弹出的菜单中执行"时间效果>速度"选项，打开"素材速度"对话框，设置"比率"为300%，如图6-93所示。

图6-93

06 画面的最终效果是第一段素材中的云彩慢速飘动，第二段素材中的云彩快速飘动。"慢速云彩"在减速之后，在时间线上的变化如图6-94所示。"快速云彩"在加速之后，在时间线上的变化如图6-95所示。最后执行"保存"操作保存该项目即可。

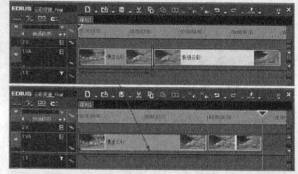

图6-94

图6-95

2.时间重映射

"时间重映射"又称为"无级变速"，是EDIUS Pro 7中功能非常强大的素材变速工具（或变速功能）。"时间重映射"是在不破坏素材总时长的基础上为一整段素材设置多段不同的播放速度。在选择需要"时间重映射"的素材上单击鼠标右键，然后在弹出的菜单中执行"时间效果>时间重映射"命令，打开"时间重映射"对话框，如图6-96所示。

当前时间

映射之后的
素材时间

素材原始时间

图6-96

时间重映射部分重要参数介绍

- **添加关键帧** ：添加时间重映射的关键帧。
- **删除关键帧** ：删除当前时间重映射的关键帧。
- **上一个关键帧** ：跳转到上一个时间重映射的关键帧处。
- **下一个关键帧** ：跳转到下一个时间重映射的关键帧处。
- **回放** ：播放。
- **循环播放** ：循环播放。
- **初始化** ：复位到初始状态。
- **启用** ：开启或关闭时间重映射。

实战：四季变换

素材位置	实例文件>CH06>实战04：四季变换
实例位置	实例文件>CH06>实战04：四季变换.ezp
视频位置	多媒体教学>CH06>实战04：四季变换.flv
难易指数	★★★☆☆
技术掌握	无级变速的具体应用

01 使用EDIUS Pro 7打开下载资源中的"实战04：四季变换.ezp"文件，如图6-97所示。

图6-97

02 选择"四季变换"素材，然后单击鼠标右键，在弹出的菜单中执行"时间效果>时间重映射"命令，打开"时间重映射"对话框，最后在第3秒01帧处添加时间重映射的关键帧，如图6-98所示。

图6-98

03 从第5秒19帧处开始，树木由夏季向秋季过渡，在第5秒19帧处添加"时间重映射"的关键帧，如图6-99所示。

图6-99

04 将第3秒01帧处添加的关键帧移动到第2秒处，春季画面所持续的时间将会变短，素材播放的速度将会加快，如图6-100所示。

图6-100

05 将第5秒19帧处添加的关键帧移动到第8秒处，夏季画面所持续的时间将会延长，素材播放的速度将会变慢，如图6-101所示。

图6-101

06 单击"回放"按钮，将会播放时间重映射之后的画面效果，如图6-102所示。预览之后，单击"确定"按钮，完成最终的调节效果。

图6-102

💡 **技巧与提示**

由于修改的是素材播放速度，而素材的整体的总时长不变，所以有部分素材被加速，就会有部分素材被慢放。

3.冻结帧

"冻结帧"实际上就是将动态的视频素材冻结为某一帧静态的图像。选择需要冻结的素材，然后单击鼠标右键，在弹出的菜单中执行"时间效果>冻结帧"命令，如图6-103所示。

图6-103

如果时间指针在素材的入点处或出点处，只有"设置"命令处于激活状态，如图6-104所示。选择"设置"命令后，才可以进行"冻结帧"的属性设置，如图6-105所示。

图6-104

冻结帧参数介绍

■ **启用冻结帧**：勾选后冻结帧将会起作用。

■ **冻结帧位置**：设置冻结帧是在入点处还是出点处。

图6-105

入点：将素材的入点作为冻结帧。

出点：将素材的出点作为冻结帧。

实战：**画面静止**

素材位置	实例文件>CH06>实战：画面静止
实例位置	实例文件>CH06>实战：画面静止.ezp
视频位置	多媒体教学>CH06>实战：画面静止.flv
难易指数	★★★☆☆
技术掌握	冻结帧的具体应用

01 使用EDIUS Pro 7打开下载资源中的"实战：画面静止.ezp"文件，如图6-106所示。

图6-106

02 在时间线窗口中，将时间指针移动到第9秒处，如图6-107所示。

图6-107

03 选择"草生长"素材，然后单击鼠标右键，在弹出的菜单中执行"时间效果>冻结帧>在指针之前"命令，如图6-108和图6-109所示。

图6-108

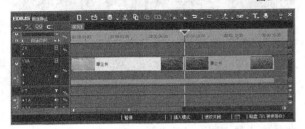

图6-109

04 此时9秒之前的画面全部处于静止状态，第1秒21帧和第7秒20帧显示的内容如图6-110所示。

图6-110

05 第9秒之后的画面为正常的动态内容，如图6-111所示。

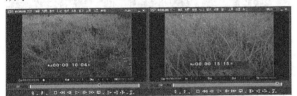

图6-111

> **技巧与提示**
>
> 除了通过"冻结帧"的方法完成指定静态图像之外，还可以在需要生成静态图像的时间点，按快捷键"Ctrl+T"，"素材库"面板中自动生产一张静态的图像，然后将其添加到时间线指定的时间处即可，如图6-112所示。

图6-112

6.3 综合实战

素材位置	实例文件>CH06>综合实战：美景瀑布
实例位置	实例文件>CH06>综合实战：美景瀑布.ezp
视频位置	多媒体教学>CH06>综合实战：美景瀑布.flv
难易指数	★★★☆☆
技术掌握	素材剪辑、转场（淡入淡出）、音频淡出等知识点的综合应用

这个视频短片主要介绍各种溪流和瀑布，通过不同景别和角度，展示山间美丽的风景。制作时选取节奏活泼轻快的乐曲作为背景音乐，用画面表达心情的变化，给人带来一种自由、幽静和鼓舞的感觉。剪辑完成之后的视频截图如图6-113所示。

图6-113

6.3.1 素材的剪辑

01 启动EDIUS Pro 7程序，在"初始化工程"对话框中单击"新建工程（N）"按钮，如图6-114所示。

图6-114

02 在"工程设置"对话框中，设置"工程名称（N）"为"美景瀑布"，然后勾选"自定义"选项，接着单击"确定"按钮，如图6-115所示。

图6-115

03 在"视频预设"中选择"SD PAL 720×576 25p 4:3",然后设置"渲染格式"为"Grass Valley HQ标准",最后单击"确定"按钮,如图6-116所示。

图6-116

04 单击"素材库"面板按钮栏上"添加素材"按钮,然后导入需要剪辑的素材,如图6-117所示。接着双击该素材,在"播放窗口"中准备进行初剪的工作。

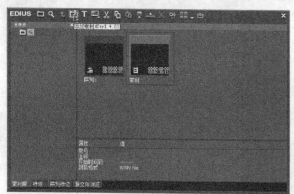

图6-117

05 在28秒22帧处,单击"设置入点"按钮,设置素材剪切的入点,如图6-118所示。

图6-118

06 在31秒13帧处,单击"设置出点"按钮,设置素材剪切的出点,如图6-119所示。

图6-119

07 在设置完该组素材的入点和出点后,可单击"覆盖到时间线"按钮,如图6-120所示,将其添加到时间线中,时间线指针会自动跳转到素材的出点处,如图6-121所示。

图6-120

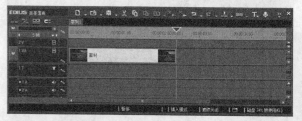

图6-121

08 在"播放窗口"中继续预览素材,挑选第2组素材,然后在39秒18帧处单击"设置入点"按钮,设置素材剪切的入点,如图6-122所示。

09 在42秒10帧处,单击设置出点按钮,设置素材剪切的出点,然后将其添加到时间线中,如图6-123所示。

图6-122

图6-123

10 在"播放窗口"中继续预览素材。选择近景的水流为第3组素材，然后设置其入点为第52秒12帧、出点为第1分03秒10帧，接着将其添加到时间线中，如图6-124所示。

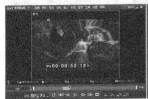

图6-124

11 选择缓推进的"幽静树林"作为第4组意境镜头，然后设置入点为第1分08秒19帧、出点为第1分14秒05帧，接着将其添加到时间线中，如图6-125所示。

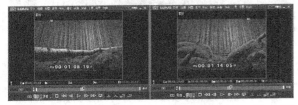

图6-125

12 选择山中的云烟镜头，然后设置其入点为第1分51秒20帧、出点为第1分53秒17帧，接着将其添加到

时间线中，如图6-126所示。

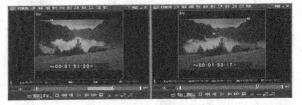

图6-126

13 用缓拉的镜头赏析湖水和天空，设置入点为第1分56秒16帧、出点为第1分59秒16帧，然后将其添加到时间线中，如图6-127所示。

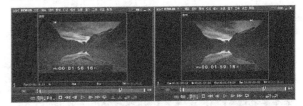

图6-127

14 在最后定版镜头结束之前，可以加一组从树林慢慢进入瀑布的镜头，然后设置其入点为第2分17秒18帧处、出点为第2分19秒23帧，接着将其添加到时间线中，如图6-128所示。

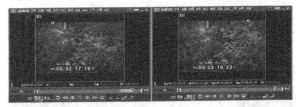

图6-128

15 制作最后的定版镜头。设置其入点为第2分27秒01帧、出点为第2分30秒05帧，然后将其添加到时间线中，如图6-129所示。

图6-129

16 在时间线中初剪的素材如图6-130所示。

图6-130

技巧与提示

在这段片子中，镜头的挑选与剪辑主要是根据剪辑师的审美认识来把控的，这就是所谓的"感觉"。

6.3.2 镜头的处理

01 可以给第1段素材加入一个淡入的效果，以避免视频一播放就出现画面，这样会显得比较突兀。选择第1段素材，然后在"信息"面板中单击"打开设置对话框"按钮，打开"视频布局"控制面板，如图6-131所示。

图6-131

02 在"视频布局"控制面板中，展开"可见度和颜色"属性栏，然后勾选"素材不透明度"选项并设置动画关键帧，接着在第0帧处设置其值为0%，在第20帧处设置其值为100%，如图6-132所示。

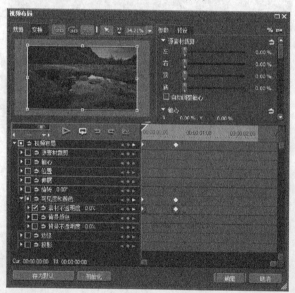

图6-132

03 由于第2段素材和第3段素材在切换过程中比较"跳"，因此需要在两段素材之间添加一个镜头转场过渡的滤镜。在"特效"面板中，将"转场"文件夹中的"溶化"滤镜拖曳到两段素材中间，如图6-133所示。

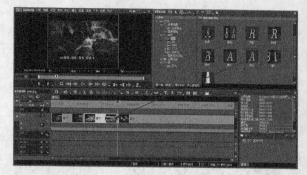

图6-133

04 视频最后一段镜头也需要添加一个淡出的效果，给人舒缓和回味的感受。选择最后一段素材，在"信息"面板中，单击"打开设置对话框"按钮，打开"视频布局"控制面板。然后在"视频布局"控制面板中展开"可见度和颜色"属性栏；接着勾选"素材不透明度"选项并设置动画关键帧；最后在第29秒08帧处设置其值为100%，在第30秒23帧处设置其值为0%，如图6-134和图6-135所示。

图6-134

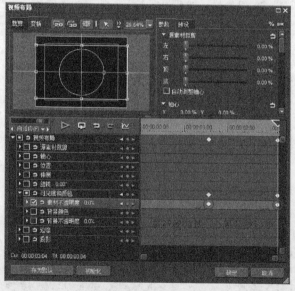

图6-135

05 视频的淡入、淡出与转场设置完成后，可以先预渲染一下画面的全部效果。单击时间线窗口按钮栏中的渲染入/出点间图标，选择"渲染入点/出点>全部"命令，如图6-136和图6-137所示。

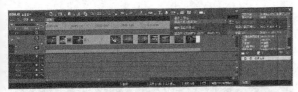

图6-136

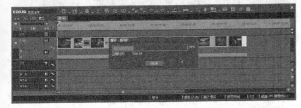

图6-137

6.3.3 音频与输出

01 首先将"背景音乐"素材添加到"素材库"面板中,然后将其拖曳到时间线轨道1VA轨道上,接着将时间指针移动到音频没有音波的部分,如图6-138所示。

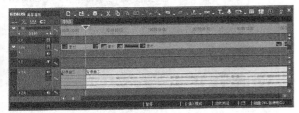

图6-138

02 按"C"键将其剪开,如图6-139所示。然后删除前一段音频素材,接着将后面的音频素材移动到第0帧处,如图6-140所示。

图6-139

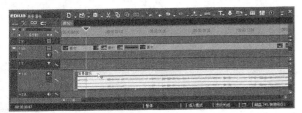

图6-140

03 首先将时间指针移动到视频素材的最后一帧处,然后选择音频素材,按"C"键将其剪开,接着删除后面一段的音频素材,如图6-141所示。

图6-141

04 单击"VOL/PAN"按钮激活切换到"VOL"(音量)状态,然后在第29秒02帧秒处添加一个关键帧,接着将最后一帧处的关键帧值调为"-inf(0.00%)",这样就完成了音量淡入的效果制作,如图6-142所示。

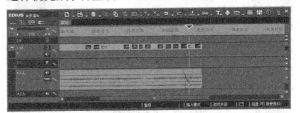

图6-142

05 执行"文件>输出(E)>输出到文件(F)"菜单命令,将该项目输出,如图6-143所示。

图6-143

06 在弹出的"输出到文件"对话框中,首先选择左边的列表中的"H.264/AVC"选项,然后选择右边列表中的"H.264/AVC"选项,最后单击"输出"按钮,如图6-144所示。

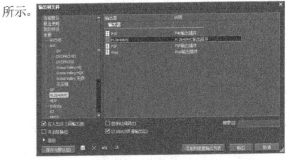

图6-144

07 在"H.264/AVC"对话框中，首先设置视频输出的路径和名称，然后设置"画质"为"常规"，最后单击"保存（S）"按钮，EDIUS Pro 7进入数字视频文件的渲染状态，如图6-145和6-146所示。

图6-146

08 使用QuickTime播放器观看输出的数字视频文件，如图6-147所示。

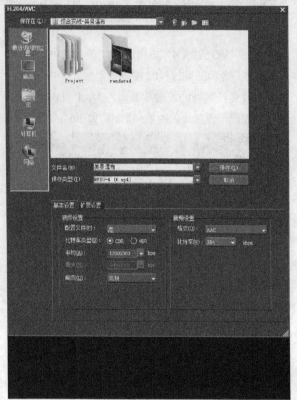

图6-145

图6-147

EDIUS

第 7 章

视频滤镜的应用

滤镜原本是一种摄影器材,安装后可以实现特殊的效果(如渐变、柔焦、星辉、色彩等)。EDIUS 软件中使用的"滤镜"概念,是现实中"滤镜"含义的引申,即通过效果不同的滤镜让图像呈现出不同的风格化效果。现在有越来越多的滤镜特效出现在各种影视节目中,它既可以掩盖由于拍摄造成的缺陷,又可以使画面变得更加生动、绚丽多彩。在本章中,将介绍如何添加滤镜、设置滤镜属性、删除滤镜和关闭(或隐藏)滤镜,重点讲解视频滤镜和色彩校正的应用,最后通过综合案例来巩固和强化本章知识点的应用与拓展。

本章学习要点:

添加滤镜的方法

设置滤镜属性的方法

删除滤镜

关闭(或隐藏)滤镜

系统预设滤镜

常用滤镜

其他滤镜

核心滤镜

7.1 简介

视频特效的制作离不开相应的特效滤镜，EDIUS Pro 7拥有的丰富而绚丽的视频滤镜，它们为创作提供了无限的可能。

在EDIUS Pro 7特效面板中共用"视频滤镜""音频滤镜""转场""音频淡入淡出""字幕混合"和"键"6大类。左侧为滤镜种类名称的列表，右侧为左侧选择的滤镜组中包括的各个具体滤镜，如图7-1所示。

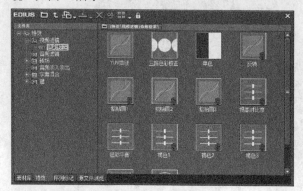

图7-1

技巧与提示

在EDIUS Pro 7之前版本的特效面板中，有"系统预设""视频滤镜""音频滤镜""转场""音频淡入淡出""字幕混合"和"键"7大类。

在EDIUS Pro 7的特效面板中，滤镜组做了整合和优化，将"系统预设"组整合到其余的六大滤镜组中，并用带有粉色的"S"来标注。

本章将重点讲解"视频滤镜组"和"色彩校正组"，如图7-2所示。

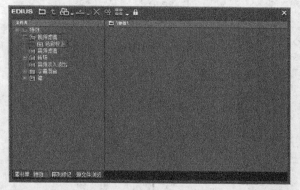

图7-2

7.2 关于滤镜的操作

在本小节中，重点讲解给镜头素材添加滤镜的3种方法、设置滤镜属性、删除滤镜以及关闭（或隐藏）滤镜等相关的操作。

7.2.1 添加滤镜

在EDIUS Pro 7中，给选定的镜头素材添加滤镜有以下3种方法。

1.拖放到素材上添加滤镜

在"特效"面板中选择合适的视频滤镜，然后按住鼠标左键将其拖曳到时间线的素材上，即可添加滤镜，如图7-3所示。

图7-3

技巧与提示

该添加方法是EDIUS Pro 7中最常规、最基本的方法。

2.拖放到信息面板上添加滤镜

在时间线上选择需要添加滤镜的镜头素材，然后在"特效"面板中选择合适的视频滤镜，按住鼠标左键将其拖曳到信息面板中，即可添加滤镜，如图7-4所示。

图7-4

3.单击鼠标右键添加滤镜

在时间线中选择需要添加滤镜的镜头素材，然后在"特效"面板中选择合适的滤镜，单击鼠标右键，在弹出的菜单中选择"添加到时间线（T）"命令，如图7-5所示。

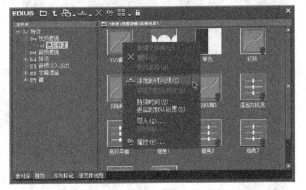

图7-5

7.2.2 设置滤镜属性

添加完滤镜后，一般需要修改滤镜的相关属性。在时间线右侧的"信息"面板中双击添加的滤镜，如图7-6所示，可以打开该滤镜的属性设置对话框，如图7-7所示。

图7-6

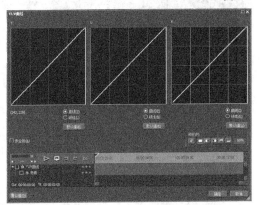

图7-7

技巧与提示

除了通过双击滤镜名称打开属性设置对话框外，还可以在"信息"面板中先选择滤镜，然后单击"打开设置对话框"按钮，打开滤镜的属性设置对话框，如图7-8所示。

图7-8

另外，也可以在"信息"面板中先选择滤镜，然后单击鼠标右键，在弹出的菜单中，选择"打开设置对话框"命令，如图7-9所示。

图7-9

7.2.3 删除滤镜

若要删除视频素材中已经添加的视频滤镜，可使用以下任一方法。

第1种：在"信息面板"中选中需要删除的滤镜，然后按"Delete"键，如图7-10所示。

图7-10

第2种：在"信息"面板中先选择滤镜，然后单击"删除"按钮❌即可删除滤镜，如图7-11所示。

第3种：在"信息"面板中先选择滤镜，然后单击鼠标右键，在弹出的菜单中选择"删除"命令即可删除滤镜，如图7-12所示。

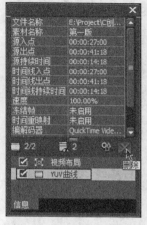

图7-11   图7-12

7.2.4 关闭（或隐藏）滤镜

若要暂时关闭（或隐藏）某个滤镜，有以下两种方法。

第1种：在"信息面板"中将该滤镜前面方框中的对勾去掉，如图7-13所示。

第2种：在"信息"面板中先选择滤镜，然后单击鼠标右键，在弹出的菜单中选择"启用/禁用（E）"命令，如图7-14所示。

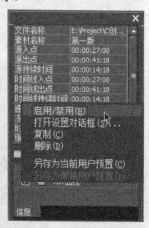

图7-13   图7-14

技巧与提示

添加滤镜的先后顺序对画面所起的效果也是截然不同的，可以在"信息"面板中通过拖曳滤镜来调整滤镜的顺序，具体表现如下。

第1种：添加"单色"滤镜，然后添加"色彩平衡"滤镜，画面的效果如图7-15所示，此时画面呈黄色调。

图7-15

第2种：添加"色彩平衡"滤镜，然后添加"单色"滤镜，画面的效果如图7-16所示，此时画面呈灰色调。

图7-16

7.3 视频滤镜组

通常将视频滤镜组分为系统预设、常用滤镜和其他滤镜三大模块，如图7-17所示。

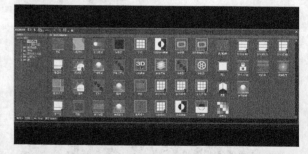

图7-17

7.3.1 系统预设滤镜

通常将带有粉色S标注的滤镜作为一个模块，称之为"系统预设滤镜"。这些滤镜的属性都已经做了基本的预设处理，因此在使用的时候，直接调用（或根据画面效果做些简单的修改）就可以了。

1.垂直线

"垂直线"滤镜主要通过设置"矩阵"滤镜调节了矩阵两侧的正负值，通过对比预设了一个强化垂直轮廓线为主的视频效果，其属性面板如图7-18所示。应用该滤镜前后的画面对比效果如图7-19所示。

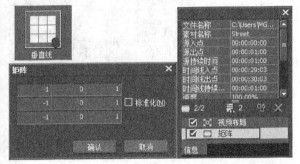

图7-18

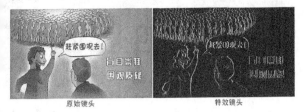

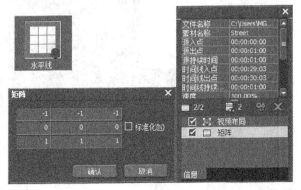

原始镜头　　　　　　特效镜头

图7-19

2.水平线

"水平线"滤镜主要通过设置"矩阵"滤镜调节矩阵上下的正负值，通过对比预设一个强化水平轮廓线为主的视频效果，其属性面板如图7-20所示。应用该滤镜前后的画面对比效果如图7-21所示。

图7-20

原始镜头　　　　　　特效镜头

图7-21

3.边缘检测

"边缘检测"滤镜主要通过设置"矩阵"滤

镜调节矩阵周围与中心的正负值对比，通过对比预设一个强化边缘线的视频效果，其属性面板如图7-22所示。应用该滤镜前后的画面对比效果如图7-23所示。

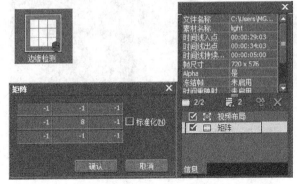

图7-22

原始镜头　　　　　　特效镜头

图7-23

4.宽银幕

"宽银幕"滤镜主要通过设置"手绘遮罩"滤镜预设了一个画面边框（或描边）的视频效果，如图7-24所示。应用该滤镜前后的画面对比效果如图7-25所示。

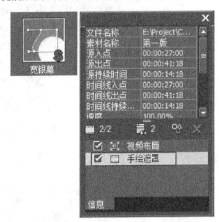

图7-24

原始镜头　　　　　　特效镜头

图7-25

5.平滑马赛克

"平滑马赛克"滤镜主要通过设置"马赛克"和"动态模糊"滤镜组合预设了一个较为平滑的马赛克视频效果，如图7-26所示。应用该滤镜前后的画面对比效果如图7-27所示。

图7-26

图7-27

6.打印

"打印"滤镜主要通过设置"锐化"和"色彩平衡"滤镜组合预设了一个黑白打印的视频效果，如图7-28所示。应用该滤镜前后的画面对比效果如图7-29所示。

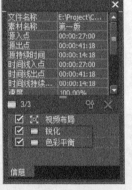

图7-28

图7-29

7.老电影

"老电影"滤镜主要通过设置"色彩平衡"和

"视频噪声"滤镜组合预设了一个做旧、颗粒和杂点等特征融合在一起的视频效果，如图7-30所示。应用该滤镜前后的画面对比效果如图7-31所示。

图7-30

图7-31

8.移除Alpha通道

"移除Alpha通道"滤镜可以对镜头素材的通道进行移除处理，其属性面板如图7-32所示。应用该滤镜的前后的画面对比效果如图7-33所示。

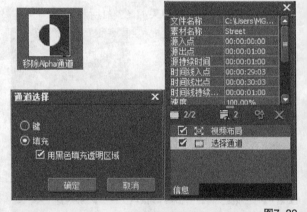

图7-32

图7-33

9.稳定器和果冻效应校正

"稳定器和果冻效应校正"滤镜可以对前期拍摄的素材自动进行抖动的稳定（或航拍果冻的优化处

理），如图7-34
所示。应用该
滤镜前后的画
面对比效果如
图7-35所示。

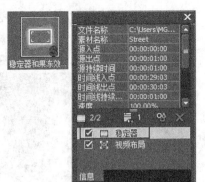

图7-34

图7-35

10.虚化

"虚化"滤镜可以使画面中过于清晰或对比度过于强烈的区域产生虚化模糊的效果，从而让画面变得柔和。在EDIUS Pro 7中，虚化滤镜分柔和、中度和强烈三个级别，如图7-36~图7-38所示。应用该滤镜前后的画面对比效果如图7-39所示。

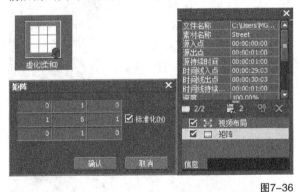

图7-36

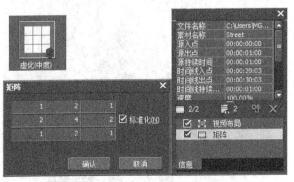

图7-37

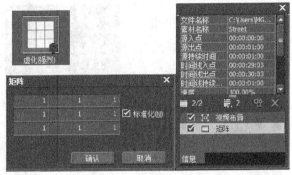

图7-38

图7-39

11.锐化

"锐化"滤镜可以快速聚焦模糊边缘，提高画面的清晰度（或者焦距程度），使图像特定区域的色彩更加鲜明，同时增加画面的颗粒感。在EDIUS Pro 7中，锐化滤镜分柔和、中度和强烈三个级别，如图7-40~图7-42所示。应用该滤镜前后的画面对比效果如图7-43所示。

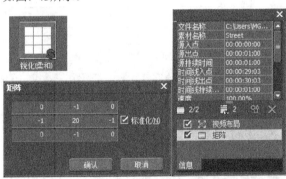

图7-40

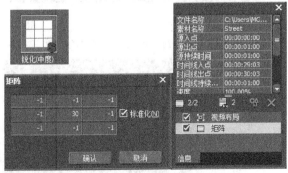

图7-41

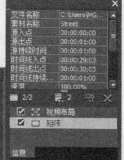

图7-42

图7-43

技巧与提示

矩阵正中间的文本框代表要进行计算的像素点，输入的值会与该像素的亮度值相乘，从-255到255。周围的文本框代表相邻的像素点，输入的值会与该位置的像素的亮度值相乘，当前像素点的亮度值是矩阵所有值相加的结果。

启用"标准"后，亮度相加值再除以输入的9个值的和，当9个值和为0时，该滤镜被禁用（因为除数为零）。

实战：制作画面遮幅

素材位置	实例文件>CH07>实战：制作画面遮幅
实例位置	实例文件>CH07>实战：制作画面遮幅.ezp
视频位置	多媒体教学>CH07>实战：制作画面遮幅.flv
难易指数	★★☆☆☆
技术掌握	"宽银幕"滤镜的具体应用

画面遮幅的前后效果如图7-44所示。

图7-44

01 使用EDIUS Pro 7打开下载资源中的"实战：制作画面遮幅.ezp"文件，如图7-45所示。

图7-45

02 在"特效"面板中，将"色彩校正"文件夹中的"宽银幕"滤镜拖曳到"镜头01"素材上，如图7-46所示，添加滤镜之后的画面效果如图7-47所示。

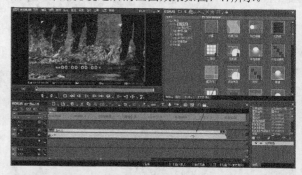

图7-46

图7-47

03 在"信息"面板中先选择"手绘遮罩"滤镜，然后单击"打开设置对话框"按钮，打开"手绘遮罩"滤镜的属性设置对话框，如图7-48和图7-49所示。

图7-48

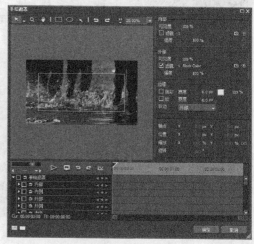

图7-49

04 使用鼠标左键单击遮罩，拖曳右下角的点到图像的边缘，如图7-50所示。这样就完成了画面上下遮幅处理的工作，画面的最终效果如图7-51所示。

图7-50

图7-51

实战：水乡调色

素材位置	实例文件>CH07>实战：水乡调色
实例位置	实例文件>CH07>实战：水乡调色.ezp
视频位置	多媒体教学>CH07>实战：水乡调色.flv
难易指数	★★☆☆☆
技术掌握	"老电影"滤镜的具体应用

水乡调色的前后效果如图7-52所示。

原始镜头   特效镜头

图7-52

01 使用EDIUS Pro 7打开下载资源中的"实战：水乡调色.ezp"文件，如图7-53所示。

图7-53

02 在"特效"面板中，将"色彩校正"文件夹中的"老电影"滤镜拖曳到"水乡"素材上，如图7-54所示。添加滤镜之后的画面效果如图7-55所示。

图7-54

图7-55

03 在"信息"面板中关闭"视频噪声"滤镜的显示，如图7-56所示。

图7-56

04 选择"色彩平衡"滤镜，然后单击"打开设置对话框"按钮，打开"色彩平衡"滤镜的属性设置对话框，接着设置"色度"为-80、"亮度"为10、"对比度"为15、"青—红"为-12、"品红—绿"为-5、"黄—蓝"为0，最后单击"确定"按钮，如图7-57所示。调整完成后画面效果如图7-58所示。

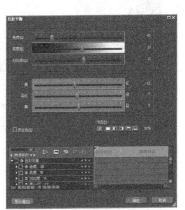

图7-57

图7-58

7.3.2 常用滤镜

通常将日常工作中使用频率较高的滤镜作为一个模块，称之为"常用滤镜"。常用滤镜主要有"手动遮罩""混合滤镜"和"老电影"等。

1.手绘遮罩

使用"手绘遮罩"滤镜可以手动（或自定义）对画面添加遮罩，添加遮罩的类型有"绘制矩形"遮罩、"绘制椭圆"遮罩和"绘制路径"遮罩。此外，还可以对遮罩的内部、外部和边缘进行细化调整，其属性设置面板如图7-59所示。

工具栏

预览区域

关键帧控制区域

参数调整区域

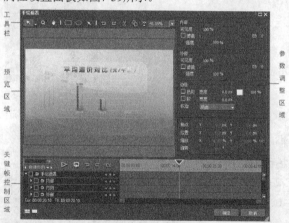

图7-59

实战：画面压角的制作

素材位置	实例文件>CH07>实战：画面压角的制作
实例位置	实例文件>CH07>实战：画面压角的制作.ezp
视频位置	多媒体教学>CH07>实战：画面压角的制作.flv
难易指数	★★☆☆☆
技术掌握	手绘遮罩滤镜的基础应用

画面压角的前后效果如图7-60所示。

原始镜头　　　　　　特效镜头

图7-60

01 使用EDIUS Pro 7打开下载资源中的"实战：画面压角的制作.ezp"文件，如图7-61所示。

图7-61

02 在"特效"面板中，将"视频滤镜"文件夹中的"手绘遮罩"滤镜拖曳到"奔马"素材上，如图7-62所示。

图7-62

03 在"信息"面板中先选择"手绘遮罩"滤镜，然后单击"打开设置对话框"按钮，打开"手绘遮罩"滤镜的属性设置对话框，如图7-63和图7-64所示。

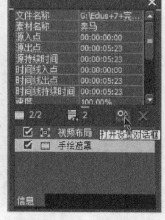

图7-63

图7-64

04 使用工具栏中的"绘制椭圆"遮罩工具 ◉ 绘制
遮罩，如图7-65所示。

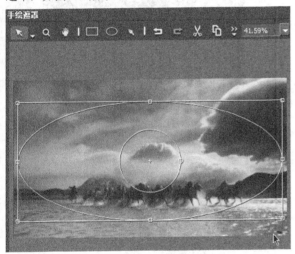

图7-65

05 在参数调整区域，设置"外部"属性栏中的"可
见度"为0%，然后在
"边缘"属性栏中勾选
"软"选项，接着设置
"宽度"值为300px，如
图7-66所示。调整完成
后的画面效果如图7-67
所示。

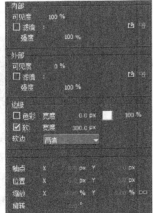

图7-66

图7-67

实战：自定义遮罩

素材位置	实例文件>CH07>实战：自定义遮罩
实例位置	实例文件>CH07>实战：自定义遮罩.ezp
视频位置	多媒体教学>CH07>实战：自定义遮罩.flv
难易指数	★★☆☆☆
技术掌握	手绘遮罩滤镜的基础应用

自定义遮罩的前后效果如图7-68所示。

原始镜头　　　　　　　　特效镜头

图7-68

01 使用EDIUS Pro 7打开下载资源中的"实战：自
定义遮罩.ezp"文件，如图7-69所示。

图7-69

02 在"特效"面板中，将"视频滤镜"文件夹中的
"手绘遮罩"滤镜拖曳到"奔马02"素材上，如图
7-70所示。

图7-70

03 在"信息"面板中先选择"手绘遮罩"滤镜，然后单击"打开设置对话框"按钮，打开"手绘遮罩"滤镜的属性设置对话框，如图7-71和图7-72所示。

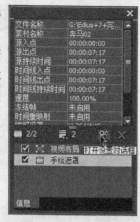

图7-71

度"为295px、填充百分比为0%，然后在"软边"选项中选择"内部"，如图7-74所示。画面的预览效果如图7-75所示。

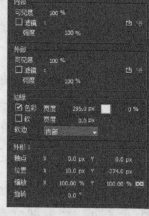

图7-74

图7-72

04 使用工具栏中的"绘制路径"遮罩工具 绘制遮罩，如图7-73所示。

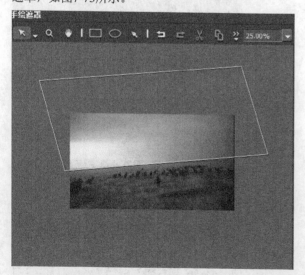

图7-73

05 在参数调整区域，设置"边缘"属性栏中的"宽

图7-75

技巧与提示

可以根据画面的元素运动和构图，给素材添加遮罩的动画关键帧。在本案例中，把"奔马02"画面中地面与天空的分界线作为分割参考点来设置。

06 选择绘制的遮罩，然后单击工具栏中的"编辑形状"工具，接着在弹出的二级菜单中选择"编辑形状（E）"工具，如图7-76所示。

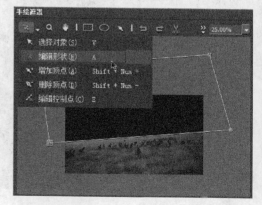

图7-76

07 在关键帧控制区域创建遮罩的动画关键帧，然后勾选"手绘遮罩"选项，接着在第12帧处创建第一个关键帧，根据画面构图调整遮罩的点，如图7-77所示。

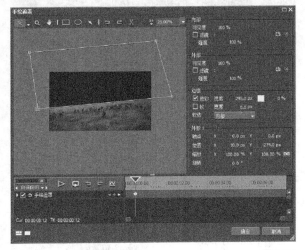

图7-77

08 在第23帧处根据画面构图调整遮罩的点，系统会自动创建第二个关键帧，如图7-78所示。

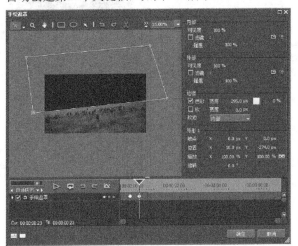

图7-78

09 在时间线面板中，选择"奔马01"素材，然后在"信息"面板中单击"打开设置对话框"按钮，打开"视频布局"属性的设置对话框，如图7-79和图7-80所示。

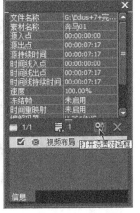

图7-79

图7-80

10 在参数调整区域，在"位置"属性中的设置"X"为-5.3%、"Y"为-45%，然后设置"拉伸"属性中的"X"为110%、"Y"为110%，最后设置"旋转"为-8°，如图7-81所示。画面效果如图7-82所示。画面的最终效果如图7-83所示。

图7-81

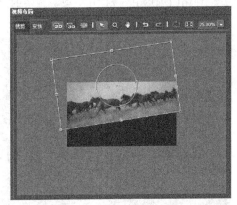

图7-82

图7-83

109

2.混合滤镜

"混合滤镜"可以将两个滤镜以比率的方式进行混合使用，其混合程度还可以通过设置关键帧来控制，其属性设置面板如图7-84所示。

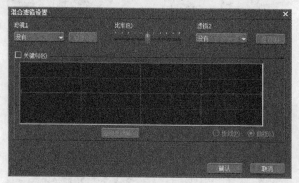

图7-84

实战：混合滤镜的应用

素材位置	实例文件>CH07>实战：混合滤镜的应用
实例位置	实例文件>CH07>实战：混合滤镜的应用. ezp
视频位置	多媒体教学>CH07>实战：混合滤镜的应用.flv
难易指数	★★★☆☆
技术掌握	混合滤镜的基础应用

混合滤镜的效果如图7-85所示。

图7-85

01 使用EDIUS Pro 7打开下载资源中的"实战：混合滤镜的应用.ezp"文件，如图7-86所示。

图7-86

02 在"特效"面板中，将"视频滤镜"文件夹中的"混合滤镜"拖曳到"食材"素材上，如图7-87所示。

图7-87

03 在"信息"面板中先选择"混合滤镜"滤镜，然后单击"打开设置对话框"按钮，打开"混合滤镜"滤镜的属性设置对话框，如图7-88和图7-89所示。

图7-88

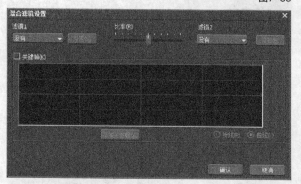

图7-89

04 在"滤镜1"中选择"单色"滤镜，然后在"滤镜2"中选择"高斯模糊"滤镜，如图7-90所示。

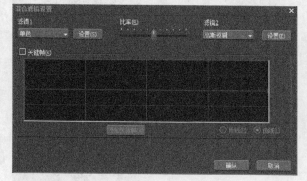

图7-90

05 勾选"关键帧"选项，将第0帧处的关键帧移动到最下面，这样画面在初始的时候，执行的是"单色"效果，如图7-91所示。

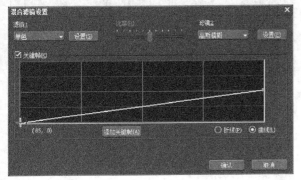

图7-91

06 在第2秒处添加一个关键帧并将其移动到最上面；然后将末端的关键帧也移动到最上面，使画面从第0帧到2秒；接着执行"单色"到"高斯模糊"的过渡效果，从第2秒到该段素材结束都执行"高斯模糊"的效果，如图7-92所示。

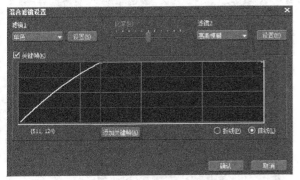

图7-92

07 设置"高斯模糊"滤镜的动画关键帧；然后单击"高斯模糊"滤镜后面的设置按钮，进入"高斯模糊"滤镜属性面板；接着在第2秒处设置"水平模糊"为20%、"垂直模糊"为20%，如图7-93所示。

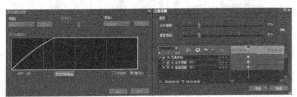

图7-93

08 在第4秒处设置"水平模糊"为0%、"垂直模糊"为0%，如图7-94所示。画面的效果如图7-95所示。

图7-94

图7-95

技巧与提示

使用"组合滤镜"可以同时添加5个滤镜，与"混合滤镜"不同的是，该滤镜并不是依靠比率来混合滤镜，而是通过添加滤镜的相互顺序来叠加并生成最终的效果，其属性面板如图7-96所示。

图7-96

实战：组合滤镜的应用

素材位置	实例文件>CH07>实战：组合滤镜的应用
实例位置	实例文件>CH07>实战：组合滤镜的应用.ezp
视频位置	多媒体教学>CH07>实战：组合滤镜的应用.flv
难易指数	★★☆☆☆
技术掌握	组合滤镜的基础应用

组合滤镜的效果如图7-97所示。

图7-97

01 使用EDIUS Pro 7打开下载资源中的"实战：组合滤镜的应用.ezp"文件，如图7-98所示。

图7-98

02 在"特效"面板中，将"视频滤镜"文件夹中的"组合滤镜"拖曳到"日出"素材上，如图7-99所示。

图7-99

03 在"信息"面板中选择"组合滤镜"滤镜，然后单击"打开设置对话框"按钮，打开"组合滤镜"滤镜的属性设置对话框，如图7-100所示。

图7-100

04 在组合滤镜属性面板中，添加一个"老电影"滤镜，如图7-101所示。

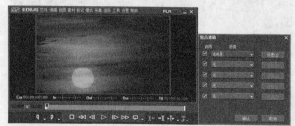

图7-101

05 添加一个"单色"滤镜，画面由彩色变成了黑白色，如图7-102所示。

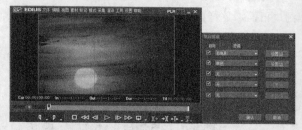

图7-102

06 添加"宽银幕"滤镜来制作一个遮幅，如图7-103所示。然后单击"宽银幕"滤镜后面的设置按钮，调整遮罩的大小，如图7-104所示。画面的最终效果如图7-105所示。

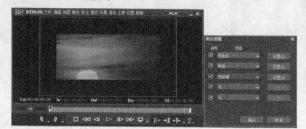

图7-103

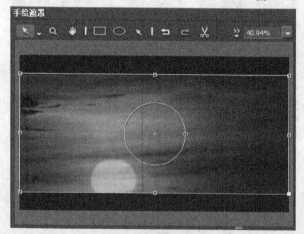

图7-104

图7-105

3.老电影

使用"老电影"滤镜可以很好地模拟或还原较早以前使用胶片拍摄的电影效果（如尘粒和毛发、刮痕和噪声、胶片颗粒、帧跳动、边缘安化和闪烁等效果），其属性设置面板如图7-106所示。老电影滤镜在实际项目制作中，使用频率非常高。

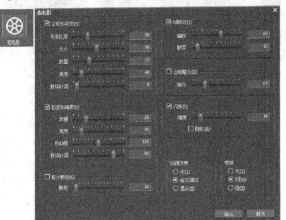

图7-106

实战：空中飞行器

素材位置	实例文件>CH07>实战：空中飞行器
实例位置	实例文件>CH07>实战：空中飞行器.ezp
视频位置	多媒体教学>CH07>实战：空中飞行器.flv
难易指数	★★☆☆☆
技术掌握	老电影滤镜的具体应用

空中飞行器的预览效果如图7-107所示。

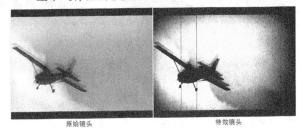

原始镜头　　　　　特效镜头

图7-107

01 使用EDIUS Pro 7打开下载资源中的"实战：空中飞行器.ezp"文件，如图7-108所示。

图7-108

02 在"特效"面板中，将"视频滤镜"文件夹中的"老电影"滤镜拖曳到"小型飞行器"素材上，如图7-109所示。

图7-109

03 在"信息"面板中选择"老电影"滤镜，然后单击"打开设置对话框"按钮，打开"老电影"滤镜的属性设置对话框，如图7-110所示。

图7-110

04 在"老电影"滤镜属性面板中，设置"刮痕和噪声"中的"数量"为35、"亮度"为45、"持续时间"为100；然后勾选"胶片颗粒"选项，设置"颗粒"为35；取消勾选"帧跳动"选项；勾选"边缘暗化"选项，设置"暗化"为100；最后取消勾选"闪烁"选项，如图7-111所示。画面效果如图7-112所示。

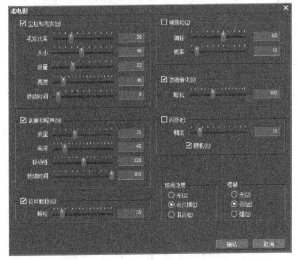

图7-111

图7-112

05 在"特效"面板中，将"颜色修正"文件夹中的"色彩平衡"滤镜拖曳到"小型飞行器"素材上，如图7-113所示。

图7-113

06 在"信息"面板中先选择"色彩平衡"滤镜，然后单击"打开设置对话框"按钮，打开"色彩平衡"滤镜的属性设置对话框，如图7-114所示。

图7-114

07 在"色彩平衡"滤镜属性面板中，设置"色度"为-128、"亮度"为-26、"对比度"为127、"青一红"为19、"黄一蓝"为-25，如图7-115所示。最终效果如图7-116所示。

图7-115

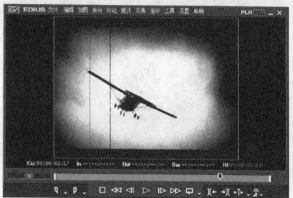

图7-116

7.3.3 其他滤镜

在其他滤镜模块中，主要涉及的滤镜有"中值""光栅滚动""块颜色""平滑模糊""循环幻灯""浮雕""焦点柔化""色度""视频噪声""选择通道""铅笔画""锐化""镜像""隧道视觉"和"马赛克"等。

1.中值

"中值"滤镜可以使平滑画面保持清晰度的同时，减小画面上细微的噪点，其属性面板如图7-117所示。应用该滤镜前后的画面对比效果如图7-118所示。

图7-117

原始镜头　　　　　　　特效镜头

图7-118

技巧与提示

　　"中值"滤镜比"模糊"类的滤镜更适合于改善画面的品质。需要注意的是,在优化画面效果的同时不宜使用数值过大的域值。

2.光栅滚动

　　"光栅滚动"滤镜可以用来创建画面波浪扭曲变形的效果,在"光栅滚动"滤镜中主要涉及"波长""振幅"和"频率"三大属性,其属性面板如图7-119所示。应用该滤镜前后的画面对比效果如图7-120所示。

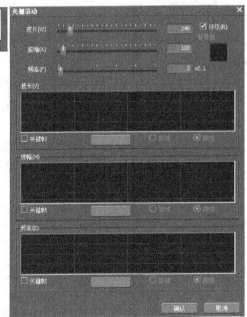

图7-119

原始镜头　　　　　　　特效镜头

图7-120

3.块颜色

　　使用"块颜色"滤镜可以将画面快速地变成一个单色的画面,其属性面板如图7-121所示。应用该滤镜前后的画面对比效果如图7-122所示。

图7-121

原始镜头　　　　　　　特效镜头

图7-122

4.平滑模糊

　　使用"平滑模糊"滤镜可以使画面产生模糊的效果,其属性面板如图7-123所示。应用该滤镜前后的画面对比效果如图7-124所示。

图7-123

原始镜头　　　　　　　特效镜头

图7-124

技巧与提示

　　"平滑模糊"滤镜也是用来设置画面产生模糊效果的一款滤镜。在涉及较大模糊值时,"平滑模糊"滤镜的效果要优于"模糊"滤镜,画面看起来更加柔和。

5.循环幻灯

　　使用"循环幻灯"滤镜可以将画面的上、下、左和右复制并自动拼接起来进行运动,其属性面板如

图7-125所示。应用该滤镜前后的画面对比效果如图7-126所示。

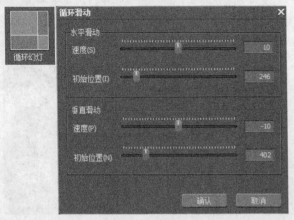

图7-125

图7-126

6.浮雕

使用"浮雕"滤镜可以塑造画面中元素的立体感，使其看起来与石板画类似，其属性面板如图7-127所示。应用该滤镜前后的画面对比效果如图7-128所示。

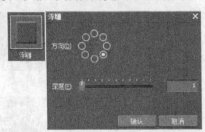

图7-127

图7-128

7.焦点柔化

使用"焦点柔化"滤镜可以给画面添加上一层光晕，类似柔焦的效果，其属性面板如图7-129所示。应用该滤镜前后的画面对比效果如图7-130所示。

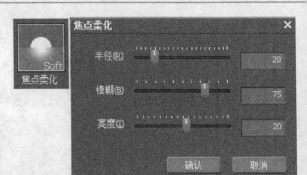

图7-129

图7-130

8.色度

使用"色度"滤镜可以指定一种颜色作为关键色来定义一个选择范围，并在其内部、外部和边缘添加滤镜。"色度"滤镜不仅可以配合色彩滤镜对画面进行二次校色，或者配合其他滤镜获得一些特殊的效果，还可以反复进行嵌套使用，达到对画面的多次校色处理，其属性面板如图7-131所示。应用该滤镜前后的画面对比效果如图7-132所示。

图7-131

图7-132

9.视频噪声

使用"视频噪声"滤镜可以为画面添加杂点，其主要目的是通过适当的数值来模拟画面的胶片颗粒感,其属性面板如图7-133所示。应用该滤镜前后的画面前后对比效果如图7-134所示。

图7-133

图7-134

10.选择通道

使用"选择通道"滤镜可以将带有Alpha通道的素材显示为黑白信息,便于轨道间的合成处理工作,其属性面板如图7-135所示。应用该滤镜前后的画面对比效果如图7-136所示。

图7-135

图7-136

11.铅笔画

使用"铅笔画"滤镜可以将画面调节成铅笔素描的效果,其属性面板如图7-137所示。应用该滤镜前后的画面对比效果如图7-138所示。

图7-137

图7-138

12.锐化

使用"锐化"滤镜可以将画面的轮廓进行锐化处理,其属性面板如图7-139所示。应用该滤镜前后的画面对比效果如图7-140所示。

图7-139

图7-140

13.镜像

使用"镜像"滤镜可以将画面垂直反转或者水平反转,其属性面板如图7-141所示。应用该滤镜前后的画面对比效果如图7-142所示。

图7-141

图7-142

14.隧道视觉

使用"隧道视觉"滤镜可以将画面调节成在管状效果,其属性面板如图7-143所示。应用该滤镜前后的画面对比效果如图7-144所示。

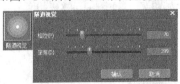

图7-143

图7-144

15.马赛克

使用"马赛克"滤镜可以用模糊的连续四方片状阴影把需要遮盖的部分遮挡起来，如新闻采访中，受访者不愿意播放出自己面部（或者处于保护当事人的目的）时可采用此滤镜，其属性面板如图7-145所示。应用该滤镜前后的画面对比效果如图7-146所示。

图7-145

图7-146

7.4 色彩校正组

不同的色彩会给观众带来不同的心理感受，营造出各种独特的视听氛围和意境。在拍摄过程中由于受到自然环境、拍摄设备以及摄影师等客观因素的影响，拍摄画面与真实效果有一定的偏差，这就需要对画面进行色彩校正，尽可能地还原色彩。有时候，导演会根据片子的情节、氛围或意境提出色彩上的要求，设计师就需要根据具体需求对画面进行艺术化的处理。色彩校正组一般分为"系统预设滤镜"和"核心滤镜"两大模块，如图7-147所示。

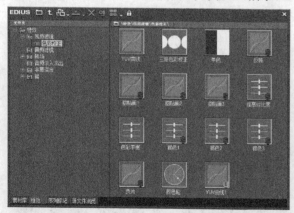

图7-147

7.4.1 系统预设滤镜

通常将带有粉色S标注的滤镜作为一个模块，称之为"系统预设滤镜"。这些滤镜的属性都已经做了基本的预设处理，因此在使用的时候，直接调用（或根据画面效果做些简单的修改）就可以了。

1.反转

"反转"滤镜是通过"YUV曲线"滤镜中预设好的各通道(Y、U、V)曲线来实现画面颜色反转的视频效果，其属性面板如图7-148所示。应用该滤镜之后，画面前后对比效果如图7-149所示。

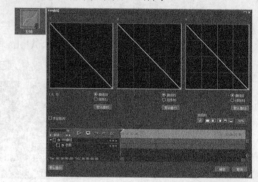

图7-148

图7-149

2.招贴画1（招贴画2、招贴画3）

"招贴画1"滤镜是通过在"YUV曲线"滤镜中预设好的阶梯状"曲线"，来实现画面"招贴画"效果的模拟，其属性面板如图7-150所示。应用该滤镜之后，画面前后对比效果如图7-151所示。

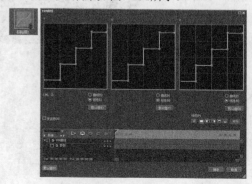

图7-150

原始镜头　　　　　　　　特效镜头

图7-151

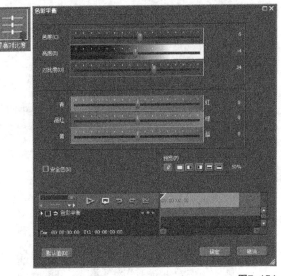

图7-154

💡 **技巧与提示**

　　"招贴画2"滤镜和"招贴画3"滤镜与"招贴画1"滤镜的原理一样，都是通过在"YUV曲线"滤镜中预设好的各通道(Y、U、V)的曲线来实现画面"招贴画"效果的模拟。

　　预设"招贴画2"滤镜的属性面板如图7-152所示；预设"招贴画3"滤镜的属性面板如图7-153所示。

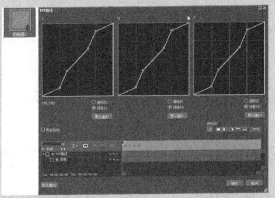

图7-152

原始镜头　　　　　　　　特效镜头

图7-155

4.褐色1（褐色2、褐色3）

　　"褐色1"滤镜是通过预设"色彩平衡"滤镜中"色度""青—红"和"黄—蓝"属性，来完成画面色调的处理，其属性面板如图7-156所示。应用该滤镜前后的画面对比效果如图7-157所示。

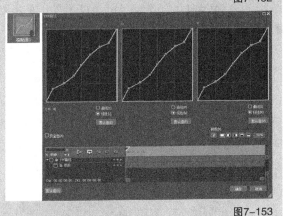

图7-153

3.提高对比度

　　"提高对比度"滤镜是通过预设"色彩平衡"滤镜中"色度""亮度"和"对比度"属性来完成画面对比度的调整，其属性面板如图7-154所示。应用该滤镜前后的画面对比效果如图7-155所示。

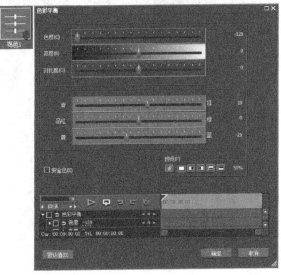

图7-156

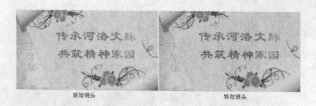

原始镜头   特效镜头

图7-157

技巧与提示

"褐色2"滤镜和"褐色3"滤镜与"褐色1"滤镜的原理一样，都是通过"色彩平衡"滤镜中预设好的"色度""青—红"和"黄—蓝"数值来完成画面色调的处理。预设"褐色2"滤镜的属性面板如图7-158所示；预设"褐色3"滤镜的属性面板如图7-159所示。

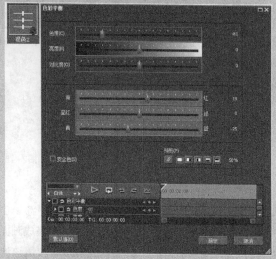

图7-158

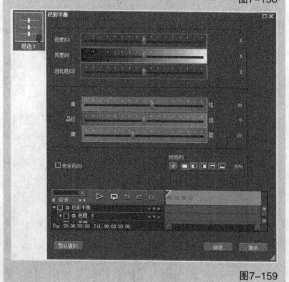

图7-159

5.负片

"负片"滤镜是通过"YUV曲线"滤镜中预设

好的Y通道进行"M"型曲线的调整，使画面产生明暗（或颜色）互补的效果，其属性面板如图7-160所示。应用该滤镜前后的画面对比效果如图7-161所示。

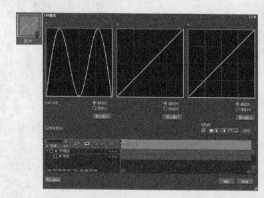

图7-160

原始镜头   特效镜头

图7-161

7.4.2 核心滤镜

在色彩校正组中日常工作使用频率较高的核心滤镜有"YUV曲线""三路色彩校正""色彩平衡""颜色轮"和"单色"。

1.YUV曲线

在"YUV曲线"色彩校正滤镜中，"Y"代表亮度，"U"和"V"代表色差。"U"和"V"是构成彩色的两个分量，如果只有"Y"信号而没有"U"和"V"信号，那么图像就是黑白灰度图像。与传统的RGB调整方式相比，"YUV曲线"更贴近电视本身，也更符合视频的传输和表现原理。"YUV曲线"的属性设置面板如图7-162所示。

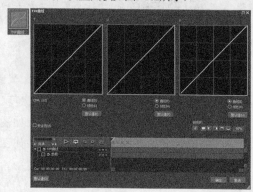

图7-162

"YUV曲线"滤镜通常用来处理灰度画面,"Y"曲线用来调整画面的明暗平衡,"U"曲线用来调整蓝色与黄色通道的平衡,"V"曲线用来调整红色与绿色通道的平衡,如图7-163所示。

图7-163

实战:树林校色

素材位置 实例文件>CH07>实战:树林校色
实例位置 实例文件>CH07>实战:树林校色.ezp
视频位置 多媒体教学>CH07>实战:树林校色.flv
难易指数 ★★☆☆☆
技术掌握 YUV曲线滤镜的整合应用

树林校色的预览效果如图7-164所示。

原始镜头　　　　特效镜头

图7-164

01 使用EDIUS Pro 7打开下载资源中的"实战:树林校色.ezp"文件,如图7-165所示。

图7-165

02 在"特效"面板中,将"色彩校正"文件夹中的"YUV曲线"滤镜拖曳到"树林"素材上,如图7-166所示。

图7-166

03 在"信息"面板中先选择"YUV曲线"滤镜,然后单击"打开设置对话框"按钮,打开"YUV曲线"滤镜的属性设置对话框,如图7-167所示。

图7-167

04 在"YUV曲线"滤镜属性面板中,修改"Y"通道中的曲线,提升画面整体的对比度,如图7-168所示。画面的预览效果如图7-169所示。

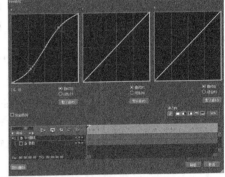

图7-168

图7-169

05 分别调整"U"和"V"通道中的曲线,在"U"通道中适当提升蓝色,在"V"通道中适当提升绿色,如图7-170所示。画面最终的预览效果如图7-171所示。

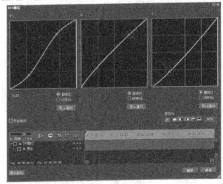

图7-170

图7-171

2.三路色彩校正

"三路色彩校正"是EDIUS Pro 7中使用最为频繁的校色滤镜之一。使用"三路色彩校正"可以非常轻松地完成画面的暗部、中间调和高光区域色调的处理，而且"三路色彩校正"还提供了二级校色的解决方案。"三路色彩校正"的属性设置面板，如图7-172所示。

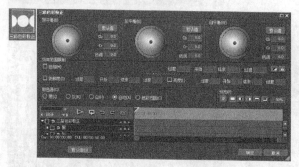

图7-172

技巧与提示

一级调色主要修正曝光、色彩平衡或匹配镜头等的整体效果，二级调色可以实现画面细节更为丰富的色彩要求。这里，一级调色是指对整个图像进行色彩调整；而对画面限定区域分别进行调色，称为二级调色（如调整人物的皮肤、外景镜头的天空色彩等）。在合成特效制作章节将会对"三路色彩校正"进行具体的讲解与应用。

实战：公园调色

素材位置	实例文件>CH07>实战：公园调色
实例位置	实例文件>CH07>实战：公园调色. ezp
视频位置	多媒体教学>CH07>实战：公园调色.flv
难易指数	★★☆☆☆
技术掌握	"三路色彩校正"滤镜的整合应用

画面的预览效果如图7-173所示。

原始镜头　　　　　特效镜头

图7-173

01 使用EDIUS Pro 7打开下载资源中的"实战：公园调色.ezp"文件，如图7-174所示。

图7-174

02 在"特效"面板中，将"色彩校正"文件夹中的"三路色彩校正"滤镜拖曳到"公园"素材上，如图7-175所示。

图7-175

03 在"信息"面板中选择"三路色彩校正"滤镜，然后单击"打开设置对话框"按钮，打开"三路色彩校正"滤镜的属性设置对话框，如图7-176所示。

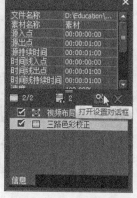

图7-176

04 在"三路色彩校正"滤镜属性面板中，修改"灰平衡"中的"Cb"值为10、"Cr"值为-2、"饱和度"的值为80、"对比度"的值为-5，如图7-177所示。画面的预览效果如图7-178所示。

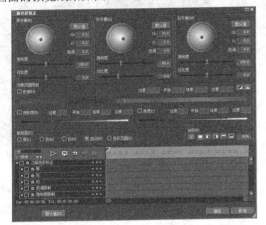

图7-177

图7-178

05 修改"白平衡"中的"Cb"值为-5、"Cr"值为15，如图7-179所示。画面最终的预览效果如图7-180所示。

图7-179

图7-180

3.色彩平衡

"色彩平衡"滤镜主要依靠控制"青—红""品红—绿"和"黄—蓝"在"中间色""阴影"和"高光"之间的比重来控制图像的色彩，非常适合于精细调整图像的"高光""暗部"和"中间色调"，另外，该滤镜也是EDIUS Pro 7中使用最为频繁的校色滤镜之一。"色彩平衡"的属性设置面板如图7-181所示。

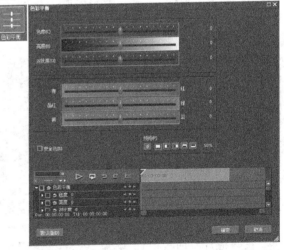

图7-181

实战：海滩

素材位置	实例文件>CH07>实战：海滩
实例位置	实例文件>CH07>实战：海滩.ezp
视频位置	多媒体教学>CH07>实战：海滩.flv
难易指数	★★☆☆☆
技术掌握	"色彩平衡"滤镜的整合应用

海滩的预览效果如图7-182所示。

原始镜头　　　　　　　　特效镜头

图7-182

01 使用EDIUS Pro 7打开下载资源中的"实战：海滩.ezp"文件，如图7-183所示。

图7-183

02 在"特效"面板中，将"色彩校正"文件夹中的"色彩平衡"滤镜拖曳到"海滩"素材上，如图7-184所示。

图7-184

03 在"信息"面板中选择"色彩平衡"滤镜，然后单击"打开设置对话框"按钮，打开"色彩平衡"滤镜的属性设置对话框，如图7-185所示。

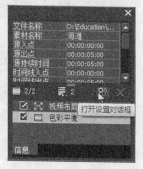

图7-185

04 在"色彩平衡"滤镜属性面板中，修改"品红—绿"的值为–5、"黄—蓝"的值为5，如图7-186所示。画面的预览效果如图7-187所示。

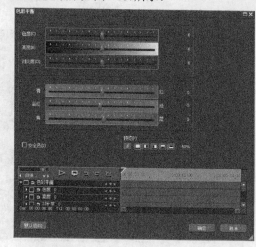

图7-186

图7-187

05 修改"色度"的值为–20、"亮度"的值为–10，如图7-188所示。画面最终的预览效果如图7-189所示。

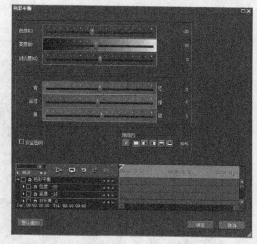

图7-188

图7-189

4.颜色轮

使用"颜色轮"滤镜可以较为方便地处理画面的色彩相位,还可以调整画面的亮度和对比度。"颜色轮"属性设置面板如图7-190所示。

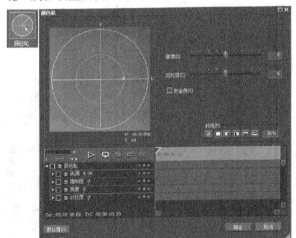

图7-190

技巧与提示

"颜色轮"实质上就是色彩相位图,它完整表现了色相环360°的全部颜色。

实战:麦穗

素材位置	实例文件>CH07>实战:麦穗
实例位置	实例文件>CH07>实战:麦穗.ezp
视频位置	多媒体教学>CH07>实战:麦穗.flv
难易指数	★★☆☆☆
技术掌握	"颜色轮"滤镜的整合应用

麦穗画面的预览效果,如图7-191所示。

图7-191

01 使用EDIUS Pro 7打开下载资源中的"实战:麦穗.ezp"文件,如图7-192所示。

图7-192

02 在"特效"面板中,将"色彩校正"文件夹中的"颜色轮"滤镜拖曳到"麦穗"素材上,如图7-193所示。

图7-193

03 在"信息"面板中先选择"颜色轮"滤镜,然后单击"打开设置对话框"按钮,打开"颜色轮"滤镜的属性设置对话框,如图7-194所示。

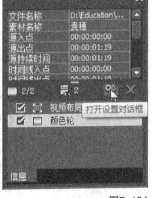

图7-194

04 在"颜色轮"滤镜属性面板中,修改"色调"的值为53、"饱和度"的值为15,如图7-195所示。画面的预览效果如图7-196所示。

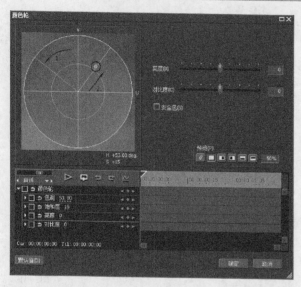

图7-195

图7-198

5.单色

使用"单色"滤镜中的"U"和"V"通道属性值可以较为方便地将画面调成某种单色效果。"单色"滤镜的属性设置面板如图7-199所示。

图7-196

05 修改"亮度"的值为-5、"对比度"的值为5，如图7-197所示。画面最终的预览效果如图7-198所示。

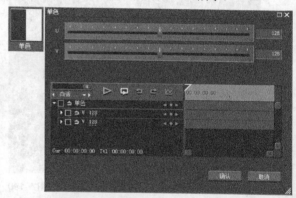

图7-199

实战：城市夜景	
素材位置	实例文件>CH07>实战：城市夜景
实例位置	实例文件>CH07>实战：城市夜景.ezp
视频位置	多媒体教学>CH07>实战：城市夜景.flv
难易指数	★★☆☆☆
技术掌握	"单色"滤镜的具体应用

城市夜景画面的预览效果如图7-200所示。

图7-200

01 使用EDIUS Pro 7打开下载资源中的"实战：城市夜景.ezp"文件，如图7-201所示。

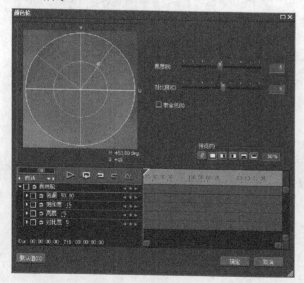

图7-197

图7-201

02 在"特效"面板中,将"色彩校正"文件夹中的"单色"滤镜拖曳到"城市夜景"素材上,如图7-202所示。添加"单色"滤镜后画面的预览效果,如图7-203所示。

图7-202

图7-203

03 在"信息"面板中先选择"单色"滤镜,然后单击"打开设置对话框"按钮 ,打开"单色"滤镜的属性设置对话框,如图7-204所示。

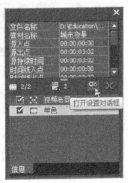

图7-204

04 在"单色"滤镜属性面板中,将时间指针移动到第0帧处,然后勾选"U"和"V"属性,设置它们的值均为128。接着为"U"和"V"属性添加关键帧,如图7-205所示。

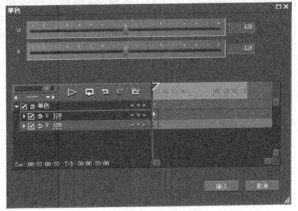

图7-205

05 将时间指针移动到第3秒2帧处,设置"U"为110、"V"为130,如图7-206所示。画面最终的预览效果如图7-207所示。

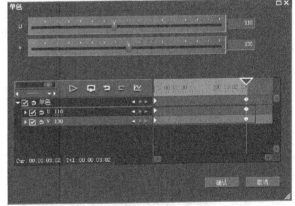

图7-206

图7-207

127

7.5 综合实战

素材位置　实例文件>CH07>综合实战>夕阳
实例位置　实例文件>CH07>综合实战>夕阳.ezp
视频位置　多媒体教学>CH07>综合实战>夕阳.flv
难易指数　★★★☆☆
技术掌握　三路色彩校正、YUV曲线和色彩平衡滤镜的综合应用

　　本例使用"三路色彩校正""YUV曲线"和"色彩平衡"滤镜来完成画面的"时间转变"效果，通过本例的学习，可以掌握如何将白天的画面效果转变成夕阳的画面氛围，如图7-208所示。

图7-208

7.5.1 项目创建

01 启动EDIUS Pro 7程序，然后在"初始化工程"对话框中单击"新建工程（N）"按钮，如图7-209所示。

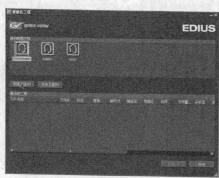

图7-209

02 在"工程设置"对话框中，设置"工程名称（N）"为"夕阳"，然后勾选"自定义"选项后，接着单击"确定"按钮，如图7-210所示。

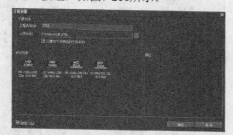

图7-210

03 在"视频预设"中选择"SD PAL 720×576 25p 4:3"，设置"帧尺寸"为"自定义720×405"、"宽高比"为"显示宽高比16：9"、"渲染格式"为"Grass Valley HQ标准"，然后单击"确定"按钮，如图7-211所示。

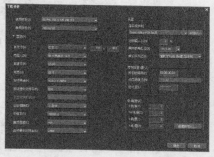

图7-211

04 单击"素材库"面板按钮栏上的"添加素材"按钮，导入需要剪辑的素材，如图7-212所示。

图7-212

05 将"素材库"中的"轮渡"素材添加到时间线中，如图7-213所示。

图7-213

7.5.2 氛围处理

1.三路色彩校正

01 切换到"特效"面板，将"色彩校正"文件夹中的"三路色彩校正"滤镜拖曳到时间线中的"轮渡"素材上，如图7-214所示。

图7-214

02 在"信息"面板中打开"三路色彩校正"滤镜的属性设置对话框，然后在"三路色彩校正"滤镜属性面板中，修改"灰平衡"中的"Cb"值为-20、"Cr"值为35、"饱和度"为180、"对比度"为-8，如图7-215所示，画面的预览效果如图7-216所示。

图7-215

图7-218

2.YUV曲线

将"三色色彩校正"文件夹中的"YUV曲线"滤镜拖曳到时间线中的"轮渡"素材上，然后在"YUV曲线"滤镜属性面板中，分别调整"Y"和"U"通道中的曲线，如图7-219所示。画面的预览效果如图7-220所示。

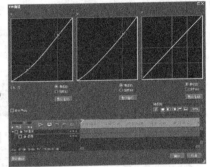

图7-219

图7-216

03 修改"白平衡"中的"Cb"值为-20、"Cr"值为22，如图7-217所示。画面最终的预览效果如图7-218所示。

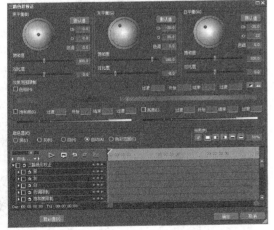

图7-217

图7-220

3.色彩平衡

01 将"色彩校正"文件夹中的"色彩平衡"滤镜拖曳到时间线中的"轮渡"素材上，然后在"色彩平衡"滤镜属性面板中，修改"色度"为-5，"亮度"为-5，如图7-221所示。画面的预览效果如图7-222所示。

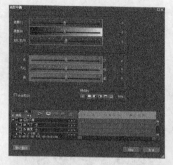

图7-221　　　　　　　　图7-222

02 在"色彩平衡"滤镜属性面板中，修改"青—红"为10、"黄—蓝"为–5，如图7-223所示，画面的预览效果如图7-224所示。

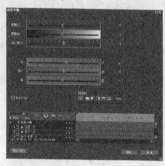

图7-223　　　　　　　　图7-224

03 在"轮渡"素材上添加的所有滤镜，如图7-225所示。

图7-225

7.5.3 素材输出

01 执行"文件>输出（E）>输出到文件（F）"菜单命令，将该项目输出，如图7-226所示。

图7-226

02 在弹出的"输出到文件"对话框中，选择左边列表中的"H.264/AVC"，然后选择右边列表中的"H.264/AVC"项，接着单击"输出"按钮，如图7-227所示。

图7-227

03 在"H.264/AVC"对话框中，设置视频输出的路径和名称，然后修改"画质"为"常规"，接着单击"保存（S）"按钮，EDIUS Pro 7就进入数字视频文件的渲染状态，如图7-228和图7-229所示。

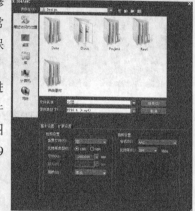

图7-228

图7-229

04 使用QuickTime播放器来观看输出的数字视频文件，如图7-230所示。

图7-230

EDIUS

第 8 章

视频转场的应用

在现实世界里，任何事物都遵循自身发展的规律，视频剪辑同样如此。在剪辑的过程中，剪辑师需要根据事物发展的规律对镜头进行排序、调整，使其达到自然过渡的效果，避免镜头出现跳跃，并使镜头与镜头之间逻辑性更强，让画面流畅、节奏感强。

EDIUS Pro 7 中提供了多种转场的方式，可以满足各种镜头切换的需要。在本章中将重点讲解这些转场的应用。

本章学习要点：

视频转场概述

视频透明线

添加 / 删除转场滤镜

2D 转场组

3D 转场组

Alpha 转场组

SMPTE 转场组

GPU 转场组

设置转场的时长

转场的属性面板

8.1 视频转场

8.1.1 概述

镜头是影片构成的最基本元素，在影片制作中，镜头的切换称为转场。转场分为两种：一种是硬切，即上一个镜头的结束点与下一个镜头的开始点直接相接；另一种是软切（术语称为叠化），即两个镜头重叠，一个渐隐一个渐出。

8.1.2 EDIUS Pro 7中转场的方法

在EDIUS Pro 7中有两种视频转场的方法：第一种是使用时间线中轨道上的"视频透明线"，第二种是使用特效面板中的转场滤镜组里的滤镜。

1.视频透明线

在时间线面板中，激活轨道中的"混合器"按钮 _{MIX} 后，视频素材上会出现一条蓝色的"视频透明线"，同时视频素材的两端分别自动生成两个关键帧，如图8-1所示。

图8-1

在"视频透明线"任意处单击鼠标右键，即可添加关键帧，如图8-2所示。

图8-2

若要删除添加的关键帧，可在该关键帧上单击鼠标右键，在弹出的菜单中选择"添加/删除（D）"命令，或者选择该关键帧后，执行键盘上的"Delete"，即可删除关键帧，如图8-3所示。

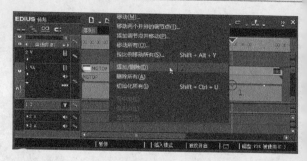

图8-3

实战：镜头叠化的制作

素材位置	实例文件>CH08>实战：镜头叠化的制作
实例位置	实例文件>CH08>实战：镜头叠化的制作.ezp
视频位置	多媒体教学>CH08>实战：镜头叠化的制作.flv
难易指数	★★☆☆☆
技术掌握	"视频透明线"关键帧的具体应用

镜头叠化画面的预览效果，如图8-4所示。

图8-4

01 使用EDIUS Pro 7打开下载资源中的"实战：镜头叠化的制作.ezp"文件，如图8-5所示。

图8-5

02 在时间线面板中，选择SC01素材，然后在第4秒16帧处单击创建一个关键帧，如图8-6所示。

图8-6

03 将SC01素材第6秒处的关键帧往下拖曳（即在第6秒处该素材的"不透明度"的值为0%），如图8-7所示。

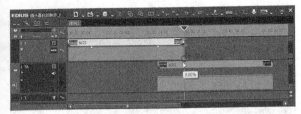

图8-7

04 继续选择SC01素材，在第1秒6帧处单击创建一个关键帧，如图8-8所示。

图8-8

05 将SC01素材第0秒处的关键帧往下拖曳（即在第0秒处该素材的"不透明度"的值为0%），如图8-9所示。

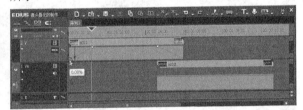

图8-9

技巧与提示

SC01素材从第0帧到第1秒6帧处，以淡入的形式入画（素材的不透明度从0%到100%）；在第1秒6帧到第4秒16帧处，显示画面的内容（保持素材100%的不透明度）；在第4秒16帧到第6秒处，以淡出的形式出画（素材的不透明度从100%到0%）。此外，SC01在出画的同时，轨道1中的SC02素材以淡入的形式入画。

2.添加/删除转场滤镜

EDIUS Pro 7提供了相当丰富的内置转场滤镜，这些滤镜位于"特效"面板的"转场"文件夹下，主要包括2D、3D、Alpha、GPU和SMPTE，如图8-10所示。

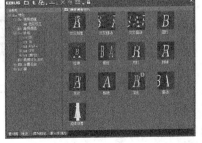

图8-10

EDIUS Pro 7提供的转场滤镜除了可以用于同一条轨道中的素材，还可以用于非同一条轨道间的素材。在同一条轨道中使用转场滤镜时，直接将选择的转场滤镜拖曳到相邻的两个素材之间即可，如图8-11所示。

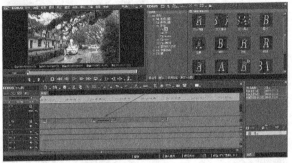

图8-11

在同一轨道中两段素材间的转场，用黑灰色矩形来识别（矩形中间有一条黑色的长条），如图8-12所示。

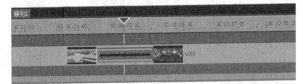

图8-12

同时，黑灰色矩形也表示该转场滤镜没有使用计算机渲染，而对于较为复杂的转场效果来说，在预览时会出现不流畅、设置卡顿的现象。选中黑灰色矩形，单击鼠标右键，然后在弹出的菜单中选择"渲染（E）"命令（或执行快捷键"Shift + G"），如图8-13所示。

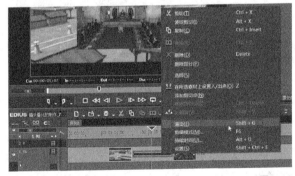

图8-13

在渲染完成后中间长条的黑色变为绿色，如图8-13和图8-14所示。

图8-14

图8-15

在非同一条轨道间添加转场滤镜时，只要将选择的滤镜拖曳至素材的MIX灰色区域即可，如图8-16所示。非同一条轨道间添加的转场滤镜用灰黄各一半的矩形来识别，如图8-17所示。

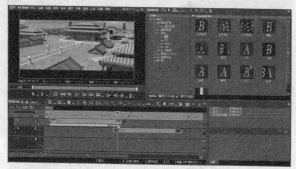

图8-16

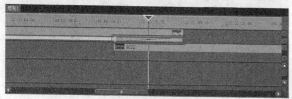

图8-17

💡 **技巧与提示**

当需要删除同一轨道中两段素材间的转场时，只需要选择两段素材中的转场图标 ▬▬▬▬ ，按"Delete"键即可。当需要删除非同一轨道中两段素材间的转场时，只需要选择MIX灰色区域的转场图标 ╱ ，按"Delete"键即可。

8.2 视频转场滤镜组

EDIUS Pro 7中的转场滤镜由"2D转场组""3D转场组""Alpha转场组"、"SMPTE转场组"和"GPU转场组"5大块构成。

8.2.1 2D转场组

2D转场组中的滤镜有"溶化""交叉推动""交叉滑动""交叉划像""板块""方形""圆形""时钟""推动""滑动""拉伸""条纹"和"边缘划像"，如图8-18所示。

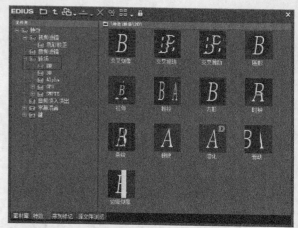

图8-18

2D转场组参数介绍

■ **溶化**：指EDIUS Pro 7转场滤镜组中系统默认的转场效果，"溶化"滤镜实质上就是两个镜头以淡入淡出的形式来完成转场的过渡，效果如图8-19所示。

图8-19

■ **交叉推动**：指两个镜头间以条状穿插的形式来完成转场的过渡，其效果如图8-20所示。

图8-20

■ **交叉滑动**：指第1个镜头正常播放，第2个镜头以条状穿插的形式来完成转场的过渡，其效果图8-21所示。

图8-21

■ **交叉划像**：指第1个镜头和第2个镜头的可见区域做条状穿插来完成转场的过渡，其效果如图8-22所示。

图8-22

■ **板块**：指第1个镜头（或第2个镜头）以类似矩形运动轨迹的形式来完成转场的过渡，其效果如图8-23所示。

图8-23

- **方形**: 指第2个镜头（或第1个镜头）以矩形的形式来完成转场的过渡，其效果如图8-24所示。

图8-24

- **圆形**: 指第2个镜头（或第1个镜头）以圆的形式来完成转场的过渡，其效果如图8-25所示。

图8-25

- **时钟**: 指第2个镜头（或第1个镜头）以时针的走向的形式来完成转场的过渡，其效果如图8-26所示。

图8-26

- **推动**: 指第1个镜头和第2个镜头以各自压缩或者延展的形式（看上去一个画面把另外一画面"推出去"）来完成转场的过渡，其效果如图8-27所示。

图8-27

- **滑动**: 指第1个镜头（或第2个镜头）以各式各样的划像方式来完成转场的过渡，其效果如图8-28所示。

图8-28

- **拉伸**: 指第1个镜头（或第2个镜头）以由小变大（或由大变小）的方式来完成转场的过渡，其效果如图8-29所示。

图8-29

- **条纹**: 指第1个镜头（或第2个镜头）用各种角度条纹样式的方式来完成转场的过渡，其效果如图8-30所示。

图8-30

- **边缘划像**: 指第1个镜头（或第2个镜头）用线条（可以很细也可以很粗）从各任意角度的方式来完成转场的过渡，其效果如图8-31所示。

图8-31

8.2.2 3D转场组

"3D转场组"中的滤镜有"3D溶化""单门""卷页""卷页飞出""双门""双页""四页""球化""百叶窗""立方体旋转""翻转""翻页"和"飞出"等，如图8-32所示。

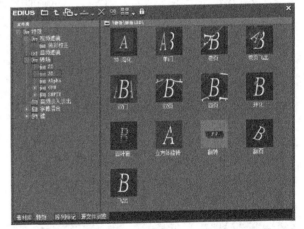

图8-32

3D转场组参数介绍

- **3D溶化**: 指第1个镜头（或第2个镜头）以3D淡入（或淡出）的形式来完成转场的过渡，其效果如图8-33所示。

图8-33

- **单门**: 指第1个镜头（或第2个镜头）以传统的

135

"单开门"的形式来完成转场的过渡,其效果如图8-34所示。

图8-34

■ **卷页**:指第1个镜头(或第2个镜头)以传统的"卷页"的形式来完成转场的过渡,其效果如图8-35所示。

图8-35

■ **卷页飞出**:指第1个镜头(或第2个镜头)用页面卷开并飞入(或飞出)的形式来完成转场的过渡,其效果如图8-36所示。

图8-36

■ **双门**:指第1个镜头(或第2个镜头)从画面中心以对称开门的形式来完成转场的过渡,其效果如图8-37所示。

图8-37

■ **双页**:指第1个镜头(或第2个镜头)以两片卷页的形式来完成转场的过渡,其效果如图8-38所示。

图8-38

■ **四页**:指第1个镜头(或第2个镜头)以四片卷页的形式来完成转场的过渡,其效果如图8-39所示。

图8-39

■ **百叶窗**:指第1个镜头(或第2个镜头)以传统"百叶窗"翻转切换的形式来完成转场的过渡,其效果如图8-39所示。

图8-40

■ **球化**:指第1个镜头(或第2个镜头)以球形状在3D空间运动的形式来完成转场的过渡,其效果如图8-41所示。

图8-41

■ **立方体旋转**:指第1个镜头和第2个镜头组建成一个三维的立方体,该立方体在三维空间里以旋转冲屏的形式来完成转场的过渡,其效果如图8-42所示。

图8-42

■ **翻转**:指第1个镜头和第2个镜头分别"贴"在一块"平面"的正反两面,并以3D空间内的转换的形式来完成转场的过渡,其效果如图8-43所示。

图8-43

■ **翻页**:第1个镜头和第2个镜头分别"贴"在一块"平面"的正反两面,并以翻转页面的形式来完成转场的过渡,其效果如图8-44所示。

图8-44

■ **飞出**:指第1个镜头(或第2个镜头)以"飞走(或飞入)"的形式来完成转场的过渡,其效果如图8-45所示。

图8-45

8.2.3 Alpha转场组

在Alpha转场组中只有一个"Alpha自定义图形"的滤镜，如图8-46所示。

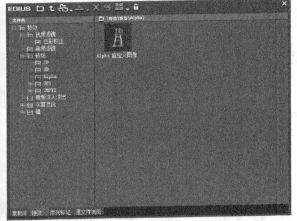

图8-46

在"Alpha自定义图形"滤镜中可以载入一张自定义的图像，将其作为Alpha转场的参考信息，如图8-47所示。

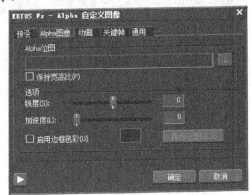

图8-47

 技巧与提示
　"Alpha自定义图形"滤镜属于2D类的效果转场。

实战：自定义风格的转场

素材位置	实例文件>CH08>实战：自定义风格的转场
实例位置	实例文件>CH08>实战：自定义风格的转场.ezp
视频位置	多媒体教学>CH08>实战：自定义风格的转场.flv
难易指数	★★☆☆☆
技术掌握	"Alpha自定义图形"转场滤镜的具体应用

自定义风格转场的预览效果如图8-48所示。

图8-48

01 使用EDIUS Pro 7打开下载资源中的"实战：自定义风格的转场.ezp"文件，如图8-49所示。

图8-49

02 切换到"特效"面板，将"专场>Alpha"文件夹中的"Alpha自定义图形"转场滤镜拖曳到时间线上sc01和sc02素材的中间，如图8-50所示。

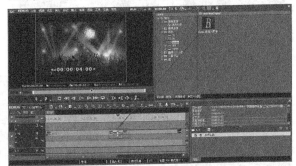

图8-50

03 在"信息"面板中打开"Alpha自定义图形"滤镜的属性设置对话框，如图8-51所示。然后在"Alpha自定义图像"面板中，切换到"Alpha图像"标签，接着单击"加载图像"按钮，再将Alpha图像作为转场的参考信息，如图8-52所示。

图8-51

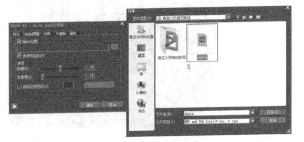

图8-52

137

04 在"Alpha图像"标签中，设置"锐度(S)"的值为5，勾选"启用边框色彩(U)"选项，如图8-53所示。

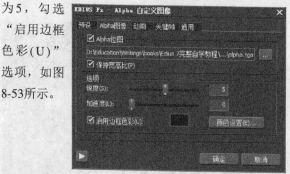

图8-53

05 在"Alpha图像"标签中，单击"颜色设置"按钮，然后设置颜色为"红:51、绿:102、蓝:255"，接着单击"确定"按钮完成设置，如图8-54所示。画面的预览效果如图8-55所示。

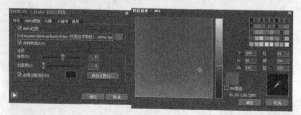

图8-54

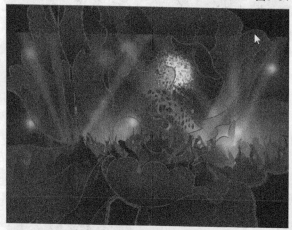

图8-55

06 切换到"素材库"窗口，导入素材mask，如图8-56所示。

图8-56

07 在时间线面板中，关闭轨道2中的"轨道同步锁定"按钮，然后将"素材库"面板中的mask添加到轨道2上，接着设置mask的出点时间在第7秒16帧处，如图8-57所示。画面的最终预览效果如图8-58所示。

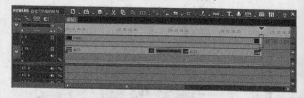

图8-57

图8-58

8.2.4 SMPTE转场组

"SMPTE转场组"中的滤镜有"分离""卷页""增强划像""推挤""旋转划像""标准划像""滑动""翻页""门"和"马赛克划像"，如图8-59所示。"SMPTE转场组"中的各个滤镜均无法自定义或设置其属性，如图8-60所示。"SMPTE转场组"中各滤镜的使用都很简单，因为SMPTE转场组没有可供调节的参数，因此无法去除一个可见的"外框"（在安全区以外）。

图8-59

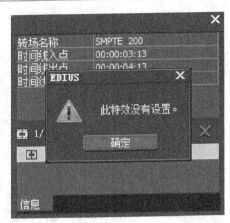

图8-60

SMPTE参数介绍

■ **分离**：该滤镜组中有3种不同的分离转场方式，如图8-61所示。

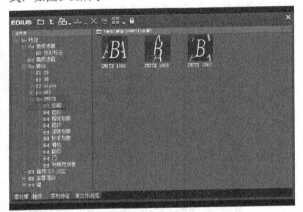

图8-61

■ **卷页**：该滤镜组中有15种不同的卷页划像转场方式，如图8-62所示。

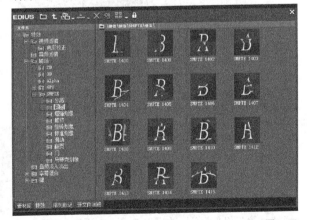

图8-62

■ **增强划像**：该滤镜组中有23种不同形式的划像转场方式，如图8-63所示。

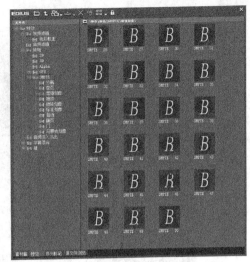

图8-63

■ **推齐**：该滤镜组中有11种不同形式的挤压转场方式，如图8-64所示。

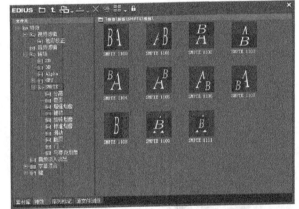

图8-64

■ **旋转划像**：该滤镜组中有20种不同形式的旋转划像转场方式（类似于时钟转场的效果），如图8-65所示。

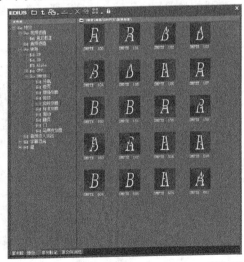

图8-65

■ **标准划像**：该滤镜组中有24种不同形式的划像转场方式，如图8-66所示。

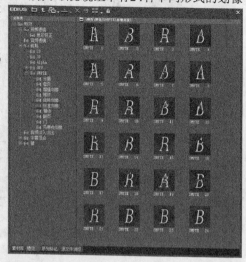

图8-66

■ **滑动**：该滤镜组中有8种不同形式的滑动转场方式，如图8-66所示。

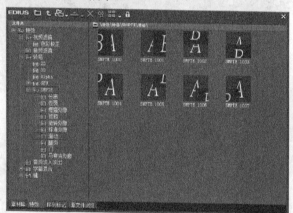

图8-67

■ **翻页**：该滤镜组中有15种不同形式的翻页转场方式，如图8-68所示。这里需要注意"翻页"和"卷页"方式的不同。

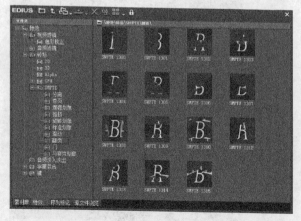

图8-68

■ **门**：该滤镜组中有6种不同形式的"门"转场方式，如图8-69所示。

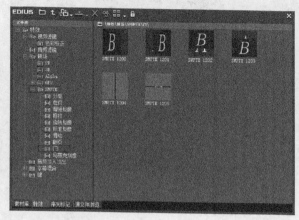

图8-69

■ **马赛克划像**：该滤镜组中有31种不同形式的马赛克划像转场方式，如图8-70所示。

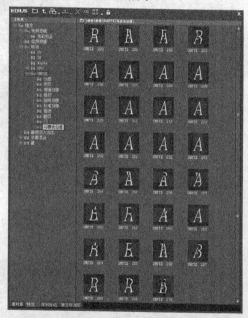

图8-70

8.2.5 GPU转场组

"GPU转场组"中的滤镜有"单页""双页""变换""四页""手风琴""扩展""扭转""折叠""拍板""旋转""涟漪""爆炸""球化""百叶窗波浪""相册""立方管""管状""翻转""门""飞入""飞离"和"高级"，如图8-71所示。添加"GPU转场组"中的任一滤镜后，系统会自动给该滤镜中的"进展"属性添加关键帧，如图8-72所示。关于GPU转场组中的滤镜，这里不再一一展开阐述，读者可自行打开软件去查看和应用。

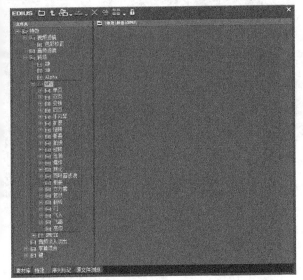

图8-71

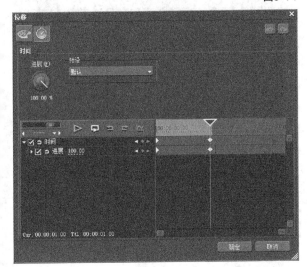

图8-72

技巧与提示

依靠系统显卡的加速能力，GPUfx转场创建高质量2D和3D转场时几乎不再需要渲染。与同类型产品相比，GPUfx的独特之处在于所有的计算和效果生成、CPU和GPU之间的数据传递完全在YUV色彩空间进行；而其他同类方案则需要在YUV和RGB之间进行转换。

实战：公园一角

素材位置	实例文件>CH08>实战：公园一角
实例位置	实例文件>CH08>实战：公园一角.ezp
视频位置	多媒体教学>CH08>实战：公园一角.flv
难易指数	★★☆☆☆
技术掌握	转场滤镜的添加与具体应用

公园一角的预览效果如图8-73所示。

图8-73

01 使用EDIUS Pro 7打开下载资源中的"实战：公园一角.ezp"文件，如图8-74所示。

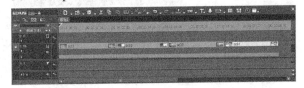

图8-74

02 切换到"特效"面板，将"特效>GPU>涟漪>常规>涟漪"转场效果添加到sc01和sc02之间，如图8-75所示。画面的预览效果如图8-76所示。

图8-75

图8-76

03 选择添加的"涟漪"转场效果，然后单击鼠标右键，在弹出的快捷菜单中选择"复制（C）"命令，复制转场效果，如图8-77所示。

图8-77

04 将时间指针移动到sc02和sc03之间，框选sc02和sc03两段素材，然后单击时间线轨道面板上方"设置默认转场"按钮，接着执行"添加到指针位置(C)"菜单命令，如图8-78所示。

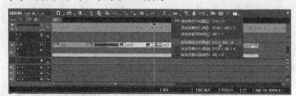

图8-78

05 将时间指针移动到sc03和sc04之间，框选sc03和sc04两段素材，然后单击时间线轨道面板上方"设置默认转场"按钮，接着执行"添加到指针位置(C)"菜单命令，如图8-79所示。

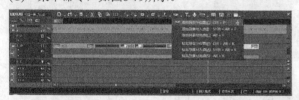

图8-79

06 单击录制窗口下方的"播放"按钮，预览整个剪辑项目，如图8-80所示。

图8-80

技巧与提示

sc03和sc04两段素材之间添加的转场滤镜为系统默认的转场效果，即2D组中的"溶化"转场效果。在转场组中，任意选择某一个滤镜后，单击鼠标右键选择"设置为默认特效(D)"，如图8-81所示。当设置完成后，该滤镜图标的右上角将标有"D"字，如图8-82所示。

图8-81

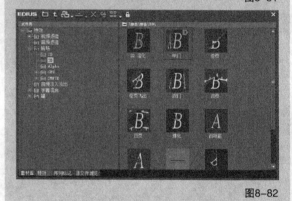

图8-82

8.3 编辑转场的滤镜

8.3.1 设置转场的时长

当需要延长转场的时间长度时，可以左右拖动"调整转场"图标的开始点和结束点，如图8-83所示。

图8-83

当添加转场滤镜时，EDIUS Pro 7会自动为转场设置时间。如果对默认转场的时间长度不满意的话，可以自定义系统默认的转场时间。

打开"特效"面板，在任意一个转场滤镜图标上单击鼠标右键，在弹出的菜单中选择"持续时间>转场"，如图8-84所示。

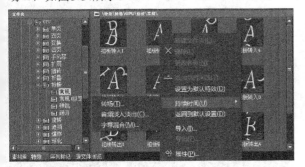

图8-84

在弹出的对话框中，输入自定义的时间长度后单击"确定"按钮，如图8-85所示。这样所有的转场滤镜的默认转场时间都更新为自定义的时间长度了。如果再次添加转场滤镜时，就可以直接应用新的默认转场时间。

图8-85

8.3.2 转场的属性面板

大部分转场的属性面板选项都差不多（除了一些较特殊的转场滤镜外）。2D转场与GPU转场属性设置的面板类似，如图8-86所示。

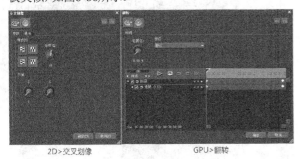

2D>交叉划像　　　　　GPU>翻转

图8-86

3D转场与Alpha转场属性设置的面板类似，如图8-87所示。

3D>溶化　　　Alpha>Alpha自定义图形

图8-87

1.预设

当添加转场滤镜后，打开其设置面板，首先看到的就是"预设"属性。在2D转场滤镜组中，其"预设"属性就是"参数"选项卡下的"样式（S）"属性，如图8-88所示。在3D转场滤镜组中，其"预设"的属性如图8-89所示。

图8-88

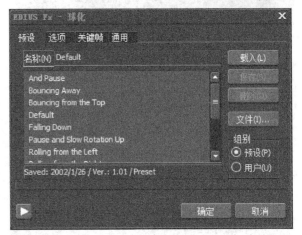

图8-89

> **技巧与提示**
> 在3D转场滤镜组中，可以将自己设置的效果保存下来，在做其他项目的时候可以随意载入调用。

2.选项

"选项"属性主要用来控制转场的形式，每个滤镜由于各自的效果不同，其涉及的相关内容也会不同。以在2D转场滤镜组中的"交叉划像"为例，其"参数"标签栏下的"条纹（R）"和"平铺"都属于"选项"属性，如图8-90所示。在3D转场滤镜组中，其"选项"的属性如图8-91所示。

图8-90

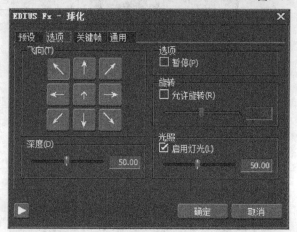

图8-91

3.关键帧

"关键帧"属性的内容相对来说比较统一，使用关键帧可以调节转场效果完成的百分比。以在2D转场滤镜组中的"交叉划像"为例，单击"关键帧"按钮后，进入关键帧属性设置面板，这时可以看到"进展"属性已经有了关键帧动画属性，如图8-92所示。

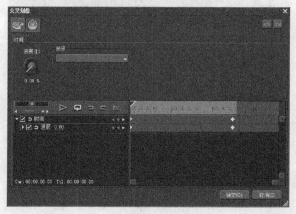

图8-92

在关键帧属性设置面板中，可以轻松完成关键帧效果的"回放""循环播放""撤销""恢复"和"图形编辑"等，如图8-93所示。此外还可以在"预设"属性中选择各种动画形式，如图8-94所示。

图8-93

图8-94

在3D转场滤镜组中，其"关键帧"的属性如图8-95所示。

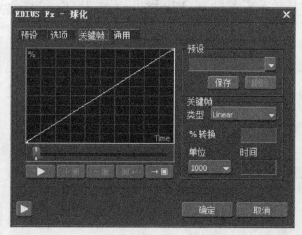

图8-95

8888

在关键帧属性设置面板中，可以轻松完成关键帧效果的"回放""添加关键帧""删除关键帧"以及时间指针切换到"前一关键帧"或"后一关键帧"等，如图8-96所示。

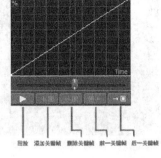

图8-96

此外我们还可以选择预设好的关键帧类型，如图8-97所示。

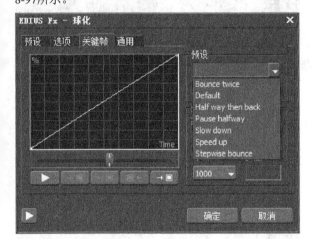

图8-97

预设参数介绍

- **Bounce twice（边界）**：两段视频切换两次。
- **Default（默认）**：初始时的一条斜线，表示转场时间内由一段视频匀速切换到另外一段视频。
- **Half way then back（到中间）**：转场进行到一半时，再转回原来的视频。
- **Pause halfway（在中间结束）**：转场进行到一半时，先停止转换一段时间，再接着完成转场。
- **Slow down（慢慢减速）**：转场速度是一个减速曲线。
- **Speed up（慢慢减速）**：第二个"慢慢减速"实际是加速，即转场速度是一个加速曲线。
- **Stepwise bounce（递升）**：阶段性反复重复转场过程。

在"关键帧"选项组中，可以设置关键帧的类型、转场完成度等属性，如图8-98所示。

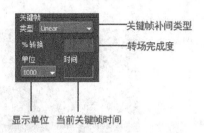

图8-98

- **关键帧补间类型**：通过选择一段曲线端点的曲率来调节曲线形状，进而调节转场进行的速度变化节奏，如图8-99所示。

图8-99

关键帧补间类型参数介绍

- **Linear(线性)**：直线过渡，表示匀速变换。
- **Ease In(入点平缓)**：点的入点处曲率大，曲线平缓，速度变化慢；出点处曲率小，曲线陡峭，速度变化快。
- **Ease Out(出点平缓)**：点的出点处曲率大，曲线平缓，速度变化慢；入点处曲率小，曲线陡峭，速度变化快。
- **Ease In/Out(入/出点平缓)**：点的入点和出点处曲率都大，曲线呈"S"形，表示速度有一个加速和减速过程。
- **转场完成度**：转场的效果开关，用"％转换"属性来控制。当数值为0％时，显示的是第一段镜头；当数值为100％时，显示的是第二段镜头。
- **显示单位/当前关键帧时间**：显示当前关键帧的信息，有两种显示单位："1000"或者实际的帧数。选择"1000"，则无论转场实际时间是多少，EDIUS Pro 7将它平均分成1 000份；选择实际的帧数，则显示当前关键帧所处的实际帧数。

4.通用

"通用"属性提供了渲染方面的选项。以2D转场滤镜组中的"交叉划像"为例，在通用面板中，可以开启或关闭"启用过扫描处理(E)"属性，如图8-100所示。

图8-100

在3D转场滤镜组中，其"通用"的属性如图8-101
所示。

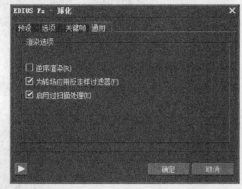

图8-101

通用参数解析

- **逆序渲染**：原先由画面A过渡为B，逆序后由
B过渡为A。
- **为转场应用反走样过滤器**：实际上就是启用
抗锯齿功能。
- **启用过扫描处理**：如果转场的效果处在"安
全框"以外，取消选择即可。

实战：变迁

素材位置	实例文件>CH08>实战：变迁
实例位置	实例文件>CH08>实战：变迁.ezp
视频位置	多媒体教学>CH08>实战：变迁.flv
难易指数	★★★☆☆
技术掌握	转场滤镜的添加与具体应用

变迁的预览效果如图8-102所示。

图8-102

01 使用EDIUS Pro 7打开下载资源中的"实战：实
战.ezp"文件，如图8-103所示。

图8-103

02 切换到"特效"面板，将"特效>3D>翻页"转
场效果添加到sc02和sc01之间，如图8-104所示。画面
的预览效果如图8-105所示。

图8-104

图8-105

03 将"翻页"转场的开始时间调整到第23帧处、
出点时间调整到第1秒13帧处，如图8-106和图8-107
所示。

图8-106

图8-107

04 在信息面板中，单
击"打开设置对话框"按
钮，打开"翻页"的属性
设置对话框，如图8-108
所示。

图8-108

05 在"选项"选项卡中，修改"深度(D)"为1、"角度（N）"为-180，如图8-109所示。

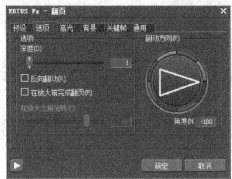

图8-109

06 在"通用"选项卡中，关闭"逆序渲染（R）"和"启用过扫描处理(E)"，如图8-110所示。

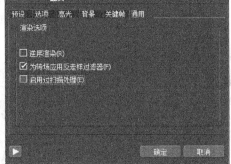

图8-110

07 单击录制窗口下方的"播放"按钮▶，预览整个剪辑项目，如图8-111所示。

图8-111

8.4 综合实战

素材位置	实例文件>CH08>综合实战：短片赏析
实例位置	实例文件>CH08>综合实战：短片赏析.ezp
视频位置	多媒体教学>CH08>综合实战：短片赏析.flv
难易指数	★★★☆☆
技术掌握	各滤镜属性的自定义设置与修改

本例使用"单页卷入>从右"转场、"方形"转场、"卷页"转场和"SMPTE 33"转场，通过本例的学习，读者可以掌握如何在视频素材之间添加转场，并通过转场的设置修改其转场效果。本例转场效果如图8-112所示。

图8-112

8.4.1 项目创建

01 启动EDIUS Pro 7程序，在"初始化工程"对话框中，单击"新建工程（N）"按钮，如图8-113所示。

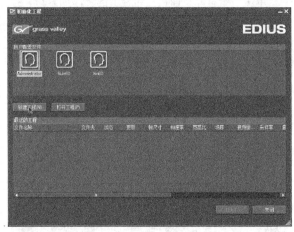

图8-113

02 在"工程设置"对话框中，"设置工程名称（N）"为"转场的应用"，为文件夹选项指定路径，然后勾选"自定义（C）"选项，接着单击"确定"按钮，如图8-114所示。

图8-114

03 在"视频预设"中选择"HD1280×720 25p"，设置"帧尺寸"为"1280×720"、"宽高比"为"显示宽高比16:9"、"渲染格式"为"Grass Valley HQ标准"，然后单击"确定"按钮，如图8-115所示。

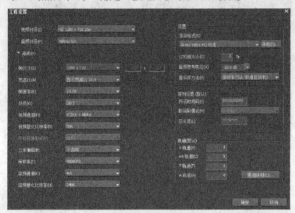

图8-115

04 单击"素材库"面板按钮栏上的"添加素材"按钮，导入需要剪辑的素材，如图8-116所示。

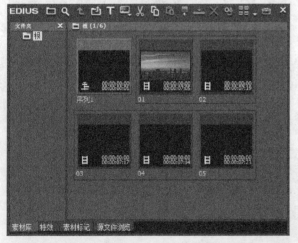

图8-116

05 "素材库"中的5段素材按照顺序添加到了时间线1VA轨道中，如图8-117所示。

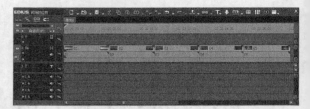

图8-117

8.4.2 转场的添加

1. "单页卷入>从右"转场

01 切换到"特效"面板，选择"特效>转场>GPU>单页>单页卷动"选项，然后进入"单页卷动"转场面板。接着将"单页卷入>从右"转场拖曳至01和02两段视频素材之间，如图8-118所示。画面显示效果如图8-119所示。

图8-118

图8-119

02 在"信息"面板中打开"翻转"滤镜的属性设置对话框；然后在"翻转"滤镜属性面板中，单击左侧调色盘；接着在下侧的参数中，修改"角度"属性的值为60；再将"进展"属性的将起始位置关键帧的值修改为0、结束位置关键帧的值修改为100；最后单击"确定"按钮，如图8-120所示。画面的预览效果如图8-121所示。

图8-120

图8-121

2."方形"转场

01 在特效面板，选择"特效>转场>2D>方形"转场，然后将其拖曳至02和03视频素材之间，添加"方形"转场效果，如图8-122所示。画面的预览效果如图8-123所示。

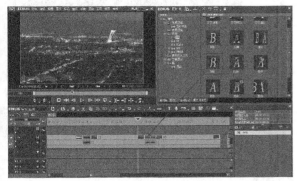

图8-122

图8-123

02 双击"信息"面板中的"方形"转场，在打开的"方形"对话框中勾选"柔化边框"和"颜色"选项，设置"颜色"为白色、"宽度"为2%，接着单击"确定"按钮，如图8-124所示。画面预览效果如图8-125所示。

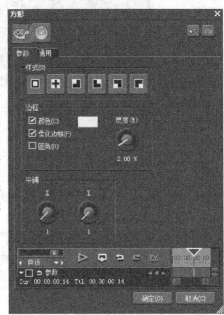

图8-124

图8-125

3."卷页"转场

选择"特效>转场>3D>卷页"选项，将"卷页"转场拖曳至03和04视频素材中间，为这两段素材添加转场，如图8-126所示。画面的预览效果，如图8-127所示。

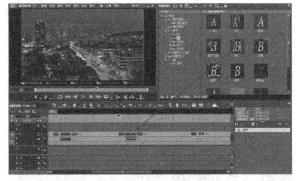

图8-126

图8-127

4. "SMPTE 33" 转场

选择"特效>转场>SMPTE>增强划像"选项,进入"增强划像"文件夹,将"SMPTE 33"转场拖曳至04和05视频素材中间,再将"卷页"转场拖曳至03和04视频素材中间,为这两段素材添加"SMPTE 33"转场,如图8-128所示。画面的预览效果如图8-129所示。

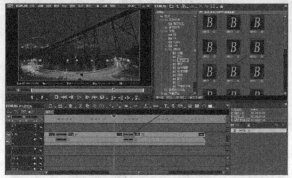

图8-128

图8-129

8.4.3 成片输出

01 设置好工作区后,执行"文件>输出(E)>输出到文件(F)"菜单命令,将该项目输出,如图8-130所示。

图8-130

02 在弹出的"输出到文件"对话框中,选择左边列表中的"H.264/AVC",然后选择右边列表中的"H.264/AVC"项,接着单击"输出"按钮,如图8-131所示。

图8-131

03 在"H.264/AVC"对话框中,设置视频输出的路径和名称,然后修改"画质"为"常规",接着单击"保存(S)"按钮,EDIUS Pro 7就进入数字视频文件的渲染状态,如图8-132和图8-133所示。

图8-132

图8-133

04 使用QuickTime播放器观看输出的数字视频文件,如图8-134所示。

图8-134

EDIUS

第 9 章

特效合成制作

EDIUS Pro 7 除了提供镜头剪辑这一主要功能之外，还提供了制作特效与合成的一些功能。这些特效功能虽然不及合成软件（如 After Effects、Nuke）强大，但是在处理一些常规的特效镜头中表现还是不错的。在 EDIUS Pro 7 中，提供的特效与合成的功能包括"视频布局""轨道蒙版""遮罩""抠像""二级调色"和"叠加模式"等。

本章学习要点：

视频布局

轨道蒙版

遮罩

抠像

二级调色

叠加模式

9.1 视频布局

9.1.1 概述

　　"视频布局"是EDIUS Pro 7中相对实用和重要的功能，提供对镜头素材进行裁切、2D变换、3D变换等操作的功能。"视频布局"功能在"信息"面板中，如图9-1所示。

图9-1

　　在"信息"面板中单击"打开设置对话框"按钮，可以打开"视频布局"属性面板，如图9-2所示。

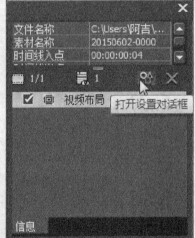

图9-2

 技巧与提示

　　在选择"视频布局"后，双击"视频布局"按钮，也可以打开"视频布局"属性面板。

　　"视频布局"属性面板由"模式切换面板""参数设置面板"和"动画设置面板"三大块构成，其主要功能包括裁剪、变换、2D模式、3D模式、旋转和位置等，如图9-3所示。

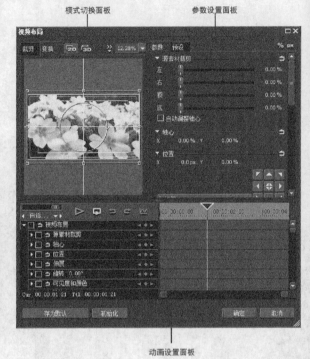

图9-3

1.模式切换面板

　　"模式切换面板"提供了"裁切"与"变换"两种模式，通过单击对应的标签可以进行模式之间的切换。在"变换"模式中分为"2D"模式和"3D"模式，如图9-4所示。

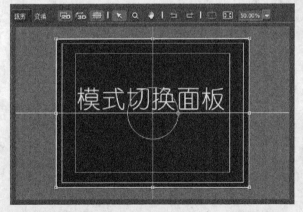

图9-4

2.参数设置面板

　　"参数设置"面板，由"参数"面板和"预设"面板两大块构成。"参数"面板以具体数值调整的方式设置"源素材裁剪""轴心""位置""拉伸""旋转""可见度和颜色""边缘"和"投影"等属性，如图9-5所示。

图9-5

在"预设"面板中,可以调用之前预存的文件(或者将调整好的参数存储为预设文件,以后再用可以直接调取),如图9-6和图9-7所示。

图9-6

图9-7

3.动画设置面板

在"动画设置"面板中,可以对"源素材裁

剪""轴心""位置""拉伸""旋转""可见度和颜色""边缘"和"投影"等属性设置关键帧动画,让画面产生移动、变形和缩放等运动效果,如图9-8所示。

图9-8

9.1.2 裁剪

裁剪的作用是通过对原始素材进行修剪或裁切,去除素材中的多余部分,使素材主题更加突出。

1.视图裁剪

在"模式切换"面板中,单击"裁剪"标签,切换到"裁剪"模式,然后调整锚点的位置即可对素材进行裁剪。裁剪分为横向裁剪、纵向裁剪或区域移动裁剪。裁剪前后的画面效果如图9-9所示。

图9-9

2.参数裁剪

在"参数设置"面板中的"源素材裁剪"属性栏下，调节左、右、顶和底的滑块可以对素材进行裁剪的操作，但是通过参数可以让裁剪操作更加准确，如图9-10所示。

图9-10

9.1.3 变换

使用"变换"可以对素材进行移动、旋转或拉伸等操作，以完成更为丰富的视觉画面效果。"变换"有"视图变换"与"参数变换"两种操作形式。

1.2D模式

在"模式切换"面板中，单击"变换"标签，切换到"变换"模式，同时系统会自动默认选择"2D模式"。在"交换—2D模式"下，可以对素材进行移动、旋转或拉伸等操作，以创造更为丰富的视觉画面效果。

在视图区域，可以直接对图像进行位置、旋转和拉伸等操作，如图9-11所示。

图9-11

2D模式参数介绍

- **位置**：在视图区域，当鼠标切换到"十字移动"图标时，按住鼠标左键并拖曳便可以改变素材的位置，如图9-12所示。

图9-12

- **旋转**：在视图区域，将鼠标放置在素材中部圆环上，出现"旋转"图标时，按住鼠标左键并拖曳便可以对素材进行角度旋转的操作，如图9-13所示。

图9-13

- **拉伸**：在视图区域，将鼠标放置在素材边缘的锚点位置，出现"拉伸"图标时，按住鼠标左键并拖曳便可以对素材进行拉伸操作。拉伸变换可以使素材放大或缩小，如图9-14所示。

图9-14

"参数"面板提供了"轴心""位置""拉伸""旋转""可见度和颜色"和"边缘"等属性的控制，通过参数可以让操作更加准确，如图9-15所示。

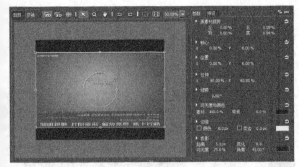

图9-15

- **轴心**：在"参数"面板中，通过"轴心"属性调整"X"和"Y"的数值可以控制素材轴心的位置，如图9-16所示。

图9-16

- **位置**：在"参数"面板中，通过"位置"属性调整"X"和"Y"的数值可以控制素材在画面中的具体位置，如图9-17所示。除此之外，还可以通过单击"布局"按钮来控制素材的位置，如图9-18所示。

图9-17

图9-18

- **拉伸**：在"参数"面板中，通过"拉伸"属性调整"X"和"Y"的数值可以对素材进行"放大"或"缩小"的操作，如图9-19所示。

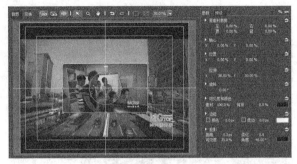

图9-19

> **技巧与提示**
>
> 在去掉勾选"保持帧宽高比"属性后，可以对素材进行非等比例的放大或缩放，单击"拉伸布局"按钮可以将素材进行指定方式的缩放操作，如图9-20所示。

图9-20

- **旋转**：在"参数"面板的"旋转"属性中，按住按钮并拖曳即可对素材进行旋转的操作，如图9-21所示。

图9-21

■ **可见度和颜色**：在"参数"面板中，通过"可见度"属性的调整，可以控制素材的不透明度，如图9-22所示。通过"背景"属性的调整，可以控制素材不透明度与背景色的混合百分比，如图9-23所示。

图9-22

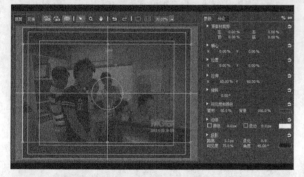

图9-23

■ **边缘**：在"参数"面板中的"边缘"属性中，通过调整"颜色"和"柔边"的值可以给素材的边缘添加描边效果，如图9-24所示。

图9-24

实战：二维空间变换

素材位置	实例文件>CH09>实战：二维空间变换
实例位置	实例文件>CH09>实战：二维空间变换.ezp
视频位置	多媒体教学>CH09>实战：二维空间变换.flv
难易指数	★★☆☆☆
技术掌握	二维空间变换属性的具体应用

二维空间变换的预览效果如图9-25所示。

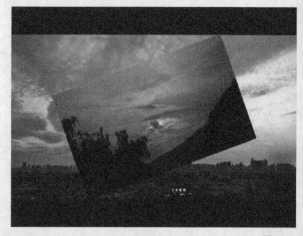

图9-25

01 启动EDIUS Pro 7程序，然后在"初始化工程"对话框中，单击"新建工程（N）"按钮，如图9-26所示。

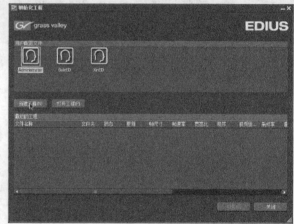

图9-26

02 在"工程设置"对话框中，设置"工程名称（N）"为"二维空间的变换"，然后勾选"自定义"选项，接着单击"确定"按钮，如图9-27所示。

图9-27

03 在"视频预设"中选择"SD PAL 720×576 25p 4:3"，然后设置"帧尺寸"为"720×405"、"宽

高比"为"显示宽高比16:9"、"渲染格式"为"Grass Valley HQ标准",接着单击"确定"按钮,如图9-28所示。

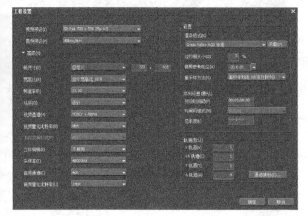

图9-28

04 单击"素材库"面板按钮栏上"添加素材"按钮📷,导入需要剪辑的素材,如图9-29所示。

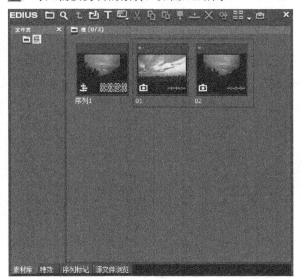

图9-29

05 将导入的素材拖曳至视频轨道上,画面显示效果如图9-30所示。

图9-30

06 在2V轨道中选择"素材02",然后执行"素材>视频布局"命令,打开"视频布局"对话框;接着在"变换"选项的参数面板中,展开"源素材裁剪"选项,再设置"顶"为58px、"底"为58px;最后在"旋转"选项中,设置数值为-20°,如图9-31所示。

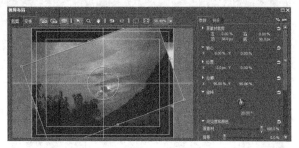

图9-31

07 根据画面的需要,继续调整"拉伸"选项的属性值,设置"X"为96%、"Y"为96%,如图9-32所示。然后单击"确定"按钮,调整后的效果如图9-33所示。

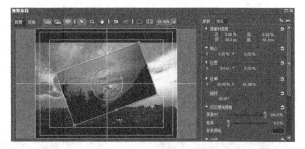

图9-32

图9-33

2.3D模式

在"视频布局"对话框中,单击"3D"模式按钮,可以进入"交换—3D模式",该模式与"交换—2D模式"的操作基本相似,只是在"位置"、

157

"轴心"和"旋转"属性的基础上增加了"Z轴"和"透视"属性的控制，如图9-34所示。

图9-34

技巧与提示

"视频布局"命令可以用4种方法打开，一是在菜单栏"素材"下拉列表中选择"视频布局"；二是单击鼠标右键，在弹出的列表中选择"布局"；三是通过信息面板打开；四是通过快捷键打开，快捷键是"F7"。

实战：三维空间变换

素材位置	实例文件>CH09>实战：三维空间变换
实例位置	实例文件>CH09>实战：三维空间变换.ezp
视频位置	多媒体教学>CH09>实战：三维空间变换.flv
难易指数	★★☆☆☆
技术掌握	三维空间参数设置的具体应用

三维空间变换的预览效果如图9-35所示。

图9-35

01 新建项目，在素材库面板中导入两张静态图像，画面显示效果如图9-36和9-37所示。

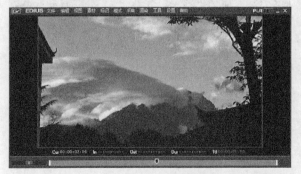

图9-36

图9-37

02 将两张图片重新命名，然后将其拖曳至视频轨道中，接着在视频轨2V轨道中，选择"雪山"素材进行三维空间变换，如图9-38所示。

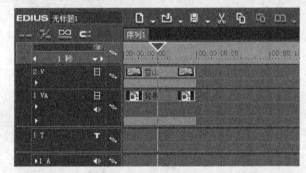

图9-38

03 选择"素材>视频布局"命令，然后在弹出的"视频布局"对话框，单击上方的"3D"模式按钮，如图9-39所示。

图9-39

04 执行操作后，进入3D模式编辑界面，如图9-40所示。

图9-40

05 在"参数"面板的"源素材裁剪"选项区中，设置"左"为40%；然后在"位置"选项区中，设置"X"为-38.4%、"Y"为-4.3%、"Z"为36.6%；接着在"拉伸"选项区中，设置"X"为1159.8px、"Y"为193.3%，如图9-41所示。

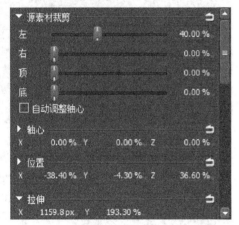

图9-41

06 在"旋转"选项区中，设置"X"为-0.8°、"Y"为-1.6°、"Z"为-7°，然后在"透视"选项区中，设置"透视"为0.5，如图9-42所示。

图9-42

07 设置完成后，单击"确定"按钮，返回EDIUS Pro 7工作界面，在录制窗口中可以查看三维空间变换后的素材画面效果，如图9-43所示。

图9-43

9.2 轨道蒙版

"轨道蒙版"是一种特殊的遮罩类型，它可以将一个图层的Alpha信息或亮度信息作为另一个图层的透明度信息，同样可以完成建立图像透明区域或限制图像局部显示的工作。当有相关要求的时候（如在运动的文字轮廓内显示图像），可以通过"轨道蒙版"来完成镜头的制作，如图9-44所示。

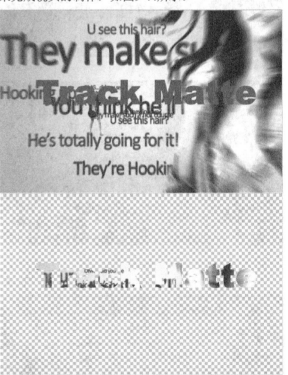

图9-44

159

在"特效>键>混合"滤镜组中,可以调用"轨道蒙版"滤镜,如图9-45所示。将B素材添加到视频轨道2V中,A素材添加到视频轨道1VA中,如图9-46和9-47所示。

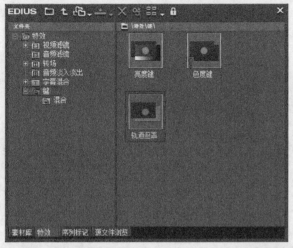

图9-45

A

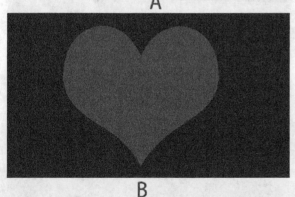

B

图9-46

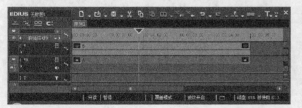

图9-47

轨道蒙版滤镜说明

■ **亮度**:将蒙版图层的亮度信息作为最终显示图层的蒙版参考。这里,将B素材的亮度信息作为视频轨道1VA中A素材的蒙版参考,其画面的最终效果如图9-48所示。

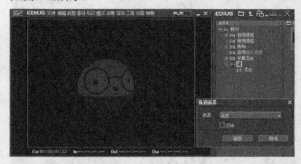

图9-48

■ **亮度+反转**:与"亮度"的最终结果相反。这里,将B素材的亮度信息反转后作为视频轨道1VA中A素材的蒙版参考,其画面的最终效果如图9-49所示。

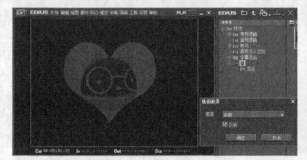

图9-49

■ **Alpha**:将蒙版图层的通道信息作为最终显示图层的蒙版参考。这里,将B素材的Alpha信息作为视频轨道1VA中A素材的蒙版参考,如图9-50所示。

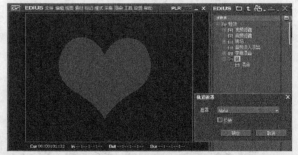

图9-50

■ **Alpha+反转**:与"Alpha"的最终结果相反。这里,将B素材的Alpha信息反转后作为视频轨道1VA中A素材的蒙版参考,如图9-51所示。

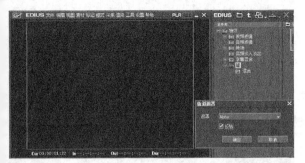

图9-51

技巧与提示

当一个画面应用了轨道蒙版特效后，对应蒙版白色的区域将显示，对应蒙版黑色的区域则变成透明，对应蒙版灰色的区域则呈半透明。如果在轨道蒙版控制面板中勾选"反转"选项，结果则反转过来。

实战：轨道蒙版的应用

素材位置	实例文件>CH09>实战：轨道蒙版的应用
实例位置	实例文件>CH09>实战：轨道蒙版的应用.ezp
视频位置	多媒体教学>CH09>实战：轨道蒙版的应用.flv
难易指数	★★☆☆☆
技术掌握	轨道蒙版的设置

轨道蒙版画面的预览效果如图9-52所示。

图9-52

01 在桌面上双击EDIUS快捷图标█，启动EDIUS Pro 7程序，然后在"初始化工程"对话框中，单击"新建工程（N）"按钮，如图9-53所示。

图9-53

02 在"工程设置"对话框中，设置"工程名称（N）"为"轨道蒙版的应用"，然后勾选"自定义"选项，接着单击"确定"按钮，如图9-54所示。

图9-54

03 在"视频预设"中选择"SD PAL 720×576 25p 4:3"，然后设置"帧尺寸"为"720×405"、"宽高比"为"显示宽高比16:9"、"渲染格式"为"Grass Valley HQ标准"，接着单击"确定"按钮，如图9-55所示。

图9-55

04 单击"素材库"面板按钮栏上的"添加素材"按钮█，导入需要剪辑的素材，如图9-56所示。

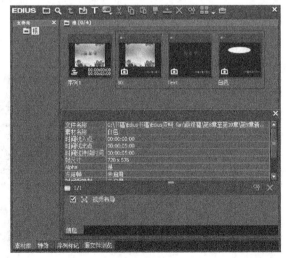

图9-56

05 将素材库中导入的素材BG拖曳至1VA视频轨道上，同时将text素材拖曳至2V轨道上；然后选择2V轨道，接着执行"右键>添加>命令"，在上方添加"视频轨道"；再在弹出的"添加轨道"面板上，将"数量"的值修改为2；最后单击"确定"按钮，如图9-57和图9-58所示。

图9-57

图9-58

06 在3V轨道上继续添加text素材，然后将素材库中的"白色"素材拖曳至4V轨道上，如图9-59所示。

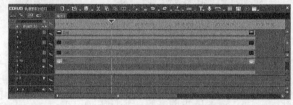

图9-59

07 在"特效"面板中，选择"特效>键"选项，然后将"轨道遮罩"选项拖曳至4V轨道中的白色素材上，如图9-60所示。

图9-60

08 双击信息面板上的"轨道遮罩"选项，然后将"遮罩"选项修改为"Alpha"，接着单击"确定"按钮，如图9-61所示。画面显示效果如图9-62所示。

图9-61

图9-62

09 选择"白色"素材轨道，然后双击"视频布局"选项，开启"视频布局"对话框，接着在"可见度和颜色"选项中，修改"源素材"为35%，如图9-63所示。

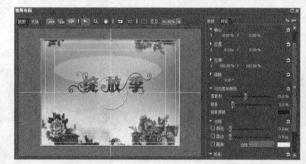

图9-63

10 单击"确定"按钮后，退出"视频布局"对话框，回到EDIUS Pro 7界面中，完成最终轨道蒙版的设置，最终效果如图9-64所示。

图9-64

9.3 遮罩

在进行项目制作的时候，由于有的素材本身不具备Alpha通道信息，因而无法通过常规的方法将这些素材合成到镜头中。当素材没有Alpha通道时，可以通过创建遮罩来建立透明的区域。

9.3.1 创建遮罩

创建遮罩的方法很简单，首先在特效面板中选择"特效>视频滤镜>手绘遮罩"，如图9-65所示。然后将"手绘遮罩"滤镜添加到时间线中的素材上，如图9-66所示。接着打开信息面板，双击打开"手绘遮罩"滤镜，进入到"手绘遮罩"面板，如图9-67所示。

> **技巧与提示**
>
> "手绘遮罩"是一种常用的视频特效。遮罩面板包含多种绘制工具，可以绘制矩形、圆形以及自由形状的遮罩，设置遮罩的柔和边缘，设置遮罩内外不同的可见度，也可以对遮罩内外应用不同的滤镜，还可以创建遮罩的形状动画、位移动画，有时候还会应用于动态跟踪的抠像。

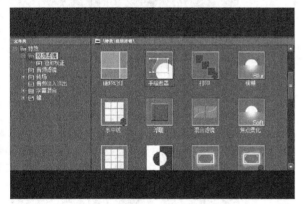

图9-65

图9-66

图9-67

在绘制遮罩之前，先了解绘制遮罩工具的3种类型。

第1种：矩形遮罩工具 可以绘制一个矩形或正方形遮罩，如图9-68所示。

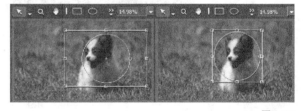

图9-68

> **技巧与提示**
>
> 选择矩形遮罩工具后，按住"Shift"键在绘图区中拖曳光标，即可绘制正方形。

第2种：圆形遮罩工具 可以绘制一个圆形或椭圆形遮罩，如图9-69所示。

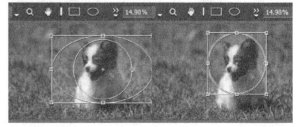

图9-69

第3种：绘制路径工具  可以绘制多边形的遮
罩，如图9-70所示。

图9-70

如果对绘制的遮罩形状不满意，可以通过调整遮
罩上的点或者移动、缩放和旋转遮罩进行编辑。单击
箭头工具，然后从下拉菜单中选择需要的工具，比如
"选择对象""编辑形状"或"增加顶点"等，如图
9-71所示。

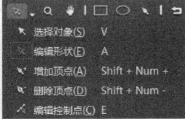

图9-71

编辑工具参数介绍

■ **选择对象**：当选择了"选择对象"工具，在
绘图区双击遮罩就可以选择整个对象，然后可以进行
移动、缩放和旋转操作，如图9-72所示。

图9-72

■ **编辑形状**：当选择了"编辑形状"工具，就
可以编辑当前选择的遮罩上的顶点，并改变遮罩的形
状，如图9-73所示。

图9-73

■ **增加顶点/删除顶点**：当选择了"增加顶点"
或"删除顶点"工具，就可以对当前选择的遮罩进行
增加或减少编辑点的操作，如图9-74所示。

平移，如图9-76所示。在工具栏的最右端的下拉菜单中，可以选择预览显示的比例，如图9-77所示。

图9-74

■ **编辑控制点**：当选择了"编辑控制点"工具，就可以调整顶点的控制句柄，并改变遮罩的形状，如图9-75所示。

图9-75

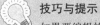 **技巧与提示**

如果要编辑的顶点是角点，按住"Ctrl"键单击该点并拖曳，就可以出现控制句柄。如果要编辑的顶点是贝兹尔点，按住"Ctrl"键单击该点会使其变成角点，同时控制句柄消失。

在需要较为精细地编辑遮罩形状时，可以借助放大镜工具 和抓手工具 对绘图区进行局部放大和

图9-76

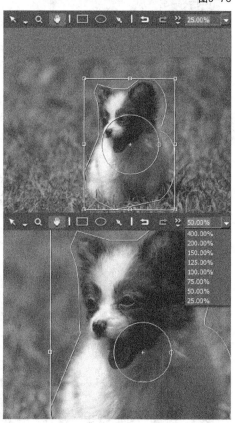

图9-77

除此之外，在预览区中单击鼠标右键，在弹出的菜单中选择"缩放（O）"命令，其中"自适应（F）"命令可以将视图自动匹配预览窗口的大小，也可以选择"置中"命令将平移过的视图移回到预览窗口的中心，如图9-78所示。

图9-78

为了方便编辑遮罩，除了可以调整预览视图的大小，还可以选择预览窗口的显示模式，即标准模式▢和预览模式▭，如图9-79所示。在预览模式下，整个遮罩控制面板只显示预览区和顶端的工具栏，而不显示其余的控制面板，如图9-80所示。

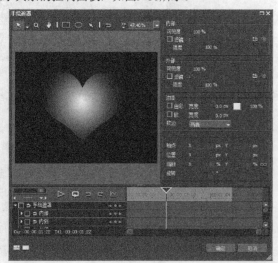

图9-79

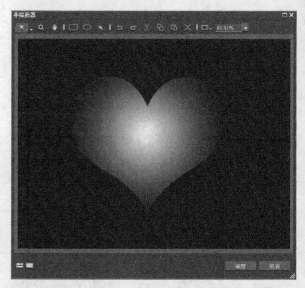

图9-80

单击▣（功能）按钮，其下拉菜单包含5项遮罩显示功能，如图9-81所示。

图9-81

手绘遮罩功能参数解析

▪ **应用遮罩（A）**：当勾选"应用遮罩（A）"选项后，在"手绘遮罩"面板的预览窗口能够直接查看"参数"设置区域在设置相关属性参数后的效果。若不勾选该选项，那么即使在"参数"设置区域设置了相关属性的参数也不会在预览区域显示具体的效果，如图9-82所示。

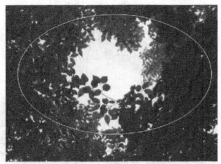

未勾选"应用遮罩"属性

勾选"应用遮罩"属性

图9-82

- **背景（B）**：当勾选"背景（B）"选项后，那么遮罩指定的透明区域就会显示该区域为透明，如图9-83所示。

未勾选"背景"属性

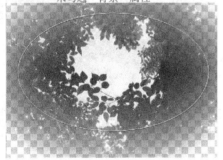

勾选"背景"属性

图9-83

- **运动路径（M）**：当勾选"运动路径（M）"选项后，被选择的遮罩的运动路径会显示出来，这样便于查看遮罩的位移信息，如图9-84所示。

未勾选"运动路径"属性

勾选"运动路径"属性

图9-84

- **栅格（G）**：当勾选"栅格（G）"选项后，预览窗口中会显示栅格线，在选择遮罩在移动时，遮罩会自动捕捉栅格线，如图9-85所示。

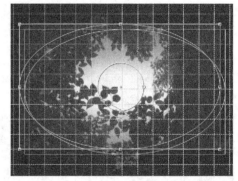

图9-85

- **指示（G）**：当勾选"指示（G）"选项后，预览窗口中会显示安全框和十字线，如图9-86所示。

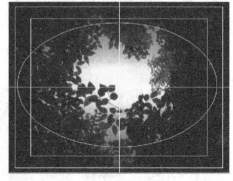

图9-86

9.3.2 遮罩的属性

EDIUS Pro 7中的遮罩功能十分强大，不仅可以对
画面的局部进行可见性
的控制，还可以通过给
遮罩内外应用不同的滤
镜来实现对素材的局部
进行更为细致的处理。
在遮罩特效面板的右半
部分主要是遮罩的功能
控制，包括"内部""外
部""边缘"和"外形/"
等，如图9-87所示。

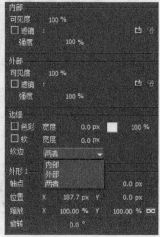

图9-87

1.内部/外部

在内部/外部属性中，可以控制遮罩的内部（或外
部）的可见度，还可以给内部（或外部）添加滤镜，
以改变画面局部的可见度。在调整完遮罩外形后，调
整内部（或者外部）可见度的数值即可。如果要为遮
罩内部（或外部）添加滤镜，勾选"滤镜"选项，然
后单击"选择滤镜"按钮 ，从中选择需要的滤镜即
可，如图9-88所示。画面效果如图9-89所示。

图9-88

图9-89

对于需要调整参数的滤镜，单击"选择滤镜"右边的
"设定滤镜"按钮 ，在弹出的滤镜设置对话框中进行
参数的调整即可，参数设置和画面效果如图9-90所示。

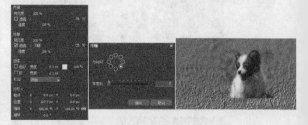

图9-90

> **技巧与提示**
> 如果暂时不需要加载滤镜的效果，取消勾选"滤
> 镜"选项即可。

2.边缘

"边缘"用于指定沿遮罩描边并设置描边的宽度、
颜色、边缘柔和度的模
式。如果要为遮罩边缘
指定宽度和颜色，则勾
选"色彩"选项，然后
设置宽度和颜色等属
性，如图9-91所示。

图9-91

如果要获得柔软边缘的遮罩，在勾选"软"选项
后，设置"宽度"的值并选择"柔化"的模式即可，
如图9-92所示。

图9-92

如果"边缘"和"柔化"都选择的话，获得的是柔化的边缘颜色，而不是源图像的内容，如图9-93所示。

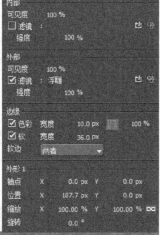

图9-93

3.外形1

"外形1"主要用来设置遮罩的轴点、位置、缩放和旋转等属性，如图9-94所示。

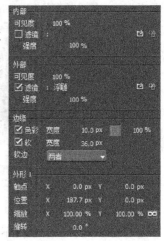

图9-94

9.3.3 遮罩的动画

对于需要添加关键帧属性的遮罩，如遮罩的内部不透明度、外部不透明度、边缘颜色和宽度、边缘柔化宽度与遮罩外形和变换（包括轴点、位置、缩放和旋转）等，可以在关键帧动画控制区域中完成，如图9-95所示，主要有以下两种方法。

图9-95

第1种：当需要为遮罩属性添加关键帧时，首先勾选对应属性名称前面的小方框☑，然后拖曳时间线指针到需要的位置，并修改该属性的参数，系统即可自动创建对应的关键帧。

第2种：当需要为遮罩属性添加关键帧时，首先勾选对应属性名称前面的小方框☑，然后拖曳时间线指针到需要的时间点，单击"添加关键帧"按钮，最后调整该属性的参数值，如图9-96所示。

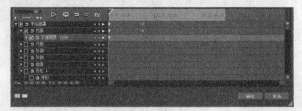

图9-96

技巧与提示

如果在当前时间线位置已经有关键帧，单击按钮会删除这个关键帧。

当创建了关键帧，暂时不需要查看该属性的动画效果时，可以取消激活该属性关键帧（这样并不会删除已经设置的关键帧），关键帧则显示为灰色，如图9-97所示。

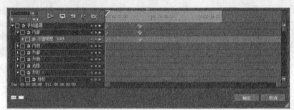

图9-97

如果要设置遮罩外形的关键帧，首先勾选"外形"属性；如果对遮罩的形状不满意，选择"编辑形状"工具（添加或删除顶点工具）可以对遮罩形状进行编辑，如图9-98所示。

图9-98

技巧与提示

如果当前时间线的位置有关键帧，对遮罩形状的调整就是对关键帧的修改；如果当前时间线的位置没有关键帧，修改遮罩形状时，系统将会自动创建一个关键帧。

拖曳时间线指针到需要的时间点，选择"编辑形状"工具对遮罩形状进行相应的编辑，系统会自动添加关键帧，从而创建出带形状的动画，如图9-99所示。

图9-99

技巧与提示

如果要创建"变换"属性的关键帧，可以单击"变换"属性的添加关键帧按钮，此时"轴点""位置""缩放"和"旋转"属性会同时添加关键帧，如图9-100所示。如果只单击需要动画的属性的添加关键帧按钮，那么只会给该属性添加对应的关键帧，如图9-101所示。

图9-100

图9-101

实战：遮罩的应用

素材位置	实例文件>CH09>实战：遮罩的应用
实例位置	实例文件>CH09>实战：遮罩的应用.ezp
视频位置	多媒体教学>CH09>实战：遮罩的应用.flv
难易指数	★★☆☆☆
技术掌握	遮罩属性设置的具体应用

遮罩画面的预览效果如图9-102所示。

图9-102

01 在桌面上双击EDIUS快捷图标 ，启动EDIUS Pro 7程序，然后在"初始化工程"对话框中，单击"新建工程（N）"按钮，如图9-103所示。

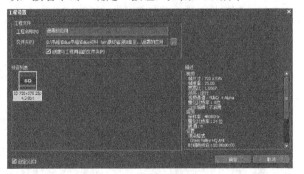

图9-103

02 在"工程设置"对话框中，设置"工程名称（N）"为"遮罩的应用"，然后勾选"自定义"选项，接着单击"确定"按钮，如图9-104所示。

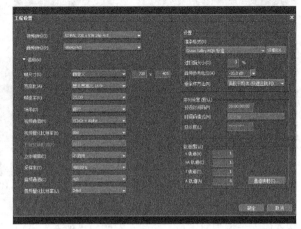

图9-104

03 在"视频预设"中选择"SD PAL 720×576 25p 4:3"，然后设置"帧尺寸"为"720×405"、"宽高比"为"显示宽高比16:9"、"渲染格式"为"Grass Valley

HQ标准"，接着单击"确定"按钮，如图9-105所示。

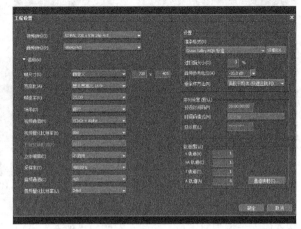

图9-105

04 单击"素材库"面板按钮栏上的"添加素材"按钮 ，导入需要剪辑的素材，如图9-106所示。

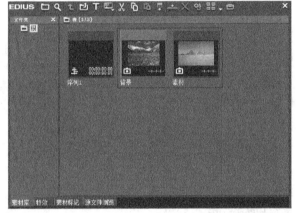

图9-106

05 将素材库中的"背景"素材拖曳至1VA轨道上，将另一段素材拖曳至2V轨道上，如图9-107所示。

图9-107

06 切换至特效面板，进入"视频滤镜"选项，将"手绘遮罩"滤镜拖曳至"素材"轨道上，如图9-108所示。

图9-108

07 双击"信息面板"中的"手绘遮罩"选项，开启"手绘遮罩"对话框；然后选择"绘制矩形"按钮在画面上方创建矩形；接着在右侧的"外部"选项区中，设置"可见度"为100%；最后在"边缘"选项中，选中"软"选项，设置"宽度"为50px，如图9-109所示。

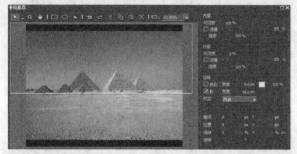

图9-109

08 单击"确定"按钮，退出"手绘遮罩"对话框，效果如图9-110所示。

图9-110

09 在画面中发现素材层的构图偏下，画面不协调，因此需要调整该画面的位置。选择该素材层，双击信息面板中的"视频布局"选项，然后在"位置"属性中，设置"Y"为-6%，如图9-111所示。

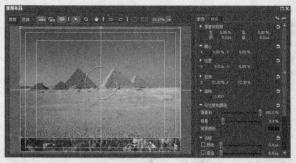

图9-111

10 单击"确定"按钮，退出"视频布局"对话框，画面最终效果如图9-112所示。

图9-112

9.4 抠像

　　一般情况下，在拍摄需要抠像的画面的时候，都使用蓝色或绿色的幕布作为载体，这是因为人体中含有的蓝色和绿色是最少的；另外蓝色和绿色也是三原色（RGB）中的两个主要色，颜色纯正，方便后期处理。

　　镜头抠像是影视特效制作中最常用的技术之一，在电影、电视里面的应用极为普遍。国内很多电视节目、电视广告一直在使用这项技术，如图9-113所示。总的来说，抠像的好坏取决于两个方面；一方面是前期拍摄的源素材，另一方面是后期制作中的抠像技术。针对不同的镜头，抠像的方法和结果也不尽相同。

图9-113

在EDIUS Pro 7中，用来完成抠像的滤镜有"亮度键"和"色度键"，它们在"特效"面板的"键"文件夹中，如图9-114所示。

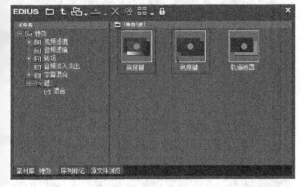

图9-114

9.4.1 亮度键

"亮度键"滤镜主要用来抠出画面中指定的亮度区域。"亮度键"滤镜对于创建前景和背景的明亮度差别比较大的镜头非常有用。由于"亮度键"利用图像中的亮度成分来形成键信号，因此它要求素材有较高的亮度反差。在"特效"面板的"键"文件夹中，可以直接调用"亮度键"滤镜，如图9-115所示。将该滤镜添加到视频素材的灰色MIX（混合）区域上，打开"亮度键"滤镜的属性设置面板，如图9-116所示。

图9-115

图9-116

亮度键参数介绍

- **启用矩形选择**：设置亮度键的范围，范围以外的部分完全透明。

- **矩形外部有效**：在勾选"矩形外部有效"后，仅在范围之内应用亮度键。

- **反选**：反转亮度键的范围。

- **全部计算**：计算"矩形外部有效"指定范围以外的范围。

- **过渡形式**：选择过渡区域的衰减形式，如图9-117和图9-118所示。

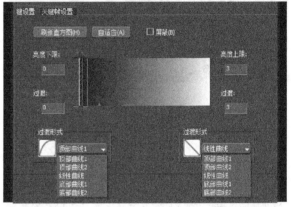

图9-117

图9-118

直方图显示了当前图像的亮度分布，上方的两个三角标记分别对应"亮度下限"和"亮度上限"，下方外侧的两个三角标记分别对应上下限的"过渡"，如图9-119所示。所有被斜线覆盖的区域是被键出的区域（即透明区域）。其中交叉斜线是完全透明的区域，单斜线则是全透明与不透明之间的过渡区域。

图9-119

在某些情况下，需要开启亮度键的关键帧控制，可单击"关键帧设置"选项卡切换到"关键帧设置"面板，如图9-120所示。亮度键的"关键帧设置"有两种：一种是"淡入淡出设置"，可以设置入点和出点的帧数；另一种是"关键帧设置"，较为灵活，可以手动调整整个曲线的形态。

图9-120

9.4.2 色度键

在默认的初始状况下，使用"色度键"会自动把画面中色彩范围最大的单色抠掉。大部分时候直接添加"色度键"后，不需要调节参数也可以完成抠像的制作。使用"色度键"可以满足一般后期制作中的常规抠像要求。通过指定一个特定的色彩进行抠像，对于一些虚拟背景的合成非常有用。在"特效"面板"键"文件夹中可以直接调用"色度键"滤镜，如图9-121所示。

图9-121

将该滤镜添加到视频素材的灰色MIX（混合）区域上，打开"亮度键"滤镜的属性设置面板，如图9-122所示。

色度键参数介绍

- **键显示**：在节目窗口以黑白灰的形式显示保留的图像区域。色度键的最终目的就是抠像，在勾选"键显示"后可以更清晰地观察选取和未选取部分，白色代表选取部分（即图像的保留区域），黑色则代表未选取部分（即图像的抠除区域）。

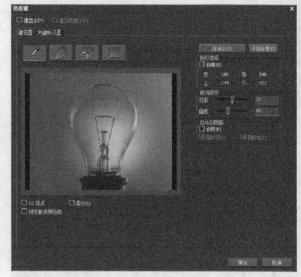

图9-122

- **直方图显示**：除"吸管"以外的色彩选取方式，均可以在"色度键"设置的操作窗口中显示直方图，即当前图像素材所包含的范围，实际上就是画面中的亮度分布。
- **键色拾取方式**：EDIUS Pro 7中提供了四种色彩拾取方式，即吸管、圆形、扇形和方形。
- **CG模式**：勾选后会修改其他没有被选择的色彩颜色。
- **柔边**：勾选后可以消除杂边，在键色的边缘添加平滑过渡。
- **线性取消颜色**：勾选后与选取色彩接近的色彩会改变，以此来改善蓝色屏幕或绿色屏幕的色彩溢出或者反光造成的变色。

右侧参数设置面板如图9-123所示。

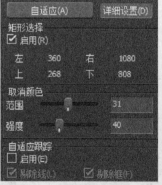

图9-123

右侧面板参数介绍

- **自适应**：对所选的键出颜色自动做匹配和修饰。
- **矩形选择**：将色度键应用到一个特定的矩形范围内（系统将认为矩形范围以外的部分是全透明的）。
- **取消颜色**：在图像的边缘添加键色或者其反

色，作为其色彩补偿。

- **自适应跟踪**：在一定程度上自动修饰抠像器键色的变化。

单击"详细设置（D）"按钮，可以对键色在色度和亮度等方面做细微调整，如图9-124所示。在某些特殊制作要求下，可以单击"关键帧设置"选项卡切换到关键帧设置面板。在"关键帧设置"下勾选"启用"选项，通过手动调整整个曲线的形态设置色度、色温的关键帧，如图9-125所示。

图9-124

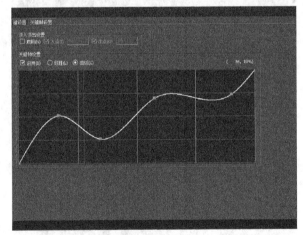

图9-125

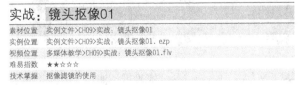

镜头抠像01画面的预览效果如图9-126所示。

图9-126

01 使用EDIUS Pro 7打开光盘中的"实战：镜头抠像01.ezp"文件，如图9-127所示。

图9-127

02 在时间线面板中，选择2V轨道上的"Clip"素材，然后在特效面板中选择"特效>键>色度键"滤镜，接着将"色度键"拖曳至该素材上，如图9-128所示。

图9-128

03 在信息面板中双击"色度键"选项，进入"色度键"设置面板，然后将其拖曳到预览窗口中，使用

"吸管"工具在画面中拾取蓝色区域。接着单击右侧的"详细设置"按钮，在"色度"选项中，设置"基本"为151、"范围"为49，最后单击"确定"按钮，如图9-129所示。

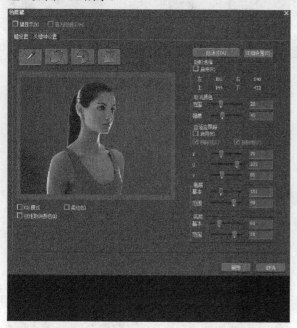

图9-129

04 抠像完成之后的画面效果，如图9-130所示。

图9-130

实战：镜头抠像02

素材位置	实例文件>CH09>实战：镜头抠像02
实例位置	实例文件>CH09>实战：镜头抠像02. ezp
视频位置	多媒体教学>CH09>实战：镜头抠像02.flv
难易指数	★★☆☆☆
技术掌握	抠像滤镜的使用

镜头抠像02画面的预览效果如图9-131所示。

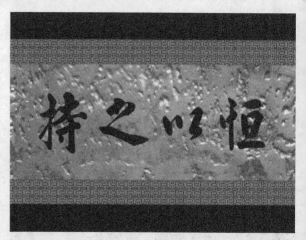

图9-131

01 使用EDIUS Pro 7打开光盘中的"实战：镜头抠像02. ezp"文件，如图9-132所示。

图9-132

02 在时间线面板中，选择2V轨道上的"Clip"素材，然后在特效面板中选择"特效>键>亮度键"滤镜，接着将"亮度键"拖曳至该素材上，如图9-133所示。

图9-133

03 在信息面板中选择"亮度键"滤镜，打开"亮度键"设置面板；然后在"键设置"选项中，单击"自动适应"按钮，系统自动将画面中的白色过滤掉。由于留下部分白边，因此要设置"过渡"属性的值为100，接着单击"确定"按钮，如图9-134所示。

图9-134

04 设置完成后的效果，如图9-135所示。

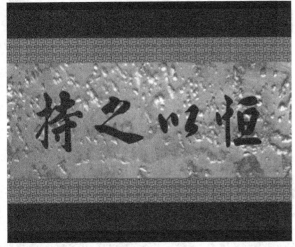

图9-135

9.5 二级调色

一级调色主要修正曝光、色彩平衡或匹配镜头等的整体效果，而二级调色可以达到画面细节更为丰富的色彩要求。一级调色是指对整个图像进行色彩调整；而对画面限定区域分进行调色，可称为二级调色（如调整人物的皮肤颜色、外景镜头的天空色彩等）。在EDIUS Pro 7中，共有两种方法进行二级调色（默认状态下所有的调色工具都是对画面的一次调色），即三路色彩校正和色度。

9.5.1 三路色彩校正

在特效面板中，选择"视频滤镜>色彩校正>三路色彩校正"滤镜。"三路色彩校正"滤镜在EDIUS

Pro 7中的使用频率相当高，其设置面板可分为校色区、二次校色区、取色器、预览区、动画控制区，如图9-136所示。

图9-136

三路色彩校正面板介绍

- **校色区**：主要是调整色彩的区域，"白""灰""黑"平衡可以分别视作画面的"高光""中间调"和"暗调"区域。

- **二次校色区**：是二次校色的重点。从二级校色的定义可以看出，我们必须先定义出哪一部分色彩需要校色，因此必须先有一个遮罩。由于视频是运动的，我们可以分别从"色度""饱和度"和"亮度"入手，得到一个运动的遮罩。一旦勾选这里的任一选项后，上方校色区的调整就只对这个遮罩内部的图像起作用，即进行二级调色。

- **取色器**：选择相应选项后，就可以在画面中拾取要作为高光、中间灰和黑色的部分。

- **预览区**：定义一个参考画面与当前画面分屏比较。如果不定义参考画面，则是添加滤镜后与添加滤镜前的分屏比较。

- **动画控制区**：可以对色彩的操作定义关键帧动画。

9.5.2 色度

在特效面板中，选择"视频滤镜>色度"滤镜，可以为素材添加"色度"滤镜。在信息面板中双击该滤镜，即可进入"色度"滤镜设置面板，如图9-137所示。

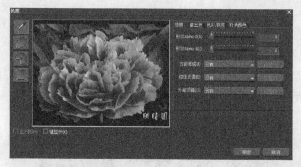

图9-137

与"三路色彩校正"相似，"色度"滤镜需要使用吸管工具在画面中单击需要更改的颜色，通过"形状Alpha"（选区边缘的羽化）、"键色"和"色彩/亮度"选项卡下各个选项的微调，可以选出需要的区域。然后在效果选项卡中可以看到针对选区的相关选择，如图9-138所示。

图9-138

效果选项组参数介绍

- **内部滤镜**：可以设置应用到选中区域（白色）的滤镜。
- **边缘滤镜**：设置选区边缘的滤镜。
- **外部滤镜**：设置选区以外的（黑色）的滤镜。

在"键出色"选项中，通过设置"Y""U"和"V"的参数，可以调整选择区域的范围。

在"色彩/亮度"选项中分为两部分：色度和亮度。通过色度和亮度的范围控制来调整键出区域。

实战：	三路色彩校正
素材位置	实例文件>CH09>实战：三路色彩校正
实例位置	实例文件>CH09>实战：三路色彩校正. ezp
视频位置	多媒体教学>CH09>实战：三路色彩校正.flv
难易指数	★★☆☆☆
技术掌握	二级校色的应用

三路色彩校正画面的预览效果如图9-139所示。

图9-139

01 使用EDIUS Pro 7打开光盘中的"实战：花朵校色.ezp"文件，如图9-140所示。

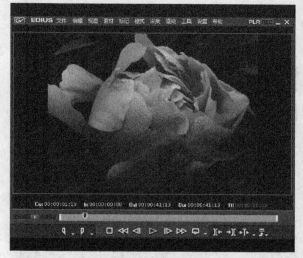

图9-140

02 选择"特效>视频滤镜>色彩校正>三路色彩校正"滤镜，然后将该滤镜拖曳至"图片1"素材上，如图9-141所示。

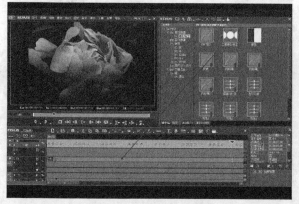

图9-141

03 把需要改变的区域，也就是红色部分定义出来；然后按下"滤镜设置"面板二级校色区右上角的"显示键"按钮 回 和"显示直方图"按钮 ；接着勾选"色相"选项，调整颜色范围，使其包括所有黄色、红色和紫色，画面中的选区比较粗糙、生硬，所以打开"饱和度"和"亮度"控制，调整范围参数，如图9-142所示。画面效果如图9-143所示。

图9-142

图9-143

技巧与提示

　　"显示键"按钮在窗口中显示键效果，也就是遮罩效果，从中可以观察到选择区域，其中，白色代表选中，黑色代表未选中。"显示直方图"按钮在滤镜"二级校色区"的"色度""饱和度"和"亮度"选择范围上，可标出当前画面的"色度""饱和度"和"亮度"直方图。"范围选择"工具中有交叉斜线的区域是绝对选择区，单斜线区域是过渡区，选择强度由100衰减到0。

04 用校色区内三个色轮来调整着色，在"黑平衡"选项中，调整"色调"为-130.7；然后在"灰平衡"选项中，调整"Cb"为-29.3、"Cr"为20.5、"色调"为-162.7；再在"白平衡"选项中，设置"色调"为-69.5；最后会发现画面内只有红色的区域换成了其他的色彩，如图9-144所示。

图9-144

05 调整完毕，单击"确定"按钮，退出"三路色彩校正"对话框，调整之后的效果如图9-145所示。

图9-145

实战：色度校色

素材位置	实例文件>CH09>实战：色度校色
实例位置	实例文件>CH09>实战：色度校色.ezp
视频位置	多媒体教学>CH09>实战：色度校色.flv
难易指数	★★☆☆☆
技术掌握	色度校色滤镜的设置

　　色度校色画面的预览效果如图9-146所示。

图9-146

01 使用EDIUS Pro 7打开光盘中的"实战：色度校色.ezp"文件，如图9-147所示。

图9-147

02 选择"特效>视频滤镜>色度"滤镜，将该滤镜拖曳至视频轨道的"牡丹"素材上，如图9-148所示。

图9-148

03 双击选择信息面板上的"色度"滤镜，进入"色度"设置面板，然后选择左上角的"吸管工具"，在画面的预览窗口中单击选择所要调整的颜色区域，如图9-149所示。

图9-149

04 选择"键出色"选项卡，然后设置"Y"为110、"U"为152、"V"为175，如图9-150所示。

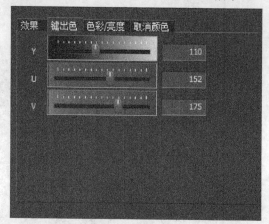

图9-150

05 单击"色彩/亮度"选项卡，在"色度"属性中设置"基色"为291、"范围"为37；然后在"亮度"属性中设置"基色"为177、"范围"的为37，如图9-151所示。

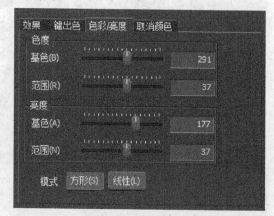

图9-151

06 在"色度"设置面板中勾选"键显示"选项，可以观察到选取的范围，如图9-152所示。

图9-152

07 去掉勾选"键显示"选项，单击"确定"按钮，调整之后的效果如图9-153所示。

图9-153

9.6 叠加模式

在EDIUS Pro 7中，系统提供了较为丰富的"混合"滤镜组，使用该滤镜组中的滤镜可以将一个镜头素材与其下面一个轨道上的镜头素材发生颜色叠加，从而产生一些特殊的效果。

在特效面板中的"特效>键>混合"目录下，有16种不同的混合模式，如图9-154所示。混合叠加方式对于特效合成来说是非常有效的，比如某些光效、粒子等由于Alpha通道的缘故，如果直接放在视频上，其边缘会发黑，而使用混合叠加方式则可以修正这些错误。

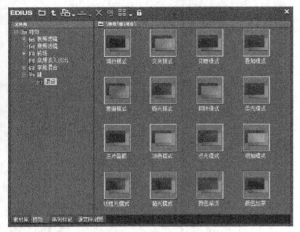

图9-154

叠加模式参数介绍

- **减色模式**：该模式将基本色与叠加色相乘，形成一种光线透过两张叠加在一起的幻灯片的效果。任何颜色与黑色相乘都将产生黑色，与白色相乘将保持不变，而与中间的亮度颜色相乘可以得到一种更暗的效果。"减色模式"与"正片叠底"模式效果类似，但"减色模式"所叠加产生的效果更为强烈和夸张，如图9-155所示。

图9-155

- **正片叠底**：该模式应用到一般画面上的主要效果是降低画面的亮度，比较特殊的是白色与任何背景叠加得到的都是原背景，黑色与任何背景叠加得到黑色，如图9-156所示。

图9-156

- **变亮模式**：该模式可以查看每个通道中的颜色信息，并选择基色和叠加色中较亮的颜色作为结果色，比叠加色暗的像素将被替换掉，而比叠加色亮的像素将保持不变，如图9-157所示。

图9-157

■ **变暗模式**：该模式通过比较当前图层和底图层的颜色亮度来保留较暗的颜色部分，比如一个全黑的图层与任何图层的变暗叠加效果都是全黑的，而白色图层和任何图层的变暗叠加效果都是透明的，如图9-158所示。

图9-158

■ **叠加模式**：该模式可以增强图像的颜色，并保留底层图像的高光和暗调。叠加模式对中间色调的影响比较明显，对于高亮度区域和暗调区域的影响不大，如图9-159所示。

图9-159

■ **差值模式**：该模式可以从基色中减去叠加色或从叠加色中减去基色，具体情况要取决于哪个颜色的亮度值更高，常用来创建类似负片的效果，如图9-160所示。

图9-160

■ **强光模式**：使用强光模式时，当前图层中比50%灰色亮的像素会使图像变亮，比50%灰色暗的像素会使图像变暗。这种模式产生的效果与耀眼的聚光灯照在图像上很相似，如图9-161所示。

- **柔光模式**：该模式可以使颜色变亮或变暗（具体效果要取决于叠加色），这种效果与发散的聚光灯照在图像上很相似。

以中性灰为中间点，大于中性灰，则提高背景图亮度；反之则变暗，中性灰不变。无论提亮还是变暗，其幅度都比较小，画面的效果都很柔和，因此也被称为"柔光"，如图9-163所示。

图9-161

图9-163

- **排除模式**：该模式可以从基色中减去叠加色或从叠加色中减去基色，具体情况要取决于哪个颜色的亮度值更高，画面的效果比较柔和，产生的对比度比较低，如图9-162所示。

- **滤色模式**：该模式主要用来提升画面的亮度，比较特殊的是黑色与任何背景叠加得到的都是原背景，白色与任何背景叠加得到的都是白色，如图9-164所示。

图9-162

图9-164

▪ **点光模式**：该模式可以替换图像的颜色。如果当前图层中的像素比50%灰色亮，则替换暗的像素；如果当前图层中的像素比50%灰色暗，则替换亮的像素，这对于为图像中添加特效非常有用，如图9-165所示。

▪ **线性光模式**：该模式可以通过减小或增大亮度来加深或减淡颜色，具体效果要取决于叠加色，如图9-167所示。

图9-167

▪ **相加模式**：该模式将上下层对应的像素进行加法运算，可以使画面变亮，如图9-166所示。

图9-165

▪ **艳光模式**：该模式可以通过增大或减小对比度来加深或减淡颜色，具体效果要取决于叠加色，如图9-168所示。

图9-166

图9-168

- **颜色减淡**：该模式是通过减小对比度来使颜色变亮（如果叠加色为黑色，则不产生变化），以反映叠加色，如图9-169所示。

图9-169

- **颜色加深**：该模式是通过增加对比度来使颜色变暗（如果叠加色为白色，则不产生变化），以反映叠加色，如图9-170所示。

图9-170

9.7 综合实战

素材位置	实例文件>CH09>综合实战：水墨效果的制作
实例位置	实例文件>CH09>综合实战：水墨效果的制作.ezp
视频位置	多媒体教学>CH09>综合实战：水墨效果的制作.flv
难易指数	★★★☆☆
技术掌握	各滤镜属性的自定义设置与修改

本例是"单色""焦点柔化""YUV曲线"和"浮雕"滤镜以及"颜色减淡"和"正片叠底"叠加模式的组合使用。通过本例的学习，读者可以掌握常规水墨效果的制作，其效果如图9-171所示。

图9-171

9.7.1 项目创建

01 在桌面上双击EDIUS快捷图标，启动EDIUS Pro 7程序，然后在"初始化工程"对话框中，单击"新建工程（N）"按钮，如图9-172所示。

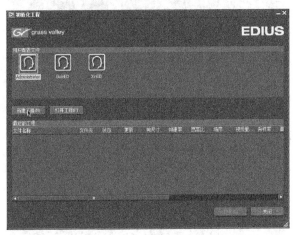

图9-172

02 在"工程设置"对话框中，设置"工程名称（N）"为"水墨效果的制作"；然后为文件夹选项指定路径，接着勾选"自定义"选项后；最后单击"确定"按钮，如图9-173所示。

图9-173

03 在"视频预设"中选择"SD PAL 720×576 25p 4:3",然后设置"帧尺寸"为"720×405"、"宽高比"为"显示宽高比16:9"、"渲染格式"为"Grass Valley HQ 标准",接着单击"确定"按钮,如图9-174所示。

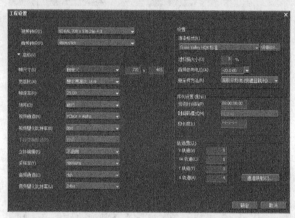

图9-174

04 单击"素材库"面板按钮栏上的"添加素材"按钮 ,导入需要剪辑的素材,如图9-175所示。

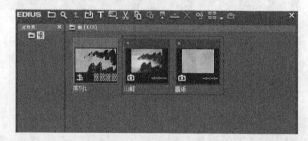

图9-175

05 将"素材库"中的"山峰"素材添加到时间线1VA轨道中,如图9-176所示。

图9-176

9.7.2 滤镜的添加

1.单色滤镜

切换到"特效"面板,然后选择"特效>色彩校正>单色"选项,接着将"单色"滤镜拖曳至"山峰"素材上,如图9-177所示。画面显示效果如图9-178所示。

图9-177

图9-178

2.焦点柔化

01 在特效面板，选择"特效>视频滤镜>焦点柔化"滤镜，然后将其拖曳至"山峰"素材上，如图9-179所示。画面预览效果如图9-180所示。

图9-179

图9-180

02 双击"信息"面板中的"焦点柔化"滤镜，然后在打开的"焦点柔化"对话框中，设置"模糊（B）"为100，如图9-181所示。画面预览效果如图9-182所示。

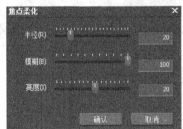

图9-181

图9-182

3.YUV曲线

选择"山峰"素材，然后复制当前素材，接着在2V轨道上粘贴当前素材，如图9-183和9-184所示。

图9-183

图9-184

在2V轨道上选择复制后的"山峰"素材，然后选择"特效>视频滤镜>色彩校正>YUV曲线"选项，将"YUV曲线"拖曳至该素材上，接着调整"Y"曲线的对比度，如图9-185所示。画面的预览效果如图9-186所示。

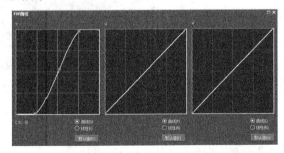

图9-185

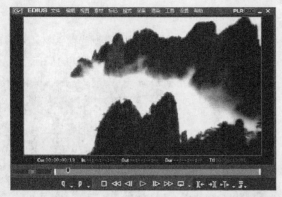

图9-186

4.浮雕滤镜

01 在2V轨道上执行"单击鼠标右键>添加>在上方添加视频轨道"命令，然后在弹出的"添加轨道"对话框中，设置"数量"为2，接着单击"确定"按钮，如图9-187和图9-188所示。

图9-187

图9-188

02 将素材库中的"山峰"素材再次拖曳至3V轨道上，然后选中该素材，接着将"特效>视频滤镜>浮雕"选项拖曳至素材上，如图9-189所示。

图9-189

03 双击信息面板上的"浮雕"滤镜，然后在弹出的"浮雕"对话框中设置"深度"的值为18，如图9-190所示。画面预览效果如图9-191所示。

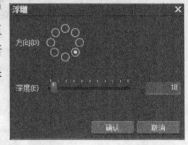

图9-190

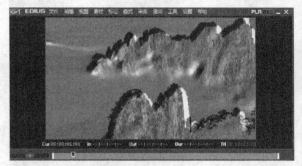

图9-191

5.单色滤镜

由于大强度浮雕滤镜造成了色彩位移，因此，继续选择该素材，为其添加"单色"滤镜，去除画面的颜色信息，如图9-192所示。

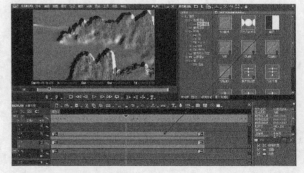

图9-192

9.7.3 气氛渲染

1.混合模式

选择3V轨道上的"山峰"素材，然后选择"特效>键>混合"选项，接着选择"颜色减淡"模式，并将其拖曳到该素材上，如图9-193所示。画面显示效果如图9-194所示。

图9-193

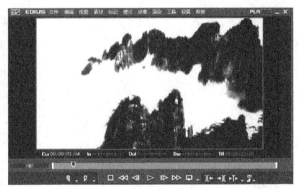

图9-194

2.添加宣纸

01 水墨的效果已经基本出现，但是缺乏宣纸的元素。将素材库面板中的"宣纸"素材添加至4V轨道上，如图9-195所示。

图9-195

02 选择"宣纸"素材，然后选择"特效>键>混合"选项，接着将"正片叠底"叠加模式拖曳至"宣纸"素材上，如图9-196所示。

图9-196

9.7.4 成片输出

01 设置好工作区后，执行"文件>输出（E）>输出到文件（F）"菜单命令，将该项目输出，如图9-197所示。

图9-197

02 在弹出的"输出到文件"对话框中，先选择左边列表中的"H.264/AVC"，然后选择右边列表中的"H.264/AVC"项，接着单击"输出"按钮，如图9-198所示。

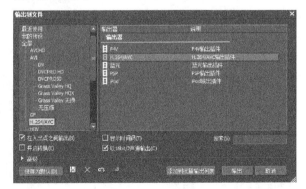

图9-198

03 在"H.264/AVC"对话框中，设置视频输出的路径和文件名称，然后设置"画质"为"常规"，接着单击"保存（S）"按钮，EDIUS Pro 7进入数字视频文件的渲染状态，如图9-199和图9-200所示。

04 使用QuickTime播放器来观看输出的数字视频文件，如图9-201所示。

图9-201

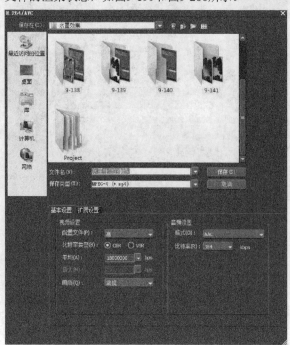

图9-199

图9-200

EDIUS

第 10 章

字幕的应用

字幕在影片中起着至关重要的作用。它担负着补充画面信息和媒介交流的作用，可以向观众传递影片的信息和制作的理念，也可以使观众更好地理解影片的含义。另外，字幕也经常被设计师用作画面视觉设计的补充元素。风格合适的字幕可以为影片增色。本章主要讲解 EDIUS Pro 7 中 Quick Titler 字幕工具的详细应用。

本章学习要点：

概要
Quick Titler
字幕混合滤镜
综合实战

10.1 概述

Quick Titler是EDIUS Pro 7中一款内置的字幕插件，功能非常强大，不但可以制作静态字幕，还可以制作动画或三维效果的字幕。使用该字幕插件可以完成精彩而绚丽的字幕效果，如图10-1所示。

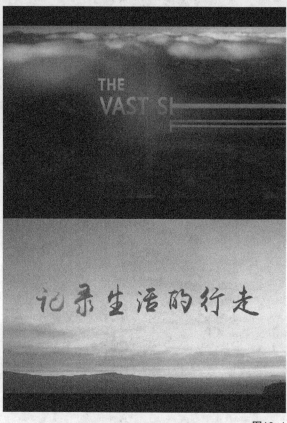

图10-1

在使用字幕之前，首先需要设置EDIUS Pro 7的默认的字幕工具，执行"设置>用户设置>应用>其他"菜单命令，在"默认字幕工具"下拉列表中选择Quick Titler选项，即可设置默认的字幕工具，如图10-2所示。

图10-2

10.2 Quick Titler

10.2.1 添加字幕的方法

在EDIUS Pro 7中有以下3种方法添加字幕。

第1种：在菜单中创建。执行"素材>创建素材>Quick Titler"菜单命令，即可打开Quick Titler面板添加字幕，如图10-3所示。

图10-3

第2种：在时间线中创建。在时间线工具栏上单击"创建字幕"按钮，在弹出的下拉列表中，选择相应的字幕选项，如图10-4所示。

图10-4

第3种：在素材库中创建。在"素材库"面板的工具栏上单击"添加字幕"按钮，即可打开Quick Titler面板添加字幕，如图10-5所示。

图10-5

10.2.2 界面介绍

通过上述任一方法添加字幕后，即可进入Quick Titler的界面，如图10-6所示。

图10-6

Quick Titler界面介绍

- **菜单栏**：在菜单栏中提供的菜单有"文件（F）""编辑（E）""视图（V）""插入（I）""样式（S）""布局（L）"和"帮助（H）"选项，如图10-7所示。

图10-7

- **工具栏1**：提供了一系列常规的操作功能（如新建、打开、保存等），如图10-8所示。在这些常规的操作功能中，有两个功能是Quick Titler所特有的，即"新样式"和"预览"。

图10-8

新样式：可以将设置好的字幕效果保存下来作为样式（也可称为模板），方便以后的调用。

预览：在制作字幕的过程中，为了能够提高制作效率和缓解计算机的压力，Quick Titler采用的是低质量显示的字体，利用预览命令可以看到高质量的字幕显示效果。

- **工具栏2**：提供了一系列可创建对象的工具（如文本、图像、图形等），如图10-9所示。
- **工作窗口**：在工作窗口中可以创建、编辑字幕（或图形对象）以及预览字幕和画面最终结果，如图10-10所示。
- **字体样式栏**：在字体样式栏中，提供了字幕各种预设的字体样式。除了自带的以外，还可以添加自定义样式，如图10-11所示。

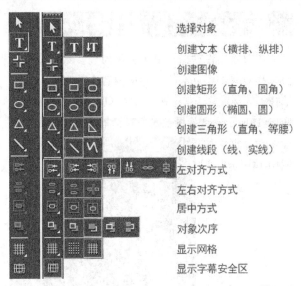

选择对象
创建文本（横排、纵排）
创建图像
创建矩形（直角、圆角）
创建圆形（椭圆、圆）
创建三角形（直角、等腰）
创建线段（线、实线）
左对齐方式
左右对齐方式
居中方式
对象次序
显示网格
显示字幕安全区

图10-9

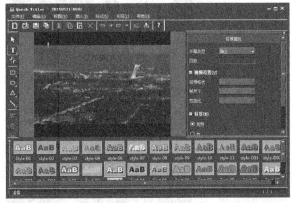

图10-10

图10-11

- **属性栏**：可以设置对象的各种属性。根据当前选择的对象不同，会有相应的内容变化。实际上，我们的大部分工作都将在这里进行，如图10-12所示。

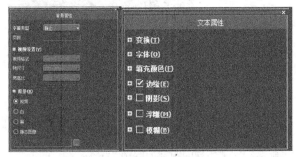

图10-12

193

10.2.3 字幕属性

在对象属性栏中提供了各种属性参数，依据当前选择对象的不同会产生相应内容上的变化。如果选择了字幕对象，就会弹出"文本属性"对话框，如图10-13所示。选择图像对象对话框会弹出"对象属性"对话框，如图10-14所示。

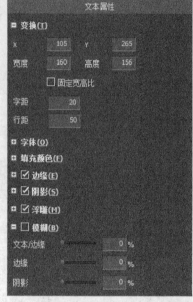

图10-13

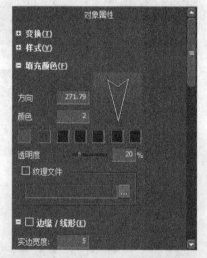

图10-14

文本/对象属性参数介绍

■ **变换**：通过设置"X"和"Y"的值，可以调整字幕的位置；通过设置"宽度"与"高度"的值，可以对字幕进行拉伸；通过设置"字距"的值，可以调整文字之间的距离；通过设置"行距"的值，可以控制多行文字的行间距，如图10-15所示。

图10-15

■ **字体**：根据需求对字幕的字体、字号做相应的设置；激活"横向"与"纵向"切换横向文字或纵向文字；单击 B 、 I 、 L 按钮可以分别对字幕添加加粗、倾斜和下画线效果；当字幕为多行文字时还可以通过激活"左制表""居中"或"右制表位"来调整字幕的对齐方式，如图10-16所示。

图10-16

■ **颜色填充**：可以设置文字表面的颜色渐变效果；在"方向"中可以设置颜色渐变的角度；在"颜色"中可以设置由几种颜色产生渐变；单击色标项目可以手动添加颜色，使渐变效果更加绚丽；如果有特殊需要还可以为字幕添加纹理图片，如图10-17所示。

图10-17

■ **边缘**：用来设置文字的色彩边缘效果，除了可以设置"实边宽度"与"柔边宽度"的值来调整文字边缘的宽度外，还可以通过设置"方向"与"颜色"的值进一步调整边缘的样式，如图10-18所示。

图10-18

■ **阴影：** 用来设置文字的投影效果，通过"实边宽度"与"柔边宽度"可以设置阴影的大小；通过"方向"的设置可以调节阴影的投射角度；通过"透明度"可以调节阴影的透明程度；通过"横向"与"纵向"可以调节阴影的位置，如图10-19所示。

图10-19

■ **浮雕：** 设置文字的立体效果，通过"角度"可以设置倒角的宽度；通过"边缘高度"可以设置倒角的高度；通过"照明"项目可以设置灯光照射的方向，如图10-20所示。

图10-20

■ **模糊：** 用来设置文字及阴影的柔化效果，通过设置"文本/边缘"可以调节文字边缘的柔化效果；通过"阴影"则可以设置投影的边缘柔化效果，如图10-21所示。

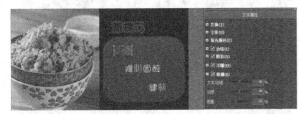

图10-21

10.2.4 字幕动画

在Quick Titler窗口中，不选择任何对象（单击字幕、图像以外的区域），可以切换到"背景属性"设置面板。在"字幕类型"下拉列表框中，可选择"静止""滚动（从下）"和"爬动（从右）"等多种字幕运动方式。其中"滚动"指的是垂直方向的运动，"爬动"指的是水平方向的运动。

在没有选择任何物体的情况下，在右侧对象栏"背景属性"面板中，将字幕类型改为"爬动（从右）"，如图10-22所示。在在时间线面板中，拖曳时间指针即可观看字幕的动态运动效果，如图10-23所示。

图10-22

图10-23

实战： **制作简单字幕**

素材位置	实例文件>CH10>实战：制作简单字幕
实例位置	实例文件>CH10>实战：制作简单字幕.ezp
视频位置	多媒体教学>CH10>实战：制作简单字幕.flv
难易指数	★★☆☆☆
技术掌握	字幕的创建

01 启动EDIUS软件，然后新建工程项目，接着导入素材，再拖曳图片到时间线上，如图10-24所示。

图10-24

02 在时间线工具栏上单击"创建字幕"按钮 **T**，然后在弹出的下拉列表中选择"在T1轨道上创建字幕"，打开Quick Titler窗口，如图10-25和10-26所示。

图10-25

图10-26

技巧与提示

由于在画面中没有选择任何对象，所以在右侧的属性栏中显示的是"背景属性"。在"视频设置"选项中的属性呈现灰色状态，需要注意的是，"背景"选项区中的选项只决定视频在Quick Titler中显示的背景，并不会影响输出。

03 在工作窗口输入文字"春天的旋律"；然后设置"字体"为"Adobe 黑体 StdR"、"字号"为48；接着展开"填充颜色"选项，设置"填充颜色"为灰白色；再展开"边缘"选项，设置"实边宽度"为5、"边缘颜色"为黑色，如图10-27所示。

图10-27

技巧与提示

将鼠标指针移至文字框中央，可以设置文字的中心点；将鼠标指针移至文字框的边角上，拖曳顶点，可以缩放文字，同时按住"Shift"键可以进行等比例缩放，按住"Ctrl"键则文字以中心点为轴心进行旋转，如图10-28所示。

图10-28

04 在文字"春天的旋律"处于选择状态时，在样式栏中双击任意一个合适的样式，工作窗口中的字幕就会变为对应的文字样式。如果不需要变换，则保持原始文字样式即可，如图10-29所示。

图10-29

05 单击工具栏中的"保存"按钮🖫，关闭Quick Titler窗口，如图10-30所示。

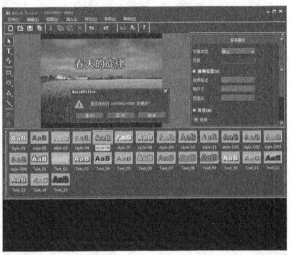

图10-30

06 保存并退出Quick Titler窗口之后，字幕文件会自动添加到1T轨道上，并且会在入点和出点处自动创建转场，默认转场是"叠化"。如果想要其他转场效果的话，可以替换转场，如图10-31所示。

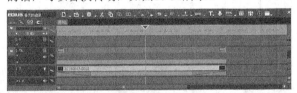

图10-31

07 打开特效面板，展开"特效>字幕混合>软划像"选项。然后选择喜欢的字幕特效，拖曳到字幕文件的混合区域上（灰色区域），在字幕文件的两端都加上字幕混合特效，如图10-32所示。

图10-32

08 按空格键播放视频，字幕制作完成，如图10-33所示。

图10-33

197

实战：制作标题文字

素材位置	实例文件>CH10>实战：制作标题文字
实例位置	实例文件>CH10>实战：制作标题文字.ezp
视频位置	多媒体教学>CH10>实战：制作标题文字.flv
难易指数	★★☆☆☆
技术掌握	标题文字的创建

01 启动EDIUS软件，然后新建工程项目，接着导入素材，再拖曳"牡丹01"和"牡丹02"素材到时间线上，如图10-34所示。

图10-34

02 选择"特效>转场>2D"选项，然后将"溶化"转场拖曳至两段素材中间，产生转场效果，如图10-35所示。

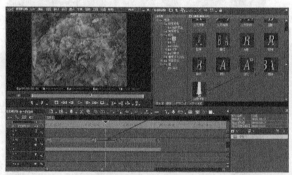

图10-35

03 在时间线面板单击"创建字幕"按钮，然后在弹出的列表中选择"在1T轨道上创建字幕"选项，启动"QuickTitler"对话框，如图10-36所示。

图10-36

04 在"QuickTitler"对话框的工作窗口中输入文字"唯有牡丹真国色 花开时节动京城"；然后在右侧的属性栏中，设置"字体"为"Adobe 黑体 SrdR"、"字号"为45、"填充颜色"为红色

（R:165、G:0、 B:0）；接着设置"边缘"属性中的"实边宽度"为2、"边缘颜色"为白色；最后勾选"阴影"选项，设置"阴影"为黑色、"透明度"为30%、"横向"为6、"纵向"为6，如图10-37和10-38所示。

图10-37

图10-38

05 字体设置完毕后，单击左上方的"保存"按钮，保存当前设置的字幕文件。在时间线的1T字幕轨道中出现了刚才创建的字幕标题，如图10-39所示。

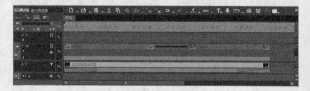

图10-39

06 字幕轨道中的字幕中自动产生了淡入淡出的效果，按空格键播放当前的画面，最终效果如图10-40所示。

图10-40

实战：创建填充字幕

素材位置	实例文件>CH10>实战：创建填充文字
实例位置	实例文件>CH10>实战：创建填充文字.ezp
视频位置	多媒体教学>CH10>实战：创建填充文字.flv
难易指数	★★☆☆☆
技术掌握	不同颜色填充文字的制作

01 启动EDIUS软件，然后新建工程项目，接着导入素材"蜘蛛"，并拖曳该素材到时间线上，如图10-41所示。

图10-41

02 在时间线轨道中单击"创建文字"按钮 **T**，然后在弹出的列表中选择"在1T轨道上创建字幕"选项，启动"QuickTitler"对话框，如图10-42所示。

图10-42

03 在"Quick Titler"对话框中，输入横向文本"爬行的蜘蛛"；然后设置"字距"的值为25、"字体"为黑体、"字号"为48、"填充颜色"为蓝色（R: 45、G: 0、B: 218），如图10-43所示。接着勾选"边缘"选项，设置"实边宽度"为3、"颜色"为白色；最后勾选"阴影"属性选项，设置"透明度"为35%、"横向"为6，"纵向"为6，如图10-44所示。

图10-43

图10-44

04 在属性面板的"填充颜色"选项区中，设置"颜色"为5；然后在下面的颜色框中，设置第1个颜色为蓝色（R:45、G:0、B:218）、第2个颜色为洋红色（R:227、G:34、B:150）、第3个颜色为红色（R:230、G:13、B:0）、第4个颜色为黄色（R:255、G:229、B:4）、第5个颜色为橙色（R:206、G:53、B:0），如图10-45所示。

图10-45

05 设置完成后，单击左上方的保存按钮□，退出字幕窗口。然后按空格键预览完成之后的画面效果，如图10-46所示。

图10-46

实战：创建动画字幕

素材位置	实例文件>CH10>实战：创建动画字幕
实例位置	实例文件>CH10>实战：创建动画字幕.ezp
视频位置	多媒体教学>CH10>实：创建动画字幕.flv
难易指数	★★☆☆☆
技术掌握	填充文字及文字动画的设置

创建动画字幕画面的最终效果如图10-47所示。

图10-47

01 使用EDIUS Pro 7打开光盘中的"实战：创建动画字幕.ezp"文件，如图10-48所示。

图10-48

02 在1T字幕轨道中，双击选择字幕"休闲的假期"，如图10-49所示。

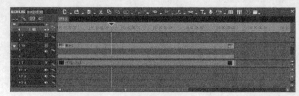

图10-49

03 在打开的Quick Titler字幕窗口中，使用选择"对象"工具，然后在预览窗口中选择字幕内容，如图10-50所示。

图10-50

04 在"文本属性"面板的"填充颜色"选项区中，设置"颜色"为5，如图10-51所示。

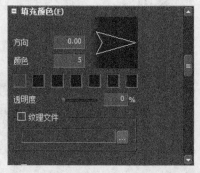

图10-51

05 单击下方第2个色块，弹出"色彩选择"对话框，然后设置"红"为255、"绿"为39、"蓝"为255，接着单击"确定"按钮，如图10-52所示。

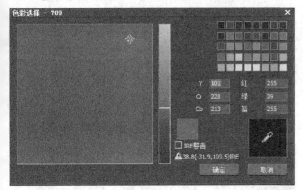

图10-52

06 单击下方第3个色块，弹出"色彩选择"对话框，然后设置"红"为255、"绿"为154、"蓝"为0，接着单击"确定"按钮，如图10-53所示。

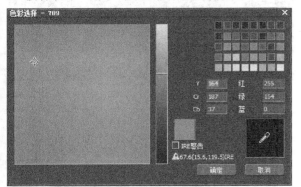

图10-53

07 单击下方第4个色块，弹出"色彩选择"对话框，然后设置"红"为248、"绿"为33、"蓝"为0，接着单击"确定"按钮，如图10-54所示。

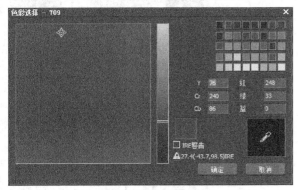

图10-54

08 单击下方第4个色块，弹出"色彩选择"对话框，然后设置"红"为138、"绿"为20、"蓝"为

131，接着单击"确定"按钮，如图10-33所示。

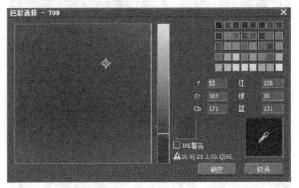

图10-55

09 设置完成后，预览字幕填充颜色后的视频画面效果，如图10-56所示。

图10-56

10 为字幕设置动画时，要确保文字在失选状态下。在右侧的背景属性上，将字幕类型设置为"爬动（从右）"，如图10-57所示。

图10-57

11 设置完成后，单击"保存"按钮，退出字幕窗口。然后单击"播放"按钮，预览制作字幕阴影后的视频画面效果，如图10-58所示。

图10-58

201

10.3 字幕混合滤镜

EDIUS Pro 7系统提供了10大类共计38种字幕混合滤镜的预设，如图10-59所示。这些字幕混合滤镜用来完成字幕的入场或出场动画。

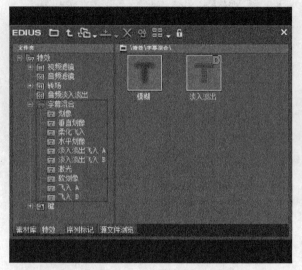

图10-59

10.3.1 字幕混合

字幕混合滤镜只能应用到"T"字幕轨上，应用时在"特效"面板中直接将选定的字幕混合滤镜拖曳到字幕素材的MIX灰色区域即可，如图10-60所示。将鼠标靠近字幕混合，光标的形状会改变，拖曳鼠标调节其长度，即可控制混合特效的时间长度，如图10-61所示。

图10-60

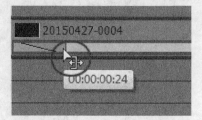

图10-61

技巧与提示

虽然字幕混合只能运用在"T"字幕轨上，但并不意味着这些滤镜只能被应用在字幕素材上。在EDIUS Pro 7中，视频或者图片素材也可以放置在"T"字幕轨上，字幕混合滤镜同样可以用于这些素材上。

10.3.2 滤镜说明

在特效面板中的"特效>字幕混合"选项中有"模糊"和"淡入淡出"两个滤镜，如图10-62所示。

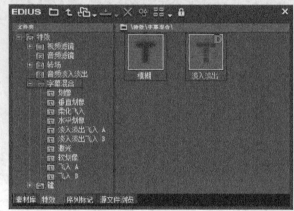

图10-62

字幕混合参数介绍

- 模糊：字幕由模糊到清晰出现，如图10-63所示。

图10-63

- **淡入淡出**：系统默认的字幕转场滤镜。字幕在入场时其可见度从0%～100%，如图10-64所示；在出场时其可见度从100%～0%。

图10-64

1.划像

在"特效>字幕混合"选项中，选择"划像"混合模式，在其子层级中共包含4种划像方式，分别为"向上划像""向下划像""向右划像"和"向左划像"，如图10-65所示。将"向上划像"方式拖曳至字幕下方，会发现在字幕的开始和结束的位置分别出现了划像的效果，如图10-66所示。

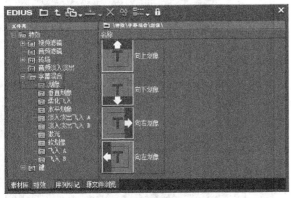

图10-65

图10-66

划像模式参数介绍

- **向上划像**：指字幕从下往上慢慢显示，等到播放结束的时候，再从下往上慢慢消失。开始位置效果如图10-67所示。结束位置效果如图10-68所示。

图10-67

图10-69

图10-68

■ **向下划像**：与"向上划像"相反，指字幕从上往下慢慢显示和消失的运动效果。开始位置的效果如图10-69所示。结束位置的效果如图10-70所示。

图10-70

■ **向右划像：**指字幕从左向右慢慢显示和消失的运动效果。开始位置的效果如图10-71所示。结束位置的效果如图10-72所示。

图10-71

图10-72

■ **向左划像：**指字幕从右向左慢慢显示和消失的运动效果。开始位置的效果如图10-73所示。结束位置的效果如图10-74所示。

图10-74

2.垂直划像

在"特效>字幕混合"选项中，选择"垂直划像"混合模式，在其子层级中共包含2种划像方式，分别为"垂直划像[中心—>边缘]"和"垂直划像[边缘—>中心]"，如图10-75所示。将"垂直划像[中心—>边缘]"方式拖曳至字幕下方，会发现在字幕的开始和结束的位置分别出现了划像的效果，如图10-76所示。

图10-73

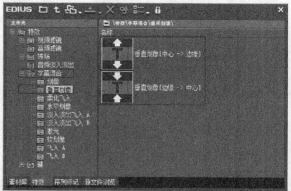

图10-75

图10-76

垂直划像模式参数介绍

- **垂直划像[中心–>边缘]**：该运动方式是指以垂

直运动的方式使字幕从中心到边缘慢慢地显示和消失。开始位置的效果如图10-77所示。结束位置的效果如图10-78所示。

图10-77

图10-78

- 垂直划像【边缘->中心】：该运动方式是指以垂直运动的方式使字幕从边缘到中心慢慢地显示和消失。开始位置的效果如图10-79所示。结束位置的效果如图10-80所示。

图10-79

图10-80

3.柔化飞入

"柔化飞入"运动效果与"划像"的运动效果

基本相同，不同之处在于"柔化飞入"运动效果在边缘做了柔化处理。在"特效>字幕混合"选项中，选择"柔化飞入"混合模式，在其子层级中共包含4种"软划像"方式，分别为"向上软划像""向下软划像""向右软划像"和"向左软划像"，如图10-81所示。

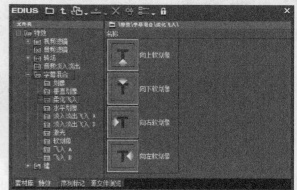

图10-81

柔化飞入模式参数介绍

- 向上软划像：指字幕从下向上慢慢运动并显示的效果，边缘带有柔化过渡，开始效果如图10-82所示。

图10-82

■ **向下软划像：**指字幕从上向下慢慢运动并显示的效果，边缘带有柔化过渡，开始效果如图10-83所示。

图10-83

■ **向右软划像：**指字幕从左向右慢慢运动并显示字幕的效果，边缘带有柔化过渡，开始效果如图10-84所示。

图10-84

■ **向左软划像：**指字幕从右向左慢慢运动并显示字幕的效果，边缘带有柔化过渡，开始效果如图10-85所示。

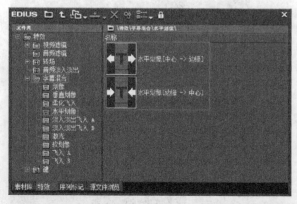

图10-85

4.水平划像

"水平划像"运动效果与"垂直划像"的运动效果基本相同,不同之处在于后者的运动方向是垂直方向,而该运动效果则属于水平方向。在"特效>字幕混合"选项中,选择"水平划像"混合模式,在其子层级中共包含2种软划像方式,分别为"水平划像[中心—>边缘]"和"水平划像[边缘—>中心]",如图10-86所示。

图10-87

以水平运动的方式使字幕从中心到边缘慢慢地显示和消失,开始效果如图10-87所示。

- 水平划像【边缘–>中心】:该运动方式是指以水平运动的方式使字幕从边缘到中心慢慢地显示和消失,开始效果如图10-88所示。

图10-86

水平划像模式参数介绍

- 水平划像【中心–>边缘】:该运动方式是指

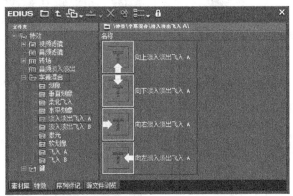

图10-88

5.淡入淡出飞入A

"淡入淡出飞入"是指字幕以淡入淡出的方式消失和显示的运动效果。在"特效>字幕混合"选项中，选择"淡入淡出飞入A"混合模式，在其子层级中共包含4种淡入淡出飞入方式，分别为"向上淡入淡出飞入A""向下淡入淡出飞入A""向右淡入淡出飞入A"和"向左淡入淡出飞入A"，如图10-89所示。

图10-89

淡入淡出飞入A参数介绍

▪ **向上淡入淡出飞入A**：指字幕从下向上通过

淡入淡出的方式显示和消失的效果，开始效果如图10-90所示。

图10-90

▪ **向下淡入淡出飞入A**：指字幕从上向下通过淡入淡出的方式显示和消失的效果，开始效果如图10-91所示。

图10-92

■ 向左淡入淡出飞入A：指字幕从右向左通过淡入淡出的方式显示和消失的效果，开始效果如图10-93所示。

图10-91

■ 向右淡入淡出飞入A：指字幕从左向右通过淡入淡出的方式显示和消失的效果，开始效果如图10-92所示。

图10-93

6.淡入淡出飞入B

在"特效>字幕混合"选项中，选择"淡入淡出飞入B"混合模式，在其子层级中共包含4种淡入淡出划像方式，分别为"向上淡入淡出划像B""向下淡入淡出划像B""向右淡入淡出划像B"和"向左淡入淡出划像B"，如图10-94所示。

图10-94

淡入淡出飞入B参数介绍

■ **向上淡入淡出划像B**：指字幕从下向上通过淡入淡出的方式溶解飞入区域并伴随划像方式显示和消失的效果，开始效果如图10-95所示。

图10-95

■ **向下淡入淡出划像B**：指字幕从上向下通过淡入淡出的方式溶解飞入区域并伴随划像方式显示和消失的效果，如图10-96所示。

图10-96

■ **向右淡入淡出划像B：**指字幕从左向右通过淡入淡出的方式溶解飞入区域并伴随划像方式显示和消失的效果，开始效果如图10-97所示。

图10-97

■ **向左淡入淡出划像B：**指字幕从右向左通过淡入淡出的方式溶解飞入区域并伴随划像方式显示和消失的效果，开始效果如图10-98所示。

图10-98

7.激光

"激光"运动效果是指字幕以激光反射的方式显示和消失的运动效果。在"特效>字幕混合"选项中，选择"激光"混合模式，在其子层级中共包含4种激光效果，分别为"上面激光""下面激光""右面激光"和"左面激光"，如图10-99所示。

图10-99

激光模式参数介绍

■ **上面激光：**指从上面发射激光形成字幕的运动效果，如图10-100所示。

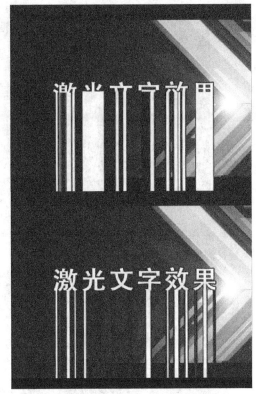

图10-101

■ **右面激光**：指从右面发射激光形成字幕的运动效果，如图10-102所示。

图10-100

■ **下面激光**：指从下面发射激光形成字幕的运动效果，如图10-101所示。

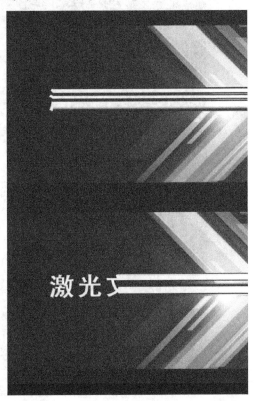

图10-102

■ **左面激光**：指从左面发射激光形成字幕的运
动效果，如图10-103所示。

图10-103

8.软划像

在"特效>字幕混合"选项中，选择"软划像"
混合模式，在其子层级中共包含4种软划像效果，分
别为"向上软划像""向下软划像""向右软划像"
和"向左软划像"，如图10-104所示。"软划像"运
动效果与划像效果比较接近，不同之处在于前者的边
缘部分加入了柔化的过渡效果。在此例举"向上软划
像"，如图10-105所示。

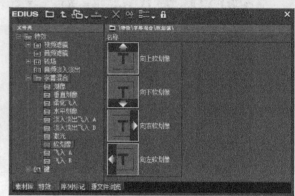

图10-104

图10-105

9.飞入 A

在"特效>字幕混合"选项中，选择"飞入A"混合模式，在其子层级中共包含4种飞入效果，分别为"向上飞入A""向下飞入A""向右飞入A"和"向左飞入A"，如图10-106所示。"飞入A"运动效果与"淡入淡出飞入A"运动效果比较相似，不同之处在于该运动效果只具备飞入的运动效果。在此例举"向上飞入A"，如图10-107所示。

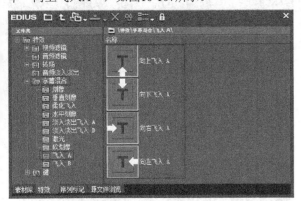

图10-106

图10-107

10.飞入 B

在"特效>字幕混合"选项中，选择"飞入B"混合模式，在其子层级中共包含4种飞入效果，分别为"向上飞入B""向下飞入B""向右飞入B"和"向左飞入B"，如图10-108所示。这里例举"向上飞入B"的效果，如图10-109所示。

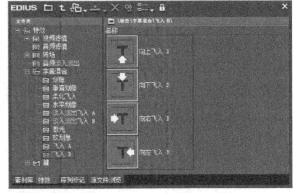

图10-108

"飞入B"运动效果与"淡入淡出飞入B"运动效果比较相似，不同之处在于该运动效果只具备飞入的运动效果。

图10-109

10.4 综合实战

素材位置	实例文件>CH07>综合实战:城市风光
实例位置	实例文件>CH07>综合实战:城市风光.ezp
视频位置	多媒体教学>CH07>综合实战:城市风光.flv
难易指数	★★★☆☆
技术掌握	转场、字幕混合滤镜的综合运用

本例使用"卷页转场、四页转场、圆形转场和条纹转场"等转场以及"向右淡入淡出飞入A"滤镜、"垂直划像【中心—>边缘】"滤镜和"激光"滤镜等来完成画面的转场和字幕滤镜效果。通过本例的学习,读者可以掌握转场和字幕滤镜的使用方法,如图10-110所示。

图10-110

10.4.1 项目创建

01 在桌面上左键双击EDIUS快捷图标，启动EDIUS Pro 7程序,然后在"初始化工程"对话框中

单击"新建工程(N)"按钮,如图10-111所示。

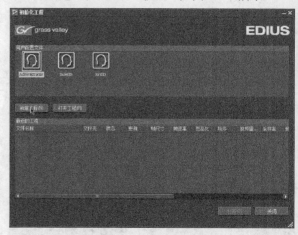

图10-111

02 在"工程设置"对话框中,设置"工程名称(N)"为"城市风光",然后勾选"自定义(C)"选项后,接着单击"确定"按钮,如图10-112所示。

图10-112

03 在"视频预设"中选择"SD PAL 720×576 25p 4:3",然后设置"帧尺寸"为"720×405"、"宽高比"为"显示宽高比16:9"、"渲染格式"为"Grass Valley HQ标准",接着单击"确定"按钮,如图10-113所示。

图10-113

04 单击"素材库"面板按钮栏上"添加素材"按钮，导入需要剪辑的素材，如图10-114所示。

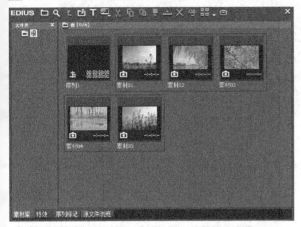

图10-114

05 将"素材库"中的5段素材添加到时间线中，如图10-115所示。

图10-115

10.4.2 转场的添加

1.卷页转场

切换到"特效"面板，然后将"3D"转场文件夹中的"卷页"滤镜拖曳到时间线中的"素材02"和"素材04"之间，如图10-116所示。转场画面的预览如图10-117所示。

图10-116

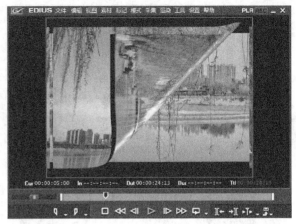

图10-117

2.四页转场

将"3D"转场文件夹中的"四页"转场拖曳到时间线中的"素材04"和"素材03"之间，如图10-118所示。转场画面的预览效果如图10-119所示。

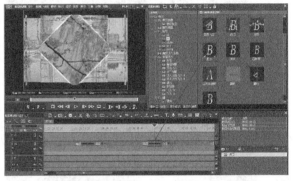

图10-118

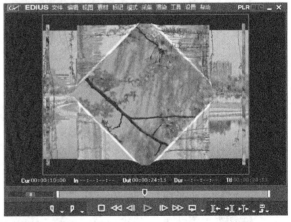

图10-119

3.圆形转场

将"2D"转场文件夹中的"圆形"转场拖曳到时间线中的"素材03"和"素材01"之间，如图10-120所示。画面的预览效果如图10-121所示。

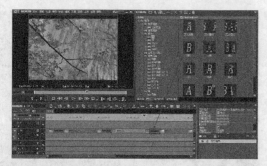

图10-120

图10-121

4.条纹转场

将"2D"转场文件夹中的"条纹"转场拖曳到时间线中的"素材01"和"素材05"之间,如图10-122所示。画面的预览效果如图10-123所示。

图10-122

图10-123

10.4.3 字幕的创建和字幕混合滤镜的应用

1."向右淡入淡出飞入"A滤镜

01 在时间线工具栏上单击"创建字幕"按钮T，然后在弹出的下拉列表中选择"在T1轨道上创建字幕"，打开Quick Titler窗口，如图10-124和10-125所示。

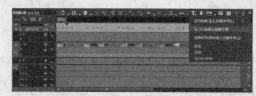

图10-124

图10-125

02 在"字幕"对话框中，输入"洛水春色"文字；然后设置文字的"字距"为20、"字体"为黑体、"字号"为35、"填充颜色"为绿色（R:3，G:97，B:1），如图10-126所示。接着勾选"边缘"选项，设置"实边宽度"为2、"颜色"为纯白色，如图10-127所示。

图10-126

图10-127

03 设置完毕后，关闭字幕对话框，保存字幕即可。此时将素材库中的字幕名称更改为"洛水春色"。然后将该字幕拖曳至1T轨道上，与画面"素材02"保持同步，如图10-128所示。

图10-128

04 切换至"特效"面板，选择"字幕混合>淡入淡出飞入A"选项，然后将"向右淡入淡出飞入A"滤镜拖曳至"洛水春色"字幕的起始位置，再将"淡入淡出"滤镜拖曳至该字幕的结束位置，如图10-129所示。

图10-129

05 该字幕的混合滤镜设置结束后，预览字幕起始位置效果，如图10-130所示。

图10-130

2. "垂直划像【中心—>边缘】"滤镜

01 按照与上一个步骤同样的方法创建第二个画面字幕"杨柳茵茵"。然后设置"字距"为20、"字体"为"黑体"、"字号"为35，接着在"填充颜色"选项中，设置"颜色"的数量为4，颜色按照画面所示颜色进行填充，如图10-131所示。

图10-131

02 在边缘选项中，设置"实边宽度"的值为2、边缘的"颜色"为白色，然后在阴影选项中，设置阴影"颜色"为黑色、"横向"的值为3、"纵向"的值为3，如图10-132所示。

图10-132

03 字幕设置完成后，关闭字幕对话框，单击"保存"
按钮。然后在素材库面板中将刚才创建的字幕重新命
名为"杨柳茵茵"，并将其拖曳至1T轨道上，与画面
"素材04"时间长度保持一致。接着进入"特效"面
板，在"字幕混合>垂直划像"选项中，将"垂直划像
[中心—>边缘]"滤镜拖曳至该字幕起始位置，在结束
位置添加"淡入淡出"滤镜，如图10-133所示。

图10-133

04 该字幕的混合滤镜设置结束后，预览字幕起始位
置效果，如图10-134所示。

图10-134

3."右面激光"滤镜

01 按照以上创建字幕的方法，创建第三个字幕"花
儿盛开"。在字距、字体和字号设置上都与上面字幕保
持一致，然后在填充颜色上，设置"颜色"为5，"填充
颜色"效果如图10-135所示。接着在"边缘"和"阴影"
选项设置中，与上面两个字幕保持一致，如图10-136
所示。

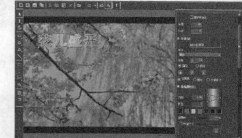

图10-135

图10-136

02 将创建的字幕"花儿盛开"拖曳至1T轨道上，与画面"素材03"长度保持一致。然后进入"特效"面板，将"字幕混合>激光"滤镜中的"右面激光"滤镜拖曳至该字幕起始位置，接着将"字幕混合>淡入淡出飞入A"选项中的"向右淡入淡出飞入A"滤镜拖曳至该字幕结束位置，如图10-137所示。

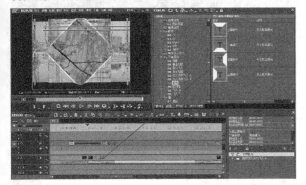

图10-137

03 字幕设置完成之后，预览画面效果。起始位置效果如图10-138所示，结束位置预览效果如图10-139所示。

图10-138

图10-139

4. "上面激光"滤镜

01 继续创建最后一个字幕"阳光明媚"，创建方法与上面创建字幕的方法相似，在此不再赘述。

02 字幕创建完毕，将其拖曳至1T轨道上，与画面"素材01"和"素材05"保持一致。然后进入"字幕混合>激光"选项，将"上面激光"滤镜拖曳至该字幕的起始位置，如图10-140所示。

图10-140

03 字幕滤镜设置好之后，画面预览效果如图10-141所示。

图10-141

10.4.4 成片输出

01 执行"文件>输出（E）>输出到文件（F）"菜单命令，将该项目输出，如图10-142所示。

图10-142

02 在弹出的"输出到文件"对话框中，选择列表窗口中的"H.264/AVC"，然后选择右边列表中的"H.264/AVC"项，接着单击"输出"按钮，如图10-143所示。

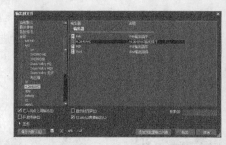

图10-143

03 在"H.264/AVC"对话框中，设置视频输出的路径和名称，然后修改"画质"为"常规"，接着单击"保存（S）"按钮，EDIUS Pro 7进入数字视频文件的渲染状态，如图10-144和10-145所示。

图10-144

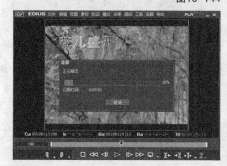

图10-145

04 使用QuickTime播放器观看输出的数字视频文件，如图10-146所示。

图10-146

EDIUS

第 11 章

音频音效制作

在影视作品中，音频是不可或缺的重要元素，也是一部影片的灵魂。在影视后期制作的过程中，音频的处理至关重要。如果配乐在影片中运用合适，会使影片的高度得到提升，给观众带来耳目一新的感觉。恰到好处的配乐会给影片起到的锦上添花的作用，更能增强影片的感染力。

本章学习要点：

调音台的控制

声音的录制

音频滤镜

声道映射

综合实战

11.1 调音台的控制

调音台的控制主要包括音量控制、左右声道调节、音频淡入淡出等几个方面。

11.1.1 音量控制

在使用EDIUS Pro 7软件制作影片的过程中，当觉得音量不够大时，我们可以对音量进行控制和调节。在时间线面板中单击"声相"按钮 PAN，该按钮就能在"声相"和"音量"之间切换。图11-1和图11-2所示。

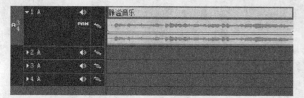

图11-1

图11-2

音频的波形文件默认有起始和结束两个调节点，可以选中起始点，拖动其位置。如将其拖动到最高点，然后对音频进行播放，会发现音量变大，如图11-3所示。

图11-3

如果将起始位置的调节点往下拖动，将结束位置的调节点向上拖动，然后对其进行播放，会发现音量由最低变为最高，如图11-4所示。

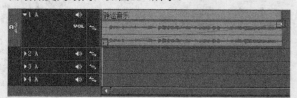

图11-4

在线上单击，可以增加调节点，再次单击，可以继续增加。通过这种方式，可以轻松地制作淡入淡出的效果，如图11-5所示。

图11-5

当不需要这些调节点的时候，选中调节点，执行"单击鼠标右键>添加/删除"命令，或者选中该调节点，按键盘上的"Delete"键删除即可，如图11-6所示。

图11-6

对音频文件调整之后，若要恢复到原始的音量状态，在"VOL"状态下，选中红色的线，执行"单击鼠标右键>初始化所有"命令，就会恢复到原始的音量，如图11-7所示。

图11-7

11.1.2 左右声道调节

在视频制作中，我们经常会遇到左右声道的问题。下面介绍下EDIUS Pro 7软件的5种调节音频左右声道的方法。

1.使用音频轨道的PAN声相调节线

单击音频轨道上的"A"字样左侧的小三角展开轨道，选择"PAN"声相控制，这时蓝线在中央，表示声道平衡。按住"Alt"键将其蓝线移到顶端，即只使用左声道；按住"Alt"键将其蓝线移到底端，即只使用右声道，如图11-8所示。

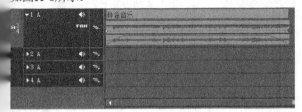

图11-8

2.使用滤镜调节左右声道

选择"特效>音频滤镜>音量电位与均衡"选项，将该特效添加到音频素材上，如图11-9所示。此时信息栏会显示滤镜的名称，然后单击该滤镜并进行设置，可以在"音量电位与均衡"对话框中修改音频的左右通道、增益和平衡等，如图11-10所示。

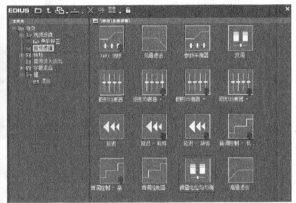

图11-9

图11-10

3.轨道声道映射

当工程设置的是双声道时，在音频轨道上的"A"字样右边区域单击左键，选择单声道1和单声道2。此时只有单声道1和单声道2可以使用，我们把素材库里的音频素材拖曳到音频轨道上时，它会自动划分出左右声道。

4.通道映射工具

选择"序列"，执行"单击鼠标右键>序列设置>通道映射"命令，打开"音频通道映射"的对话框。在其中可以看到纵坐标表示工程中所有的音频轨道，每个轨道又分为1和2，表示每个轨道都分为左声道和右声道；横坐标表示输出的声道，"CH""1"代表左声道，"CH""2"代表的右声道，可以通过勾选来决定原音频与输出音频的映射关系，如图11-11和图11-12所示。

图11-11

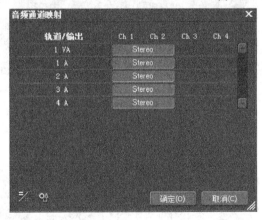

图11-12

5.素材属性设置

在素材库里或轨道上对素材单击鼠标右键，然后选择"属性"，这时候会弹出"素材属性"对话框。单击"音频信息"选项，在"通道设置"中可以对音频的左右声道进行设置，如图11-13所示。

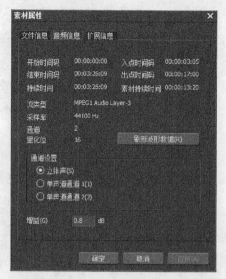

图11-13

11.1.3 音频淡入淡出

"音频淡入淡出"主要被用来创建时间线上两段音频素材之间的过渡,在"特效"面板的"特效>音频淡入淡出"选项中,可以找到7种音频淡入淡出方式,如图11-14所示。

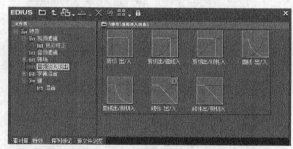

图11-14

音频淡入淡出是音频的转场,所以它的用法与同轨道普通转场一致,将选定的音频淡入淡出方式直接拖曳到两段音频素材的交接处即可,如图11-15所示。

图11-15

淡入淡出参数介绍

■ **剪切出/入**:两段音频直接混合在一起,效果比较"生硬"(下列图片只是例图,并不代表真实的屏幕截图),如图11-16所示。

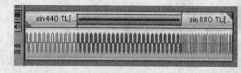

图11-16

■ **剪切出/曲线入**:前一段音频以"硬切"方式结束后,后一段音频以曲线方式音量渐起,如图11-17所示。

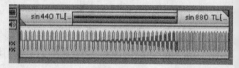

图11-17

■ **剪切出/线性入**:前一段音频以"硬切"方式结束,后一段音频以线性方式音量渐起,如图11-18所示。

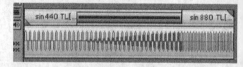

图11-18

■ **曲线出/剪切入**:前一段音频以曲线方式音量渐出,后一段音频以"硬切"方式开始,如图11-19所示。

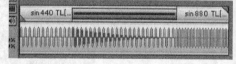

图11-19

■ **曲线出/入**:两段音频以曲线方式渐入和渐出,效果较为柔和,但是中间部分总体音量会降低,如图11-20所示。

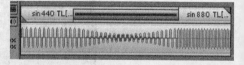

图11-20

■ **线性出/剪切入**:前一段音频以线性方式音量渐出,后一段音频以"硬切"方式开始,如图11-21所示。

图11-21

■ **线性出/入**：两段音频以线性方式渐入和渐出，效果较为柔和，但是中间部分总体音量会降低，如图11-22所示。

图11-22

实战：调音台调整音频音量

素材位置	实例文件>CH11>实战：调音台调整音频音量
实例位置	实例文件>CH11>实战：调音台调整音频音量.ezp
视频位置	多媒体教学>CH11>实战：调音台调整音频音量.flv
难易指数	★★☆☆☆
技术掌握	调音台的设置

01 使用EDIUS Pro 7打开光盘中的"实战：调音台调整音频音量.ezp"文件，如图10-23所示。

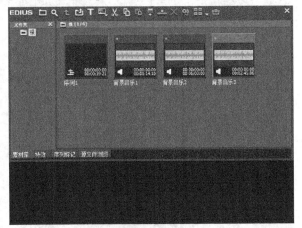

图11-23

02 将素材库中的三段音乐分别放置在1A轨道、2A轨道和3A轨道中，如图10-24所示。

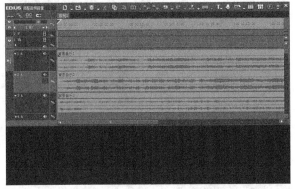

图11-24

03 单击轨道面板上方的"切换调音台显示"按钮 ▥ ，打开"调音台（峰值计）"对话框，如图11-25所示。

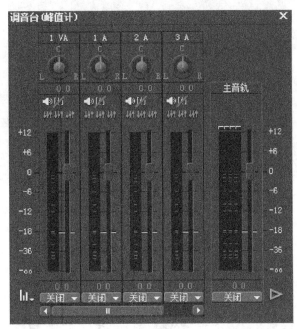

图11-25

04 单击该对话框右下角的"播放"按钮▶，试听3个轨道中音频的声音大小。此时可以看到3个轨道中的音量显示了不同程度的起伏变化，如图11-26所示。

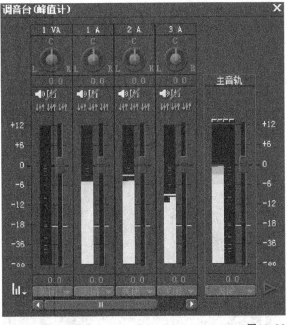

图11-26

05 在"调音台（峰值计）"对话框中，可以看到1A和2A轨道中的音量偏大，因此需要对此调整。单击1A轨道下面的"关闭"按钮，然后在弹出的列表中选择"轨道"选项，如图11-27所示。

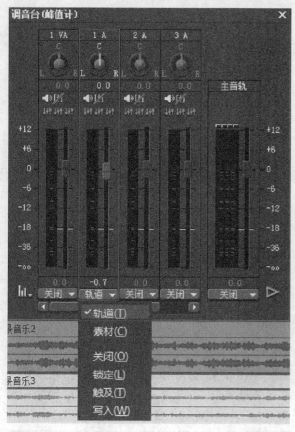

图11-27

06 此时该轨道中的滑块处于可用状态，将滑块向下拖曳，将1A轨道的数值设置为-6.7，如图11-28所示。

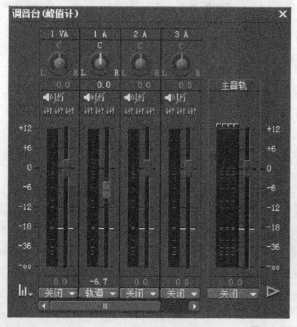

图11-28

07 按照上面的方法调整2A轨道和3A轨道的音量，将2A轨道的音量调整至-4.2，将3A轨道的音量调整至-1.6，如图11-29和11-30所示。

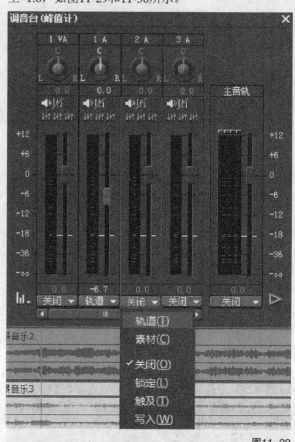

图11-29

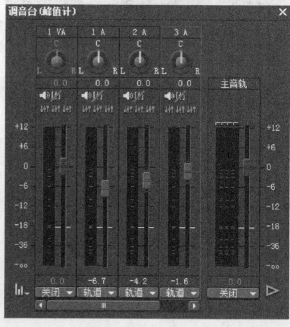

图11-30

08 最后提升主音频轨道的数值,将其调整至3.5,如图11-31所示。

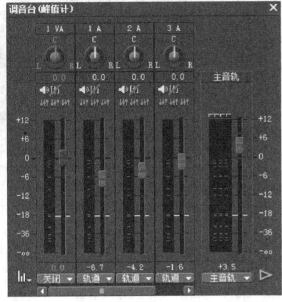

图11-31

09 至此,完成各轨道中音频音量的调整,效果如图11-32所示。

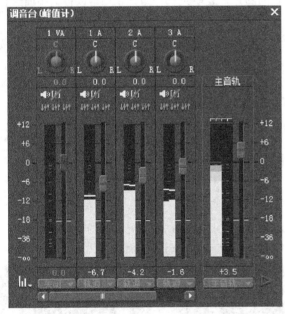

图11-32

实战: 音频调节线调整音量	
素材位置	实例文件>CH11>实战: 音频调节线调整音量
实例位置	实例文件>CH11>实战: 音频调节线调整音量.ezp
视频位置	多媒体教学>CH11>实战: 音频调节线调整音量.flv
难易指数	★★☆☆☆
技术掌握	音频调节线的操作

01 使用EDIUS Pro 7打开光盘中的"实战: 音频调节线调整音量.ezp"文件,将"背景音乐1"添加到1A轨道中,如图10-33所示。

图11-33

02 单击1A轨道中的"音量/音相"按钮，进入VOL音量控制状态,如图11-34所示。

图11-34

03 此时,音频线中出现了红色线。在音频线上添加一个关键帧,同时将开始位置的关键帧向下拖曳,使音频在起始位置产生淡入的效果,如图11-35所示。

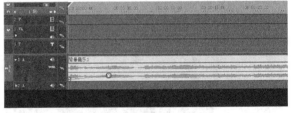

图11-35

04 将时间线拖动到音频结尾的位置,在合适的位置单击,同时向下拖曳结束位置关键帧,使音乐在结束时产生淡出的效果,如图11-36所示。

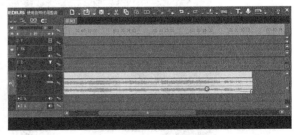

图11-36

05 在1A轨道面板上单击"音量"按钮，切换至PAN声相控制状态,音频线中显示一条蓝色线,如图11-37所示。

图11-37

06 在蓝色音频线的起始和结束位置分别单击增加关键帧，采用和上面一致的方法添加淡入淡出的音频效果，如图11-38所示。

图11-38

11.2 声音的录制

当需要在EDIUS Pro 7中进行录音时，单击时间线面板中的"切换同步录音工具"按钮🎤，就可以打开"同步录音"的对话框，如图11-39所示。另外，也可以采用专业的录音软件进行录音。把声音录制好之后，将完成后的音频导入EDIUS软件，然后打开素材库，找到音频文件，将音频素材导入素材库面板，如图11-40所示。

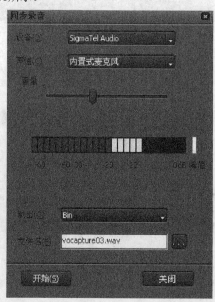

图11-39

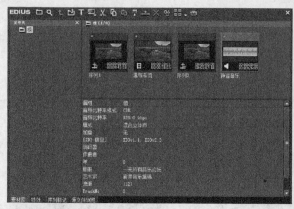

图11-40

录音的过程和步骤如下。

第1步：单击"切换同步录音工具"按钮，打开"同步录音"对话框。

第2步：当录音完毕后，可以在"同步录音"对话框中设置音频的保存路径，或者直接放入素材库，或者直接放入轨道，并对录音的文件进行命名。

第3步：当所有设置都完成后，我们就可以开始录音。单击"开始（S）"按钮，在合成窗口出现红色的圆点，表明录音开始。我们可以根据画面进行录音。

第4步：当录音完毕，单击画面中的"结束"按钮，就会出现"是否使用此波形文件"的对话框，如果对录音比较满意，就单击"是"按钮；如果不满意，就单击"否"按钮。

实战：设置录音属性

素材位置	实例文件>CH11>实战：设置录音属性
实例位置	实例文件>CH11>实战：设置录音属性.ezp
视频位置	多媒体教学>CH11>实战：设置录音属性.flv
难易指数	★★☆☆☆
技术掌握	录音属性的设置

01 使用EDIUS Pro 7打开光盘中的"实战：设置录音属性.ezp"文件，如图11-41所示。

图11-41

02 在轨道面板中，单击"切换同步录音显示"按钮 🎤，弹出"同步录音"对话框，如图11-42所示。

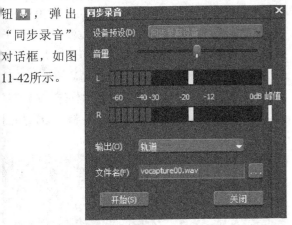

03 在"同步录音"对话框中，在下侧的"文件名"选项中输入声音文件的保存名称，如图11-43所示。

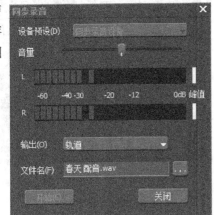

图11-43

04 单击文件名右侧的"路径"按钮，设置录音的保存位置。然后在弹出"浏览文件夹"对话框中，选择声音文件的保存位置，接着单击"确定"按钮，如图11-44所示。

图11-44

05 设置完成后，返回"同步录音"对话框，将"音量滑块"向右拖动，将声音文件的音量调大，如图11-45所示。

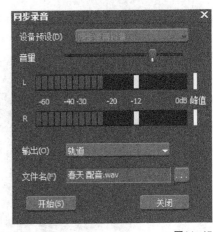

图11-45

实战：录制声音放置在素材库

素材位置	实例文件>CH11>实战：录制声音放置在素材库
实例位置	实例文件>CH11>实战：录制声音放置在素材库.ezp
视频位置	多媒体教学>CH11>实战：录制声音放置在素材库.flv
难易指数	★★☆☆☆
技术掌握	录音的方法

01 使用EDIUS Pro 7打开光盘中的"实战：录制声音放置在素材库.ezp"文件，如图11-46所示。

图11-46

02 在轨道面板中，单击"切换同步录音显示"按钮 🎤，然后在弹出"同步录音"对话框中单击"输出"选项，接着在下拉列表中选择"素材库"选项，如图11-47所示。

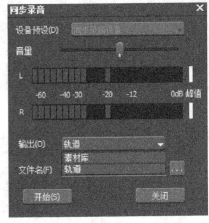

图11-47

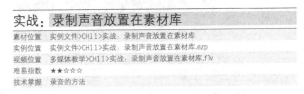

03 单击左下角的"开始"按钮即可开始录制声音,录音完毕单击"结束"按钮,完成声音录制,如图11-48所示。

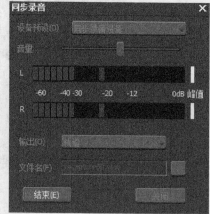

图11-48

04 单击"结束"按钮后,弹出信息提示框,提示是否保存刚才录制的波形文件,单击"是"按钮即可。此时录制的声音已经存放在素材库中,如图11-49所示。接着关闭"同步录音"对话框,可将素材库中的声音拖曳至声音轨道上进行剪辑,如图11-50所示。

图11-49

图11-50

11.3 音频滤镜

在现代影视制作中,声音的组合形式以及声音的艺术处理都相当重要。在影视节目中的音效处理和镜头处理相同,都要依照蒙太奇的叙述方式展开。

"音频滤镜"主要针对时间线中音频轨道中的素材进行特效控制。"音频滤镜"在菜单栏中的"特效>音频滤镜"选项中,包括"低通滤波""参数平衡器""变调""图形均衡器""延迟""音频控制器""音量电位与均衡"和"高通滤波"等滤镜特效。利用音频滤镜特效可以增强或纠正音频特性并产生特殊效果,可以使单调的场景充满活力,如图11-51所示。

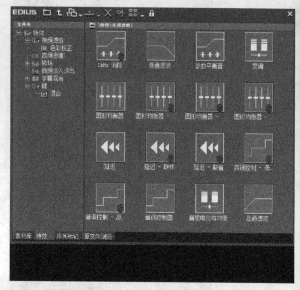

图11-51

音频滤镜参数介绍

- **低通/高通滤波**：过滤规则为低频/高频信号能正常通过,而超过设定界限的高频/低频信号则被阻隔或减弱。对该滤镜特效的参数进行相应调整,可以规定高/低音频的极限值,起到增强或削弱声音的作用,从而得到一个随时间推移不断从一种声音变换侧重点的效果,如图11-52和图11-53所示。

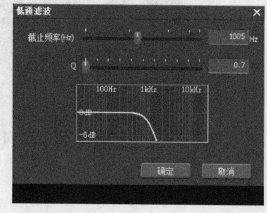

图11-52

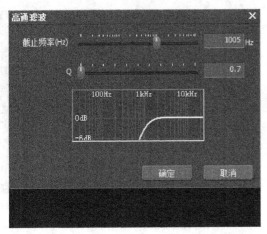

图11-53

■ **变调**：可以调节"音高"的百分比，也可以在转换音调的同时保持音频的播放速度，如图11-54所示。

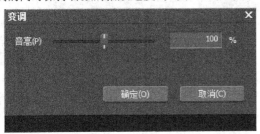

图11-54

■ **延迟**：可以调节"延迟时间""延迟增益""反馈增益"和"主音量"的参数。通过调节参数可以产生回声的效果，增加听觉上的空旷感，如图11-55所示。

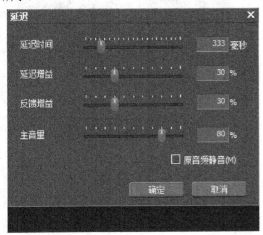

图11-55

■ **音量电位与均衡**：分别调节左右声道和各自的音量，在EDIUS Pro 7的音频处理中使用较为频繁，如图11-56所示。

■ **参数平衡器/图形均衡器/音调控制器**：这三种控制器都属于均衡器类的工具。参数均衡器可以将整个音频频率范围分为若干个频段，并对不同频率的声音信号进行不同调整，以达到补偿声音信号中欠缺频率成分和抑制过多频率成分的目的。三类控制器如图11-57~图11-59所示。

图11-56

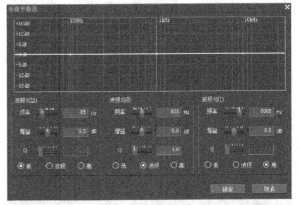

图11-57

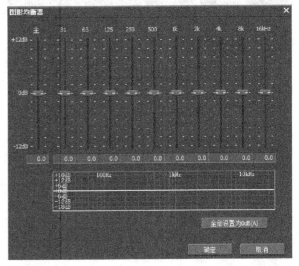

图11-58

235

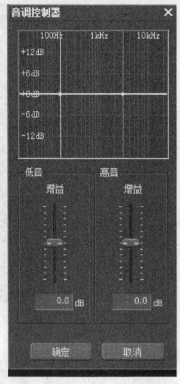

图11-59

实战：低通滤波声音特效

素材位置	实例文件>CH11>实战：低通滤波声音特效
实例位置	实例文件>CH11>实战：低通滤波声音特效.ezp
视频位置	多媒体教学>CH11>实战：低通滤波声音特效.flv
难易指数	★★☆☆☆
技术掌握	滤镜的使用方法

01 使用EDIUS Pro 7打开光盘中的"实战：低通滤波声音特效.ezp"文件，如图11-60所示。

图11-60

02 切换至"特效"面板，选择"音频滤镜"，将"低通滤波"滤镜拖曳至1A轨道上的"配乐"文件上，如图11-61所示。

图11-61

03 添加过音频滤镜后，会发现音频文件的波形上出现了一条红色的线条，如图11-62所示。

图11-62

04 单击右下侧的"信息"面板，开启"低通滤波"对话框，然后设置"截止频率"为3 200Hz、"Q"为1.2，接着单击"确定"按钮，"低通滤波"声音特效制作完成，如图11-63所示。

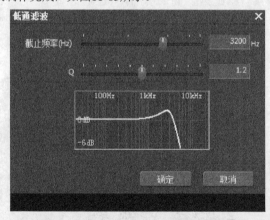

图11-63

实战：参数平衡器声音特效

素材位置	实例文件>CH11>实战：参数平衡器声音特效
实例位置	实例文件>CH11>实战：参数平衡器声音特效.ezp
视频位置	多媒体教学>CH11>实战：参数平衡器声音特效.flv
难易指数	★★☆☆☆
技术掌握	滤镜的使用方法

01 使用EDIUS Pro 7打开光盘中的"实战：参数平衡器声音特效.ezp"文件，如图11-64所示。

图11-64

02 切换至"特效"面板，选择"音频滤镜"，然后将"参数平衡器"滤镜拖曳至1A轨道上的"配乐"文件上，如图11-65所示。

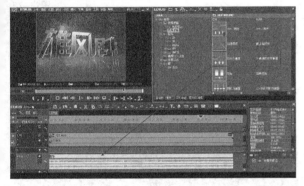

图11-65

03 单击右下侧的"信息"面板，开启"参数平衡器"对话框；然后设置"波段1（蓝）"中"频率"为90HZ、"增益"为8dB，接着设置"波段2（绿）"中"频率"为900HZ、"增益"为-5dB，再设置"波段3（红）"中"频率"为9 000HZ，"增益"为9dB；最后单击"确定"按钮，"参数平衡器"声音特效制作完成，如图11-66所示。

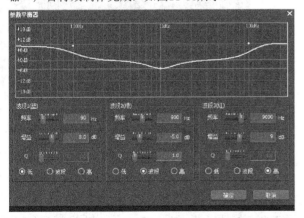

图11-66

实战：变调声音特效

素材位置	实例文件>CH11>实战：变调声音特效
实例位置	实例文件>CH11>实战：变调声音特效.ezp
视频位置	多媒体教学>CH11>实战：变调声音特效.flv
难易指数	★★☆☆☆
技术掌握	滤镜的使用方法

01 使用EDIUS Pro 7打开光盘中的"实战：变调声音特效.ezp"文件，如图11-67所示。

图11-67

02 切换至"特效"面板，选择"音频滤镜"，然后将"变调"滤镜拖曳至1A轨道上的"配乐"文件上，如图11-68所示。

图11-68

03 单击右下侧的"信息"面板，开启"变调"对话框，然后设置"音高（P）"为122%，接着单击"确定"按钮，完成变调滤镜的使用，如图11-69所示。

图11-69

实战：延迟声音特效

素材位置	实例文件>CH11>实战：延迟声音特效
实例位置	实例文件>CH11>实战：延迟声音特效.ezp
视频位置	多媒体教学>CH11>实战：延迟声音特效.flv
难易指数	★★☆☆☆
技术掌握	滤镜的使用方法

01 使用EDIUS Pro 7打开光盘中的"实战：延迟声音特效.ezp"文件，如图11-70所示。

图11-70

02 切换至"特效"面板，选择"音频滤镜"，然后将"延迟"滤镜拖曳至1A轨道上的"配乐"文件上，如图11-71所示。

图11-71

03 单击右下侧的"信息"面板，开启"延迟"对话框；然后设置"延迟时间"为800毫秒、"延迟增益"为35%、"反馈增益"为42%、"主音量"为70%；接着单击"确定"按钮，完成延迟滤镜的使用，如图11-72所示。

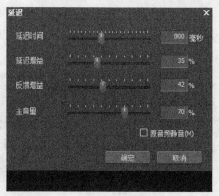

图11-72

11.4 声道映射

单击音频轨道的音频控制按键，切换到PAN声相控制。如果蓝线在中央即声道平衡，移到顶端即只使用左声道，移到底端即只使用右声道，如图11-73所示。

图11-73

11.4.1 使用滤镜

在"特效"面板中，选择"特效>音频滤镜>音量电位与均衡"选项，拖曳该滤镜到素材上，如图11-74和图11-75所示。

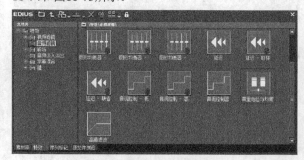

图11-74

图11-75

在"信息"面板中双击"音量电位与均衡"选项，打开该滤镜的设置面板，如图11-76所示。在面板中调整左、右通道，可以交换左、右声道；调整左、右通道的增益，

可以调节
左、右声
道的输出
音量；调
整左、右
通道的平
衡，可以调
节左、右
通道输出
时的声相
平衡。

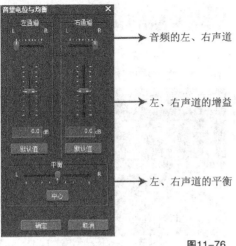

音频的左、右声道

左、右声道的增益

左、右声道的平衡

图11-76

11.4.2 声道映射工具

"声道映射工具"可以直观地进行音频声道的分离、交换、复制等操作，并为最后输出音频的左右声道设置标准。

与前面的方法比起来，"声道映射工具"更直观和强大。鼠标右键单击"序列"选项卡，选择"序列设置"选项，弹出"序列设置"对话框，单击"通道映射"，如图11-77和11-78所示。

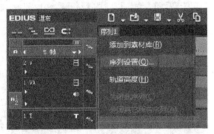

图11-77

图11-78

通过"声道映射工具"可以直观地进行音频声道的分离、交换和复制等，而且它可以最终控制声道输出的关系，即最后输出音频的左、右声道是以声道映射工具的设置为标准，如图11-79所示。

图11-79

11.5 综合实战

素材位置　实例文件>CH11>综合实战：5.1声道的制作
实例位置　实例文件>CH11>综合实战：5.1声道的制作.ezp
视频位置　多媒体教学>CH11>综合实战：5.1声道的制作.flv
难易指数　★★★☆☆
技术掌握　声道的设置方法

传统的双声道系统已经逐渐淡出，目前5.1声道音效处理系统是比较完美的影音解决方案。5.1声道已经广泛运用于各类传统影院和家庭影院中，一些比较知名的声音录制压缩格式大多是以5.1声音系统为技术蓝本的。

11.5.1 项目创建

01 在桌面上左键双击EDIUS快捷图标，启动EDIUS Pro 7程序，然后在"初始化工程"对话框中，接着单击"新建工程（N）"按钮，如图11-80所示。

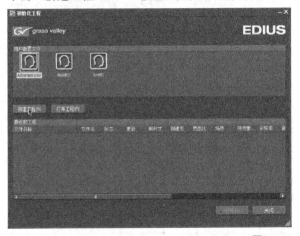

图11-80

02 在"工程设置"对话框中，设置"工程名称（N）"为"5.1声道的制作"，然后勾选"自定义"选项，接着单击"确定"按钮，如图11-81所示。

图11-81

03 在"视频预设"中选择"SD PAL 720×576 25p 4:3"，然后设置"帧尺寸"为"720×576"、

239

"宽高比"为"显示宽高比4:3"、"渲染格式"为"Grass Valley HQ标准",接着单击"确定"按钮,如图11-82所示。

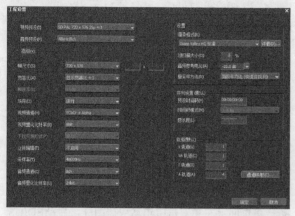

图11-82

11.5.2 声道设置

01 进入时间线面板,在时间线面板中的"序列"选项卡单击鼠标右键,然后在快捷菜单中选择"序列设置"选项,弹出"序列设置"对话框,如图11-83所示。

图11-83

02 单击"通道映射(C)"按钮,弹出"音频通道映射"对话框,然后在其中单击"更改显示方式"按钮并进行设置,如图11-84所示。

图11-84

03 单击"确定(O)"按钮,关闭"音频通道映射"对话框,完成声道设置。

11.5.3 成片输出

01 执行"文件>输出(E)>输出到文件(F)"菜单命令,将该项目输出,如图11-85所示。

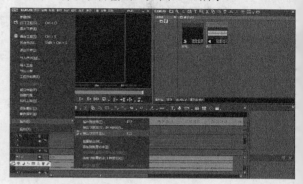

图11-85

02 在弹出的"输出到文件"对话框中,选择左侧的"音频"选项,然后在右侧选择"Dolby Digital(AC-3)5.1ch 640kbps"选项,取消勾选"以16bit/2声道输出"复选框,接着勾选"开启转换"复选框,如图11-86所示。

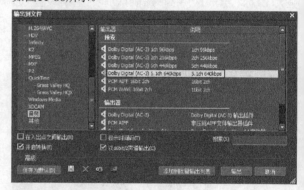

图11-86

03 单击"输出"按钮,将"文件名"命名为"5.1声道制作",然后指定路径,接着在"格式"下拉列表中选择"2channel>384kbps"选项,如图11-87所示。

图11-87

04 单击"保存(S)"按钮,完成5.1声道的制作。

EDIUS

第 12 章

视音频输出

项目制作完成后，就可以进行视音频的输出工作了。本章重点讲解输出到磁带、输出到文件以及批量输出和制作 DVD。

本章学习要点：

输出
制作 DVD
综合实战

12.1 输出

前面的章节详细讨论了素材的采集、输入、剪辑和特效制作等方面的内容，对于一个完整的视频创作流程来讲，最后所要做的就是将完成的工程文件输出到磁带、输出到文件或者刻录成DVD，如图12-1所示。

图12-1

12.1.1 输出菜单

在之前的章节中，我们已经使用输出功能生成了WMV文件和MOV文件，其实EDIUS Pro 7可以支持输出更多视频格式的文件。

在输出之前，在时间线上使用快捷键"I"和"O"设置入点和出点，预先定义输出范围。单击录制窗口右下角的"输出"按钮，在下拉列表中单击"输出到文件（F）"，或者使用在之前的章节案例中应用到的常规输出方法：选择菜单栏"文件>输出>输出到文件"。如图12-2和图12-3所示。

图12-2

图12-3

输出菜单参数介绍

- **默认输出器（输出到文件）**：可设置一个输出格式的快捷方式。
- **输出到磁带**：如果连接录像机，可以将时间线的内容实时录制到磁带上。
- **输出到磁带（显示时间码）**：与上两项作用相同，只是在输出的视频上显示有时间码。
- **输出到文件**：选择各式各样的编码方式，将输出一个视频文件。
- **批量输出**：管理文件批量输出列表。
- **刻录光盘**：有菜单操作可以刻录光盘（也可选择不刻录）。

1.设置默认输出器和预设

在默认状态下，输出菜单的"默认输出器（输出到文件）"处于灰色不可用状态。"默认输出器（输出到文件）"其实就是用户指定一个特定输出格式的快捷方式，只针对输出到文件和输出到显示时间码的文件。

单击录制窗口右下方的输出按钮，在下拉列表中选择"输出到文件（F）"，弹出"输出到文件"对话框。在其中挑选一种工作中会常用的输出文件格式，如HQ AVI、静态图像、无压缩RGB AVI等，单击对话框左下角的"保存为默认（D）"按钮，接着单击"确定"按钮将其保存，如图12-3所示。

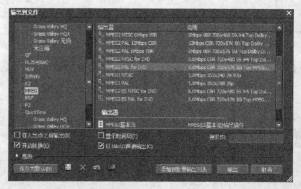

图12-4

单击"取消"按钮，退出"输出到文件"对话框。当再次单击"输出"按钮时，第一项"默认输出器"就可以使用了，单击即可直接进入选定格式的编码设置和输出文件路径设置，如图12-5所示。

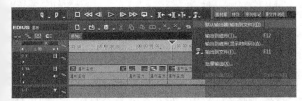

图12-5

2.设置输出器预设

除了设置一个默认输出器以外，用户还可以添加多个自定义的输出器预设。单击"输出"按钮，单击"输出到文件"，选择一种输出格式后，单击左下角的"保存预设"按钮即可，如图12-5所示。

图12-6

技巧与提示

自定义的输出器预设也是针对输出到文件和输出到显示时间码的文件。

12.1.2 输出到磁带

检查当前工程设置为软件或者硬件的PAL DV工程，使用1394线连接PC或视频卡的IEEE 1394口和DV设备。单击录制窗口右下角的"输出"按钮，打开输出菜单，单击"输出到磁带"，或使用快捷键"F12"，如图12-7所示。

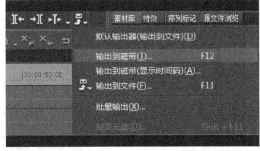

图12-7

如果连接正确，EDIUS Pro 7会弹出磁带输出向导。如果希望精确确定输出位置，可以在DV带上设置输出的入点，然后单击"下一个（N）"按钮，如图12-8所示。

图12-8

确认信息后，单击"输出（O）"按钮，开始写入磁带，如图12-9和图12-10所示。

图12-9

图12-10

12.1.3 输出到文件

除了直接将工程内容写入磁带以外，更多时候还是将其输出为一个视频文件。单击录制窗口右下角的"输出"按钮，打开输出菜单，选择"输出到文件（F）"，或者使用快捷键"F11"，如图12-11所示。打开的输出器插件列表就是我们可以使用的编码方式，如图12-12所示。

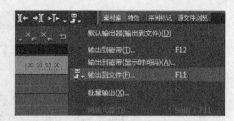

图12-11

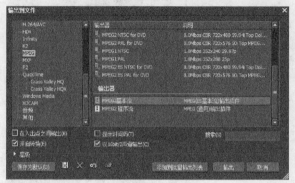

图12-12

技巧与提示

EDIUS Pro 7的输出器插件支持输出的文件格式为Canopus HQ AVI、Canopus无损AVI、DV AVI（仅当输出格式为DV时）、无压缩RGB AVI、静态图像、无压缩（UYVY）AVI、PCM AIFF、PCM WAVE、无压缩（YUY2）AVI、Windows Media Audio、Windows Media Video、MPEG>2（可带5.1 AC3音频）、P2素材（需硬件Dongle支持）和Dolby Digital（AC>3）（支持5.1声道）。

以输出Canopus HQ AVI为例，Canopus HQ编码器提供了一些预设方案，用户也可以通过右侧的滑杆自定义质量和速度的比例。调节完毕后制定文件名和保存路径，单击"保存"即可渲染输出。各个编码方式有各自不同的设置选项，可根据具体的项目调节参数。

12.1.4 批量输出

如果在EDIUS Pro 7软件中想输出多种格式或输出多个段落，可在菜单中选择"文件>输出>批量输出"命令，如图12-13所示。

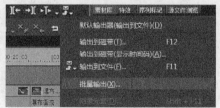

图12-13

在执行批量输出时，首先需要在时间线中设置段落的入点和出点，在菜单中执行"文件>输出>批量输出"命令，如图12-14所示。然后在弹出的"批量输出"对话框空白处单击鼠标右键，选择"新建（N）"命令，对第一段落所设置入点与出点的位置进行输出设置，如图12-15所示。

图12-14

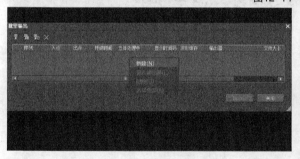

图12-15

输出设置完成后，在"批量输出"对话框中将显示第一段落的时间线位置、持续时间、输出格式和路径信息。在执行第二段落批量输出时，在时间线中再次设置所需段落的入点与出点位置，并在"批量输出"对话框空白位置处单击鼠标右键。然后在弹出的浮动菜单中选择"新建（N）"命令，对第二段落所设置入点与出点的位置进行输出设置。

实战：视频输出属性的设置

素材位置	实例文件>CH12>实战：视频输出属性的设置
实例位置	实例文件>CH12>实战：视频输出属性的设置.ezp
视频位置	多媒体教学>CH12>实战：视频输出属性的设置.flv
难易指数	★★☆☆☆
技术掌握	掌握视频输出的参数设置

01 使用EDIUS Pro 7打开光盘中的"实战：视频输出属性的设置.ezp"文件，如图12-16所示。

图12-16

02 在预览窗口的右下方单击"输出"按钮,然后在弹出的下拉列表中单击"输出到文件",如图12-17所示。

图12-17

03 在弹出的"输出到文件"对话框中,设置相应的视频格式,然后单击"输出"按钮,如图12-18所示。

图12-18

04 打开"H.264 AVC"对话框,在"文件名"选项中输入需要保存的名称,设置"保存类型"的视频格式。接着在下方的"基本设置"选项卡中,设置"画质"选项为"常规",也可以对音频的"格式"和"比特率"进行均衡设置,如图12-19所示。

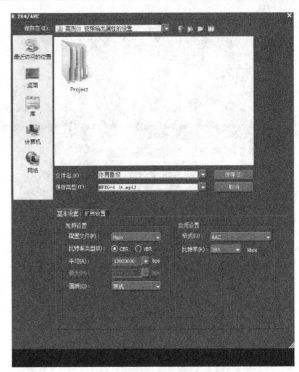

图12-19

05 单击"扩展设置"选项卡,可以对"IDR帧间距""参考帧数量(N)""熵编码模式(E)""运动估算精度(X)"以及"帧间(N)"属性选项进行设置,如图12-20所示。

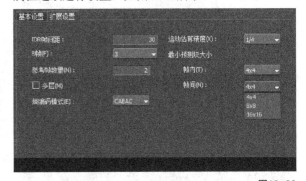

图12-20

实战: 输出AVI视频文件

素材位置	实例文件>CH12>实战:输出AVI视频文件
实例位置	实例文件>CH12>实战:输出AVI视频文件.ezp
视频位置	多媒体教学>CH12>实战:输出AVI视频文件.flv
难易指数	★★☆☆☆
技术掌握	掌握AVI视频输出的参数设置

01 使用EDIUS Pro 7打开光盘中的"实战:输出AVI视频文件.ezp"文件,如图12-21所示。

02 选择"文件>输出>输出到文件"菜单命令,开启"输出到文件"对话框,如图12-22所示。

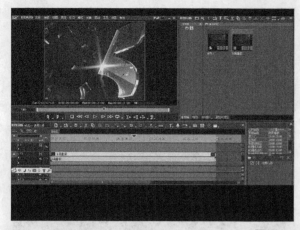

图12-21

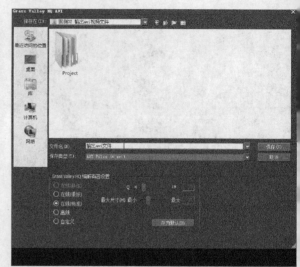

图12-24

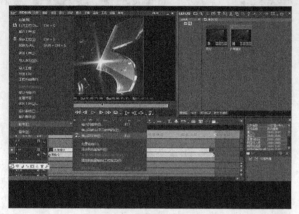

图12-22

03 在弹出的"输出到文件"对话框中，先选择左边窗口中的"AVI"选项，再选择右边窗口中的"Grass Valley HQ PAL 720×576 50i"项，如图12-23所示。

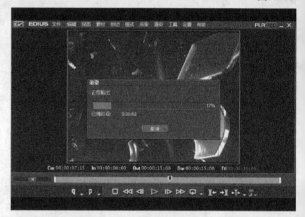

图12-25

05 输出完成后，在"素材库"面板中显示刚才输出的AVI视频文件，如图12-26所示。

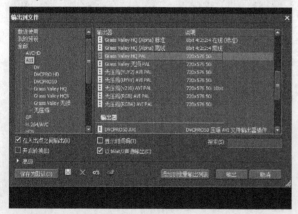

图12-23

04 单击"输出"按钮，然后在"Grass Valley HQ AVI"对话框中，设置视频输出的路径和名称，编码器选择"在线（标准）"，接着单击"保存（S）"按钮，如图12-24所示。EDIUS Pro 7进入数字视频文件的渲染状态，如图12-25所示。

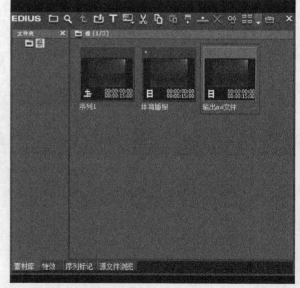

图12-26

实战：输出MPEG视频文件

素材位置	实例文件>CH12>实战：输出MPEG视频文件
实例位置	实例文件>CH12>实战：输出MPEG视频文件.ezp
视频位置	多媒体教学>CH12>实战：输出MPEG视频文件.flv
难易指数	★★☆☆☆
技术掌握	掌握MPEG视频输出的参数设置

01 使用EDIUS Pro 7打开光盘中的"实战：输出MPEG视频文件.ezp"文件，如图12-27所示。

图12-27

02 在菜单栏下选择"文件>输出>输出到文件"菜单命令，开启"输出到文件"对话框，如图12-28所示。

图12-28

03 在弹出的"输出到文件"对话框左边的列表中选择"MPEG"选项，在右边列表中选择"MPEG基本流 MPEG（ES基本流）输出插件"项，如图12-29所示。

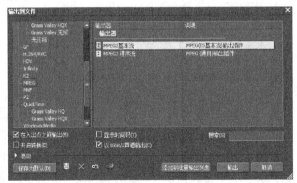

图12-29

04 单击"输出"按钮，然后在"MPEG基本流"对话框中，单击"选择"按钮，设置视频输出的路径，接着单击"确定"按钮，如图12-30所示。设置完成后，弹出"渲染"对话框，显示视频文件的输出进度，如图12-31所示。

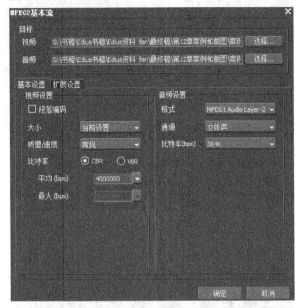

图12-30

图12-31

05 视频输出完成后，在素材库面板中显示视频文件与音频文件，如图12-32所示。

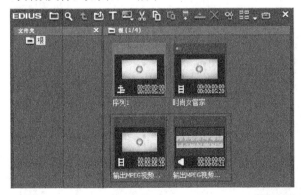

图12-32

实战：批量输出视频文件

素材位置	实例文件>CH12>实战：批量输出视频文件
实例位置	实例文件>CH12>实战：批量输出视频文件.ezp
视频位置	多媒体教学>CH12>实战：批量输出视频文件.flv
难易指数	★★☆☆☆
技术掌握	掌握批量输出视频的参数设置

01 使用EDIUS Pro 7打开光盘中的"实战04：批量
输出视频文件.ezp"文件，如图12-33所示。

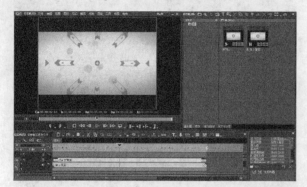

图12-33

02 在录制窗口右下方，单击"输出"按钮，然后在
弹出的菜单中单击"批量输出"，如图12-34所示。

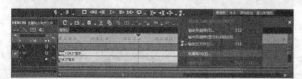

图12-34

03 在"批量输出"对话框中，单击上方的"添加
到批量输出列表"按钮，添加一个序列文件，如图
12-35所示。

图12-35

04 在"序列1"文件的入点和出点时间码上，可以
直接输出时间码或者滚动鼠标中键设置视频的入点和
出点时间，如图12-36所示。

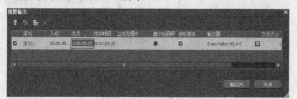

图12-36

05 用同样的方法，创建不同的时间范围的视频输出
序列，如图12-37所示。

图12-37

06 单击"输出（E）"按钮，开始批量输出视频序
列。视频输出完成后，单击"关闭"按钮，退出"批
量输出"对话框。在素材库中即显示已经批量输出的
3个不同时间的视频片段，如图12-38所示。

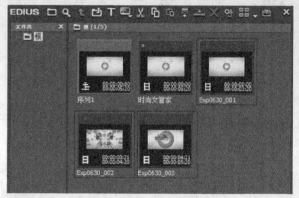

图12-38

12.2 制作DVD

在视频编辑完成后，最后的工作就是刻录光盘，
在EDIUS Pro 7中提供了多种刻录光盘的方式，以适
合不同的需要。

在录制窗口右下方单击"输出"按钮，在下拉列
表中单击"刻录光盘"，此时会发现"刻录光盘"选
项是灰色不可用状态，如图12-39所示。

图12-39

在EDIUS Pro 7软件中制作好影片后，刻录光盘
处于灰色不可用状态是因为工程文件在建立时设置的
扫描方式是"逐行扫描"，逐行项目的工程文件不

能输出DVD，因此需要更改工程设置。在菜单栏中
选择"设置>工程设置"命令，弹出"工程设置"对
话框，单击"更改当前设置"按钮，如图12-40和图
12-41所示。

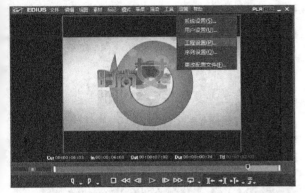

图12-40

图12-41

在弹出的"工程设置"选项中，将"场序"中
的默认选项"逐行"修改为"下场优先"，然后单击
"确定"按钮，如图12-42所示。

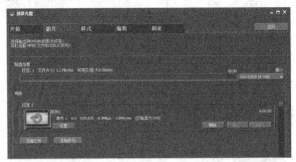
（注：图12-42占位）

图12-42

此时，单击录制窗口右下方的"输出"按钮，在
弹出的下拉列表中会发现"刻录光盘"选项显示为可
用状态，如图12-43所示。

图12-43

打开"刻录光盘"对话框，在"影片"选项卡
中，可以添加DVD中的视频，既可以是EDIUS工程中
的序列，也可以是MPG、M2P、M2t和Mpeg文件，如
图12-44和图12-45所示。

图12-44

图12-45

技巧与提示

如果使用EDIUS工程中的序列，将以时间线上设置
的入点和出点时间为基准。因此在刻录之前需要准确地对其
进行设置。

"磁盘信息"下面的进度条主要用来确定所选择
的视频占用的空间，可以通过它来调整需要刻录的内
容。在一般的DVD文件中，光盘的空间在4.7GB左右，
一般情况下刻录的内容最好控制在4.5GB以内。如果
刻录的是双面光盘，在"媒介"选项的下拉列表中选
择"DVD>R DL（8.5GB）"即可，如图12-46所示。

图12-46

一般情况下，如果没有特殊设置，刻录光盘时将自动设置视频和音频的编码格式和比特率，使选择的内容与光盘格式相匹配。如果需要更改设置，单击"刻录光盘"对话框中的"设置"按钮，弹出"标题设置"对话框，如图12-47所示。

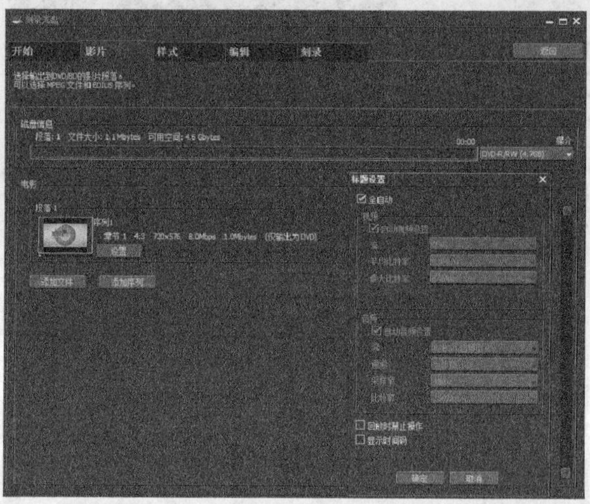

图12-47

取消勾选"全自动"选项，然后在"视频"选项中，取消勾选"自动视频设置"选项，接着在"音频"选项中，取消勾选"自动音频设置"选项，最后单击"确定"按钮，如图12-48所示。

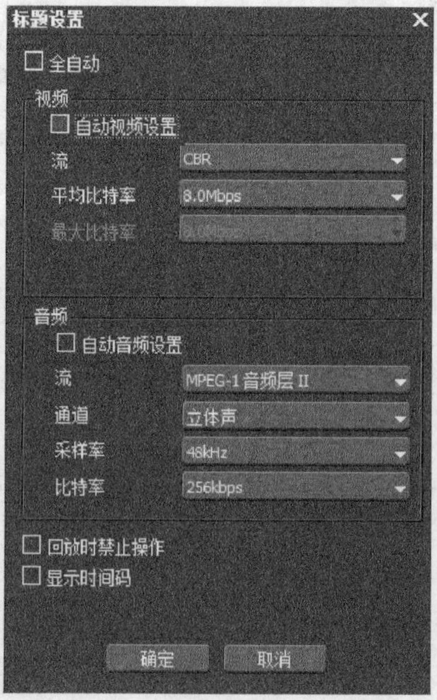

图12-48

基本的光盘刻录内容设置完毕，单击"刻录光盘"对话框顶端的"样式"选项，在下面的内置模板中挑选一个与视频内容相匹配的风格作为背景，并应用到DVD上，如图12-49所示。

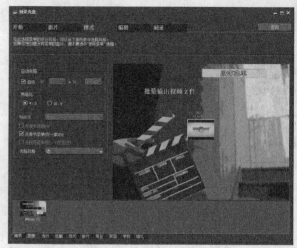

图12-49

为了进一步调整DVD菜单页面，单击画面中的"编辑"选项，可以在编辑"面板"中定义文字的内容、尺寸、位置和字体等各个参数，如图12-50所示。

图12-50

对DVD刻录设置完成后，单击"刻录光盘"对话框顶部的"刻录"选项卡，进入"刻录"面板。在光驱中放入DVD碟片后，单击右下角的"刻录"按钮开始刻录光盘。如果想要在硬盘上保存DVD工程文件，以作为日后刻录光盘备用，可以暂不选择刻录，勾选"启用细节设置"选项，在"工作文件夹"选项中设置保存的路径。当所有选项都设置完毕，即可单击"刻录"按钮开始刻录，如图12-51所示。

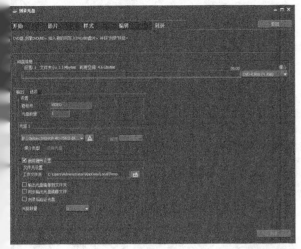

图12-51

12.3 综合实战

素材位置　实例文件>CH12>综合实战：刻录DVD
实例位置　实例文件>CH12>综合实战：刻录DVD.ezp
视频位置　多媒体教学>CH12>综合实战：刻录DVD.flv
难易指数　★★★☆☆
技术掌握　DVD的刻录

本例主要讲解DVD的刻录过程，通过在刻录中部分参数的设置和格式的应用，使读者掌握DVD的刻录方法。

12.3.1 项目创建

01 在桌面上左键双击EDIUS快捷图标，启动EDIUS Pro 7程序，然后在"初始化工程"对话框中单击"新建工程（N）"按钮，如图12-52所示。

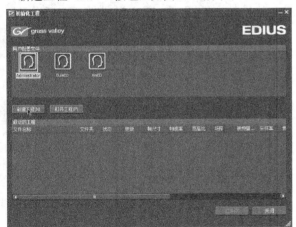

图12-52

02 在"工程设置"对话框中，设置"工程名称（N）"为"DVD刻录"，然后勾选"自定义"选项

后，接着单击"确定"按钮，如图12-53所示。

图12-53

03 在"工程设置"对话框中，在"视频预设"中选择"SD PAL 720×576 25p 4:3"，然后设置"帧尺寸"为"720×576"、"宽高比"为"显示宽高比4:9"、"帧速率"为25、"场序"为"下场优先"、"渲染格式"为"Grass Valley HQ标准"，接着单击"确定"按钮，如图12-54所示。

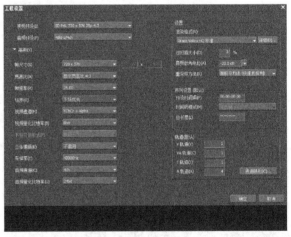

图12-54

04 单击"素材库"面板按钮栏上"添加素材"按钮，导入需要刻录DVD的视频，如图12-55所示。

图12-55

12.3.2 刻录DVD

01 在录制窗口右下方，单击"输出"按钮，然后在弹出的列表框中单击"刻录光盘"，如图12-56所示。

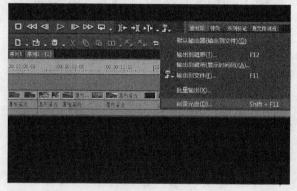

图12-56

02 执行"刻录光盘"命令后，弹出"刻录光盘"对话框。单击"开始"选项卡在"光盘"选项区中，选中"DVD"单选按钮，接着在"编解码器"选项区中，选中"MPEG2"单选按钮，最后在"菜单"选项区中，选中"使用菜单"单选按钮，如图12-57所示，完成刻录选项的设置。

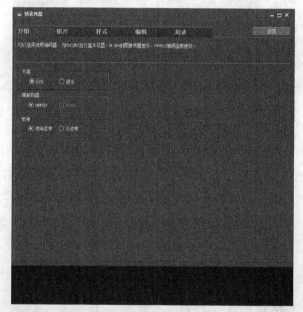

图12-57

03 设置完刻录选项后，在该对话框中导入需要刻录的影片素材。在"刻录光盘"对话框中，单击"影片"选项卡，如图12-58所示。接着删除现有的影片文件，再单击"添加文件"按钮，如图12-59所示。

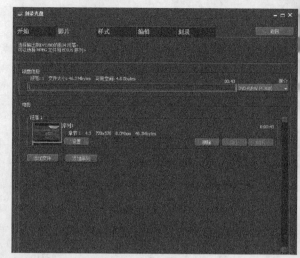

图12-58

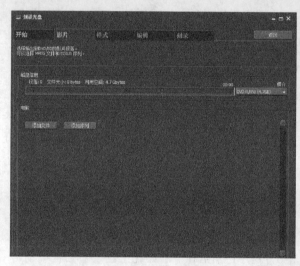

图12-59

04 执行上面的操作后，弹出"添加段落"对话框，然后选择需要导入的文件，如图12-60所示。

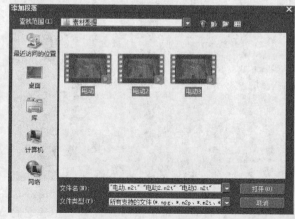

图12-60

05 单击"打开"按钮，将选择的影片导入"刻录光盘"对话框，如图12-61所示。然后设置光盘刻录的画面样式，使刻录的画面更加美观，在"刻录光盘"对话框中，单击"样式"选项卡，即可显示当前视频界面，如图12-62所示。

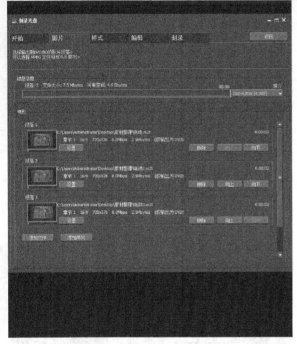

图12-61

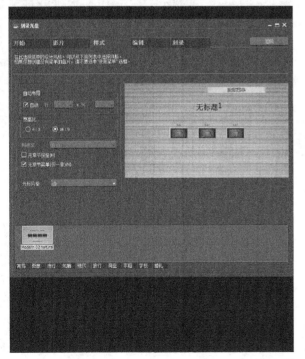

图12-62

06 在该对话框的下方，单击"图像"标签，在其中选择图像画面样式，将其设置为界面样式，如图12-63所示。

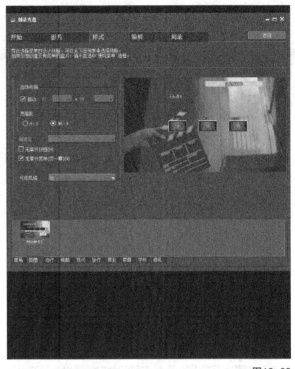

图12-63

07 如果需要对界面进行文字编辑，单击"编辑"选项卡，在界面中即可显示可以编辑的图像文本，如图12-64所示。

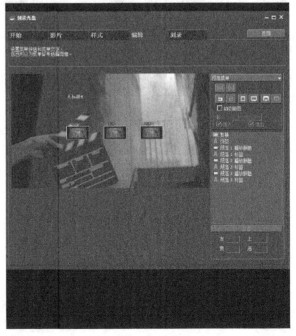

图12-64

08 在"编辑"选项卡中选择"背景"选项，单击鼠标右键，然后在弹出的快捷菜单中选择"设置（S）"选项弹出"菜单项设置"对话框；接着单击"选择要打开的图像文件"按钮 ，再选择适合的图像作为背景，如图12-65和图12-66所示。

图12-65

图12-66

09 单击"确定"按钮，返回"刻录光盘"对话框。然后在"编辑"选项栏中，双击画面中的"无标题1"选项，打开"菜单项设置"对话框，接着将文字内容修改为"资料保存"，修改"字体"为"Arial Black"、"颜色"为白色，如图12-67所示。

图12-67

10 完成界面设置后，即可开始刻录DVD。在"刻录光盘"对话框中，单击"刻录"选项卡，切换至"刻录"界面，可对相关的刻录属性进行设置，如图12-68所示。

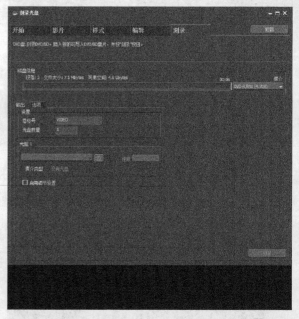

图12-68

11 在"设置"选项区，为"卷标号"设置一个名称，然后单击右下角的"刻录"按钮，即可开始刻录DVD，直到刻录完成。

EDIUS

第 13 章

实战案例制作

在本章中挑选了 3 个具有代表性的实际案例，希望通过这 3 个案例的讲解，
能够为读着提供制作视频的思路和应用技巧。

本章学习要点：

镜头粗剪与精剪

YUV 曲线

溶化

布局

Quick Titler

平滑模糊

删除间隙

色彩平衡

三路色彩校正

13.1 概述

本章通过《开机视频赏析》《高级影像动画》和《人文美景》3个案例的详细讲解，旨在提升读者对影片的把控能力，同时也为后续的综合案例和商业案例的讲解与制作打好基础，如图13-1所示。

图13-1

13.2 开机视频赏析

本节通过对《开机视频赏析》案例的详细讲解，让剪辑师们在领会和掌握EDIUS Pro 7常规操作的同时，了解和掌握影片的常规制作流程。

素材位置	实例文件>CH13>13.2开机视频赏析
实例位置	实例文件>CH13>13.2开机视频赏析.ezp
视频位置	多媒体教学>CH13>13.2开机视频赏析.flv
难易指数	★★★☆☆
技术掌握	了解和掌握影片的常规制作流程

本案完成的效果如图13-2所示。

图13-2

13.2.1 镜头剪辑

01 在桌面上左键双击EDIUS快捷图标 ，启动 EDIUS Pro 7程序，然后在"初始化工程"对话框中单击"新建工程（N）"按钮，如图13-3所示。

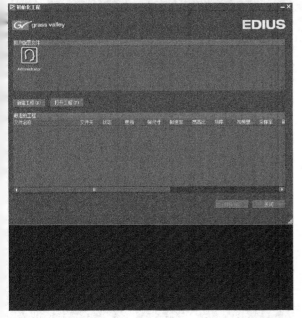

图13-3

02 在"工程设置"对话框中，设置"工程名称（N）"为"开机视频赏析"，然后勾选"自定义"选项，接着单击"确定"按钮，如图13-4所示。

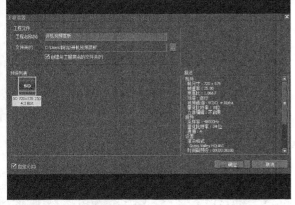

图13-4

03 在"视频预设"中选择"SD PAL 720×576 25p 4:3"，然后设置"帧尺寸"为"720×576"、"宽高比"为"显示宽高比4:3"、"渲染格"式为"Grass Valley HQ标准"，最后单击"确定"按钮，如图13-5所示。

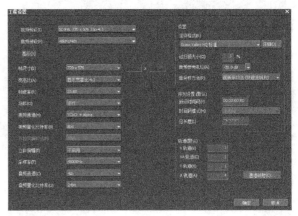

图13-5

04 在"素材库"选项卡，单击"导入素材"按钮 ，导入v1.mov、v2.mov和TV.jpg素材，如图13-6所示。

图13-6

05 将"素材库"面板中的TV素材拖曳至1VA的轨道中，设置其出点时间为第4秒10帧，如图13-7所示。

图13-7

06 在"素材库"中，双击v1.mov视频素材，然后在"播放窗口"设置该素材的入点时间为第5帧、出点时间为第2秒15帧，如图13-8所示。

图13-8

07 将初剪后的v1.mov视频素材添加到时间线2V轨道上，如图13-9所示。

图13-9

08 在"素材库"中，双击v2.mov视频素材，然后在"播放窗口"设置该素材的入点时间为第10帧、出点时间为第2秒10帧，如图13-10所示。

图13-10

09 将初剪后的v2.mov视频素材添加到时间线2V轨道上，如图13-11所示。

图13-11

10 选择2V轨道上的v1.mov视频素材，然后单击"信息"面板中的"视频布局"按钮；接着在"源素材裁剪"中设置"左"为2.4px、"右"为31.2px、

"顶"为5.6px、"底"为124.9px；再在"位置"中设置"X"为16.1px、"Y"为−45.5px；最后"拉伸"中设置"X"为432.6px、"Y"为307.7px，如图13-12所示。

图13-12

11 选择2V轨道上的v2.mov视频素材，然后单击"信息"面板中的"视频布局"按钮；接着在"源素材裁剪"中设置"左"为30.8px、"右"为69.7px、"顶"为24.2px、"底"为145.5px；再在"位置"中设置"X"为18.7px、"Y"为−43px；最后在"拉伸"中设置"X"为458.4px、"Y"为326px，如图13-13所示。

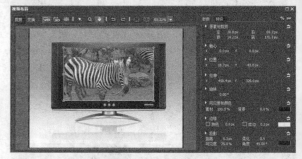

图13-13

13.2.2 调色与转场

01 在"特效"面板中选择"特效>视频滤镜>色彩校正>YUV曲线"选项，然后将选择的滤镜拖曳至2V的v1.mov视频素材上，接着调整"Y"通道和"U"通道中的曲线，如图13-14所示。调整后的画面效果如图13-15所示。

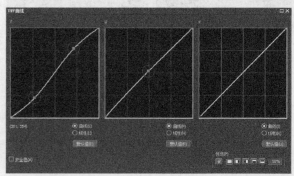

图13-14

图13-15

02 在"特效"面板中选择"特效>视频滤镜>色彩
校正>YUV曲线"选项，然后将选择的滤镜拖曳至2V
的v2.mov视频素材上，接着调整"Y"通道和"U"
通道中的曲线，如图13-16所示。调整后的画面效果
如图13-17所示。

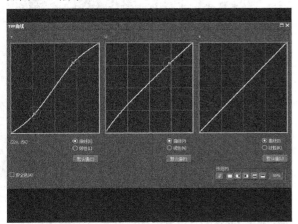

图13-16

图13-17

03 在"特效"面板中选择"特效>转场>2D>溶化"
选项，然后将该转场滤镜拖曳至v1.mov和v2.mov视频
素材中间，如图13-18和图13-19所示。

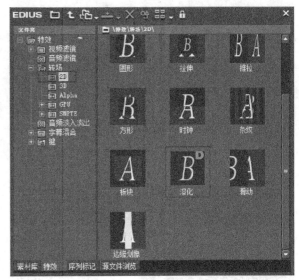

图13-18

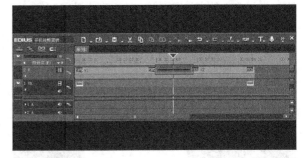

图13-19

04 双击"信息"面板中的"溶化"按钮，然后在
"溶化"面板中，修改其结束点的关键帧在第20帧
处，如图13-20所示。

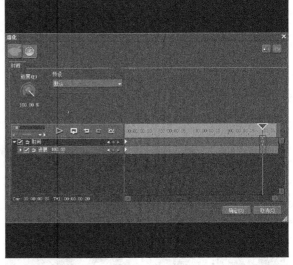

图13-20

05 按空格键预览，画面效果如图13-21所示。

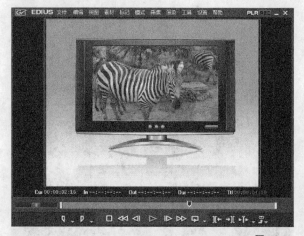

图13-21

13.2.3 成片输出

01 执行"文件>输出（E）>输出到文件（F）"菜单命令，将该项目输出，如图13-22所示。

图13-22

02 在弹出的"输出到文件"对话框中，选择左边列表中的"QuickTime"选项，然后选择右边列表中的"QuickTime Grass Valley HQ很好 8bit 4:2:2在线（很好）"选项，接着单击"输出"按钮，如图13-23所示。

图13-23

03 在"QuickTime"对话框中，设置视频输出的路径和名称，然后单击"保存（S）"按钮，EDIUS Pro 7就进入数字视频文件的渲染状态，如图13-24和图13-25所示。

图13-24

图13-25

04 使用QuickTime播放器观看输出的数字视频文件，效果如图13-26所示。

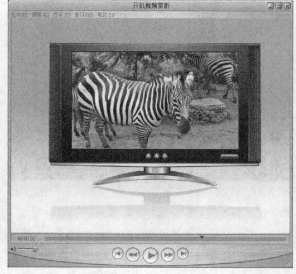

图13-26

13.3 高级影像动画

素材位置	实例文件>CH13>13.3高级影像动画
实例位置	实例文件>CH13>13.3高级影像动画. ezp
视频位置	多媒体教学>CH13>13.3高级影像动画.flv
难易指数	★★★☆☆
技术掌握	画中画效果、布局动画制作等综合应用。

通过《高级影像动画》的制作，不仅可以让剪辑师们掌握影像动画的制作方法，还能掌握画中画效果的表现方法。影像动画的效果如图13-27所示。

图13-27

13.3.1 项目创建

01 在桌面上双击EDIUS快捷图标，启动EDIUS Pro 7程序，然后在"初始化工程"对话框中，单击"新建工程（N）"按钮，如图13-28所示。

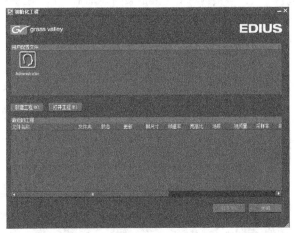

图13-28

02 在"工程设置"对话框中，设置"工程名称（N）"为"高级影像动画"，然后勾选"自定义（C）"选项，接着单击"确定"按钮，如图13-29所示。

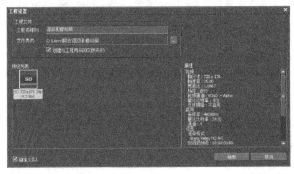

图13-29

03 在"视频预设"中选择"SD PAL 720×576 25p 4:3",然后设置"帧尺寸"为"720×576"、"宽高比"设置为"显示宽高比4:3"、"渲染格式"为"Grass Valley HQ标准",接着单击"确定"按钮,如图13-30所示。

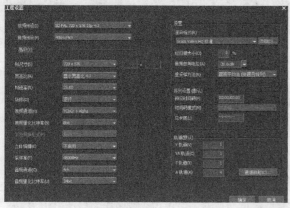

图13-30

04 单击"素材库"面板上的"导入素材"按钮，选择该案例中所需要的素材,然后单击"打开(O)"按钮导入素材,如图13-31和图13-32所示。

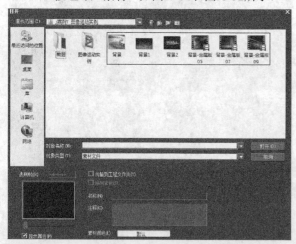

图13-31

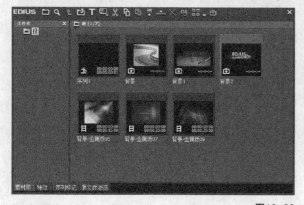

图13-32

05 将"素材库"面板中的"背景2"文件拖曳到时间线面板的1VA轨道中,如图13-33所示。然后设置其出点时间为第6秒18帧,接着设置该素材的名称为"背景",如图13-34所示。

图13-33

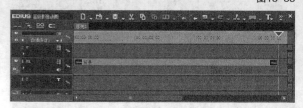

图13-34

13.3.2 影像动画

01 在时间线的视频轨道上选择"背景"素材,执行"单击鼠标右键>布局"命令;然后在弹出的"视频布局"对话框中,展开"拉伸"属性;接着设置"X"和"Y"的值为115%,使背景素材等比例放大,如图13-35所示。

图13-35

02 设置素材"位置"属性中"X"的关键帧动画。在第0帧处设置其值为-15%,然后在第4秒处设置其值为18%,使背景素材产生由左至右的平移运动,如

图13-36所示。

图13-36

03 在时间线的轨道空白位置单击鼠标右键，然后在弹出的对话框中选择"添加>在上方添加视频轨道"命令，添加视频轨道，如图13-37所示。

图13-37

04 在弹出的"添加轨道"对话框中，设置"数量"为2，在当前轨道的基础上新添加两条视频轨道，如图13-38所示。

图13-38

05 将"素材库"中的"背景—金属板07"和"背景—金属板05"分别添加到时间线2V轨道和3V轨道

上。然后设置2V轨道中"背景—金属板07"的出点时间为第3秒9帧，接着设置3V轨道中"背景—金属板05"的入点时间为第2秒10帧、出点时间为地6秒18帧，如图13-39所示。

图13-39

06 选择2V轨道中的"背景—金属板07"视频素材，然后在"信息"面板中双击"视频布局"命令；接着在"视频布局"对话框中，展开"拉伸"属性，设置"X"和"Y"为30%；最后展开"位置"属性，设置"X"为-57%、"Y"的值为-25%，如图13-40所示。

图13-40

07 设置"位置"属性的关键帧动画。在第0帧处设置"X"为-57，在第1秒处"X"的值为0，在第4秒处设置"X"的为50，使视频素材先由左至中心，再飞至画面右侧，如图13-41所示。画面预览效果如图13-42所示。

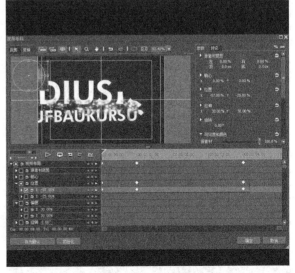

图13-41

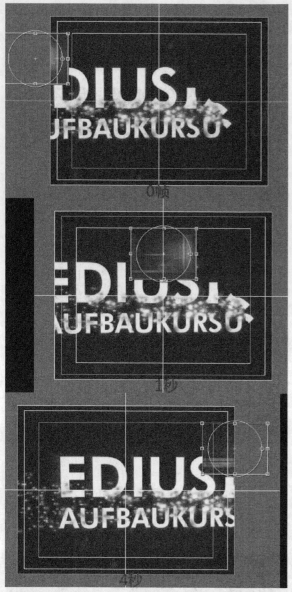

图13-42

08 选择2V轨道上的素材，按快捷键"Ctrl+C"进行复制，然后选择3V轨道中的视频素材，执行时间线上"替换素材>滤镜"的命令，将2V轨道中素材的关键帧复制到3V轨道中的视频素材，如图13-43所示。

图13-43

09 在"特效"面板中选择"特效>转场>2D>溶化"选项，然后将转场滤镜添加到"背景—金属板07"素材的出点处，接着添加到"背景—金属板05"素材的入点处和出点处，如图13-44所示。

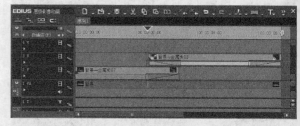

图13-44

10 在时间线的工具栏中单击"创建字幕"按钮，然后在弹出的菜单中选择"在视频轨道上创建字幕（C）"命令，如图13-45所示。

图13-45

11 在"Quick Titler"面板中单击"横向文字"按钮，然后在合适的位置单击鼠标左键后输入"EDIUS"，如图13-46所示。

图13-46

12 在"Quick Titler"面板右侧的属性面板中，展开"变换"属性项；然后设置"X"为201、"Y"为190、"宽度"为396，"高度"为168；接着展开"字体"属性项，设置"字体"为"Arial Black"、"字号"为72；再展开"填充颜色"，设置"方向"为120、"颜色"值为1，"填充颜色"为红为0、绿为6、蓝为223，并勾选"边缘"选项，设置"实边宽度"为5、"颜色"为白色；最后勾选"阴影"选项，设置"颜色"值为1、"颜色"为黑色，如图13-47所示。

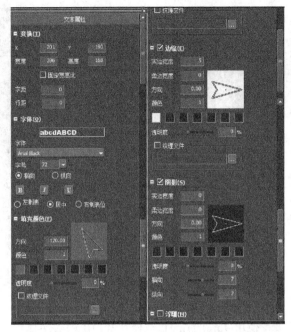

图13-47

13 字幕设置完成后，执行"Quick Titler"面板中的"文件>保持(S)"菜单命令，将字幕进行保存；然后将字幕添加到4V轨道上，接着设置其出点时间为第6秒18帧，如图13-48所示。

图13-48

14 选择时间线上4V轨道上的字幕素材，执行"单击鼠标右键>布局"命令，打开"视频布局"对话框；然后在第0帧处设置"旋转"为720°，接着在第1秒处设置其值为0，如图13-49所示。画面预览效果如图13-50所示。

图13-49

图13-50

15 设置"拉伸"属性的关键帧动画，在第2秒处设置其"X"和"Y"轴的值为100%；然后在第3秒20帧处设置"X"和"Y"的值为0%，使文字产生由大至小的缩放动画，如图13-51所示。

图13-51

16 在"特效"面板中选择"特效>视频滤镜>平滑模糊"选项；然后将该滤镜拖曳至1VA轨道上的"背景"视频素材上；接着在"平滑模糊"滤镜中，修改"半径（R）"的值为22，如图13-52所示。

图13-52

13.3.3 成片输出

01 执行"文件>输出（E）>输出到文件（F）"菜单命令，将该项目输出，如图13-53所示。

图13-53

02 在弹出的"输出到文件"对话框中，选择左边列表中的"H.264/AVC"，然后选择右边列表中的"H.264/AVC"项，接着单击"输出"按钮，如图13-54所示。

图13-54

03 在"H.264/AVC"对话框中，设置视频输出的路径和名称，然后设置"画质"为"常规"，接着单击"保存（S）"按钮，EDIUS Pro 7进入数字视频文件的渲染状态，如图13-55和13-57所示。

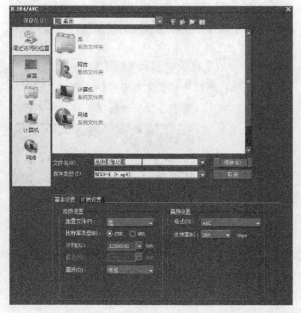

图13-55

图13-56

04 使用QuickTime播放器观看输出的数字视频文件，画面效果如图13-57所示。

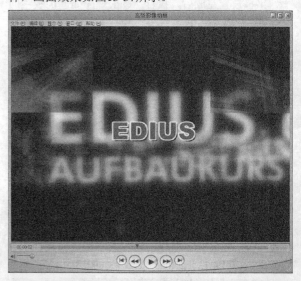

图13-57

13.4 人文美景

素材位置	实例文件>CH13>13.4人文美景
实例位置	实例文件>CH13>13.4人文美景.ezp
视频位置	多媒体教学>CH13>13.4人文美景.flv
难易指数	★★★★☆
技术掌握	镜头初剪、精剪、音频处理、节奏等应用

本例主要通过溪流和瀑布的不同景别和角度展示山间风景的美丽。在制作时选取活泼轻快的背景音乐，用画面表述出心情的变化，给人带来一种自由、兴奋和鼓舞的感觉，效果如图13-58所示。

13.4.1 项目创建

01 在桌面上左键双击EDIUS快捷图标，启动EDIUS Pro 7程序，然后在"初始化工程"对话框中，单击"新建工程（N）"按钮，如图13-59所示。

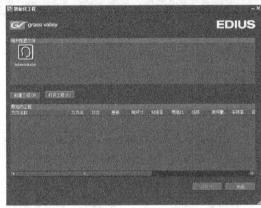

图13-59

02 在"工程设置"对话框中，设置"工程名称（N）"为"短片制作（溪流与瀑布）"，然后勾选"自定义（C）"选项，接着单击"确定"按钮，如图13-60所示。

图13-60

03 在"工程设置"面板中，在"视频预设"中选择"SD PAL 720×576 25p 4:3"，然后设置"帧尺寸"为"720×576"、"宽高比"设置为"显示宽高比4:3"、"渲染格式"为"Grass Valley HQ标准"，接着单击"确定"按钮，如图13-61所示。

图13-58

图13-61

04 在"素材库"面板中单击"导入素材"按钮，选择该案例中所需要的素材，按住"Ctrl"键选取多个素材，然后单击"打开"按钮📩导入素材，如图13-62和图13-63所示。

图13-62

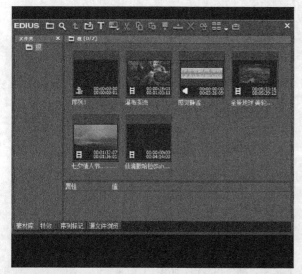

图13-63

13.4.2 粗剪素材

1.溪流镜头

01 在"素材库"中双击素材"瀑布溪流"，在素材"播放窗口"预览该素材，然后单击"播放"按钮，可以查看素材内容。为了更准确地找到素材中需要的画面，可以用拖曳素材窗口底部的时间线指针或者滚动鼠标上的滚轮的方法，挑选需要的镜头，如图13-64所示。

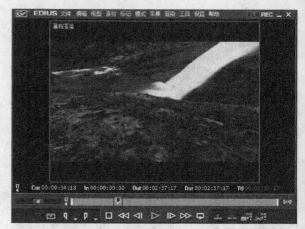

图13-64

02 在预览的素材中找到需要使用的素材，在"播放窗口"设置素材的出点和入点。在第28秒09帧处，单击"设置入点"按钮设置素材的入点处，如图13-65所示。

图13-65

03 在第31秒12帧处单击"设置出点"按钮，设置素材的出点处，如图13-66所示。

图13-66

04 设置好素材的入点处和出点处之后，将该素材添加到时间线1VA的轨道上，如图13-67所示。

图13-67

技巧与提示
在对素材进行粗剪的过程中，如果影片需要素材中的声音，建议先将素材放置在音频轨道上，不要删除，可以暂时隐藏，便于后面精剪时素材的对位。

2.森林镜头

01 选择第2段素材，这是一个仰拍森林的镜头。仍然是在"瀑布溪流"素材中挑选合适的素材，在"播放窗口"预览"瀑布溪流"素材，在第39秒14帧处设置素材的入点处，然后在第42秒22帧处设置素材的出点处，"播放窗口"如图13-68所示。

图13-68

02 设置好素材的入点处和出点处之后，将该素材添加到时间线1VA的轨道上第一段素材的后面，如图13-69所示。

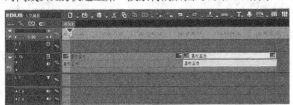

图13-69

3.瀑布镜头

01 接着选择第3个镜头，这是一组瀑布的镜头；然后在第52秒12帧处单击"设置入点"按钮设置素材的入点处，接着在1分03秒09帧处单击"设置出点"按钮设置出点处，如图13-70所示。

图13-70

02 将初剪后的素材添加到时间线1VA的轨道上第二段素材的后面，如图13-71所示。

图13-71

03 这里就不赘述其他素材的挑选过程了，具体镜头组合如图13-72所示。

图13-72

图13-73

图13-74

13.4.3 精剪素材

整个影片的长度持续35秒左右，根据音乐的节奏反复调整时间的关键点，按"C"键直接删除多余部分，并根据音乐的节奏调整镜头的长短。

01 在"素材库"面板中，双击音频素材；然后在"播放窗口"预览该素材，挑选最适合这段短片的一段音乐；接着将其拖曳到1A（音频）轨道中，如图13-75所示。

图13-75

02 单击1VA轨道上的"音频静音"按钮，使素材的同期声为静音，如图13-76所示。

图13-76

03 背景音乐部分偏长，需要继续来对其进行编辑。展开轨道面板上的小三角图标，可以看到这段音频的

04 为了在时间线上能看清素材的缩略图，可以增大轨道高度。使用鼠标右键单击轨道1VA，在弹出的菜单中选择"高度>4（4）"命令，使轨道高度增大，如图13-73和图13-74所示。

波形，根据波形可以判断音乐的节奏和舒缓程度，如图13-77所示。

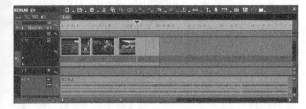

图13-77

04 在时间线上我们可以发现音频素材长度比视频素材长度要长，因此需要对音频进行删减。单击音频素材的尾端，出现黄绿色图标，然后拖曳黄绿色图标使素材与视频素材等长，如图13-78所示。

图13-78

05 在节目预览窗口中单击"播放"按钮，预览短片。如果发现音乐和画面不匹配的地方，可以对镜头进行调整。在这几段镜头中，第2段镜头素材与音乐素材不太匹配，可以将其调整至最后一个镜头，如图13-79所示。

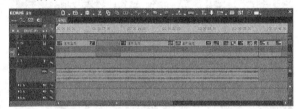

图13-79

06 选择空隙的地方，然后执行"单击鼠标右键>删除间隙"菜单命令，将中间空隙地方删除，后面的镜头自动向前对齐，如图13-80所示。

图13-80

07 将时间指针拖曳至时间线的起始位置，然后单击"播放"按钮，重复播放镜头之间的衔接，查看镜头节奏是否与音乐协调。预览之后发现，时间线上第二段素材速度较慢，与音乐节奏不太协调。为了使镜头更好地与音乐融合在一起，加快瀑布的速度。在时间线上选择这段素材后单击鼠标右键，接着从弹出的菜单中选择"时间效果>速度"命令，弹出"素材速度"对话框，然后在"比率"栏中调整数值为200%，最后单击"确定"按钮，如图13-81和图13-82所示。

图13-81

图13-82

08 此时，该段素材在时间线上的长度变为了原始素材长度的1/2，如图13-83所示。

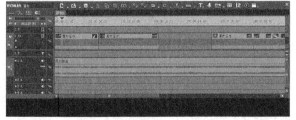

图13-83

09 在空白区域单击鼠标右键，在弹出的菜单中选择"删除间隙"命令，即可将后面所有素材直接向前并填满空隙，与前段素材对齐，如图13-84所示。

图13-84

10 确保时间线在选择状态下，单击空格键播放影片，可多次预览影片效果，如图13-85所示。

图13-85

13.4.4 音频处理

01 在1A轨道上单击"音量"的按钮 **VOL**，激活音量曲线，音频中蓝色的线即为音量曲线，如图13-86所示。

图13-86

02 分别在第2秒和38秒处添加关键帧，然后将第1个和最后1个关键点向下拉，直到声音消失，实现音频的淡入淡出，如图13-87所示。

图13-87

13.2.5 添加特效

1.YUV曲线

01 由于部分镜头的颜色存在问题，需要对其进行调色的处理。选择第2段素材，然后单击"特效"选项卡，展开"特效"面板，接着单击"色彩校正"特效组，最后拖曳"YUV曲线"滤镜到素材"瀑布"上，如图13-88所示。

图13-88

02 在信息面板中双击"YUV曲线"，打开"YUV曲线"控制面板，通过调整曲线的形状改变画面的颜色和对比度，如图13-89所示。调整之后的画面效果如图13-90所示。

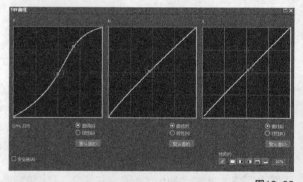

图13-89

图13-90

2.色彩平衡

01 第3段素材中的画面饱和度不够，颜色偏灰。在"特效"面板中选择"色彩校正"选项，然后将"色彩平衡"滤镜拖曳至第3段素材上，如图13-91所示。

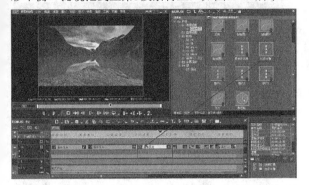

图13-91

02 双击"色彩平衡"滤镜，打开"色彩平衡"对话框，然后设置"色度"为22、"亮度"为23、"对比度"为37、"青—红"为-5、"品红—绿"为6、"黄—蓝"为16，如图13-92所示。画面预览效果如图13-93所示。

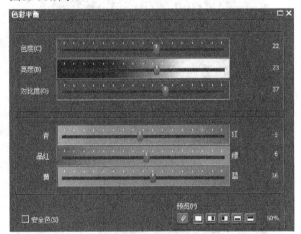

图13-92

图13-93

03 在"信息"面板上，将第2段素材上的"色彩平衡"特效进行复制；然后选择第5段素材，将该特效粘贴；接着双击复制后的"色彩平衡"滤镜，打开其对话框，再设置"色度"为36、"亮度"为24、

"对比度"为19、"青—红"为-24、"品红—绿"为-6、"黄—蓝"为1，最后单击"确定"按钮，如图13-94所示。画面预览效果如图13-95所示。

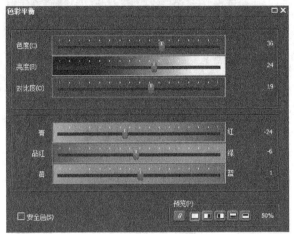

图13-94

图13-95

3.三路色彩校正

01 切换到"特效"面板，将"色彩校正"文件夹中的"三路色彩校正"滤镜拖曳至倒数第2段素材上，如图13-96所示。

图13-96

02 在"信息"面板中打开"三路色彩校正"滤镜的属性设置对话框，设置"灰平衡"中的"Cb"为-16、"Cr"为-11、"饱和度"为180，如图13-97所示。画面的预览效果如图13-98所示。

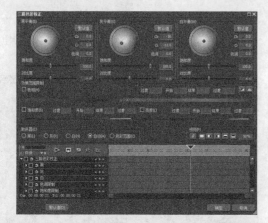

图13-97

图13-98

13.2.6 成片输出

01 执行"文件>输出（E）>输出到文件（F）"菜单命令，将该项目输出，如图13-99所示。

图13-99

02 在弹出的"输出到文件"对话框中，选择左边列表中的"H.264/AVC"，然后选择右边列表中的"H.264/AVC"项，接着单击"输出"按钮，如图13-100所示。

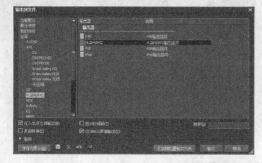

图13-100

03 在"H.264/AVC"对话框中，设置视频输出的路径和名称，然后设置"画质"为"常规"，接着单击"保存（S）"按钮，EDIUS Pro 7进入数字视频文件的渲染状态，如图13-101和图13-102所示。

图13-101

图13-102

04 使用QuickTime播放器观看输出的数字视频文件，画面效果如图13-103所示。

图13-103

EDIUS

第 14 章

综合案例制作

在前面的章节中，读者系统学习了 EDIUS Pro 7 的各项功能。本章将综合运用这些功能来制作 6 个具有代表性的案例。通过制作这些实践性很强的案例，读者不仅可以充分巩固前面所学的知识，还可以进一步提升实战应用水平与能力。

本章学习要点：

Quick Titler
色彩平衡
焦点柔化
平滑模糊
铅笔画
老电影
视频噪声

14.1 概述

本章挑选视频字幕制作和风格调色制作两大类共计6个具有代表性、相对实用的综合案例，通过制作这些案例，旨在提升大家的实战应用水平与能力，如图14-1所示。

图14-1

14.2 视频字幕案例篇

在影视制作中，视频字幕担负着标明题目、介绍内容和补充画面信息等不同的媒介交流任务。同时，视频字幕也常常被剪辑师作为视觉设计的辅助元素之一。

在本节中，通过对"旅游专线""天气预报1"和"天气预报2"的综合讲解，让读者不仅能掌握EDIUS Pro 7中Quick Titler字幕工具的核心使用技巧，还能积累视频字幕制作的实战经验。

【视频字幕制作14-1】：旅游专线

素材位置	实例文件>CH14>实战：旅游专线
实例位置	实例文件>CH14>实战：旅游专线.ezp
视频位置	多媒体教学>CH14>实战：旅游专线.flv
难易指数	★★★☆☆
技术掌握	Quick Titler字幕工具的整合应用

旅游专线完成的画面效果如图14-2所示。

图14-2

01 在桌面上左键双击EDIUS快捷图标，启动EDIUS Pro 7程序，然后在"初始化工程"对话框中单击"新建工程（N）"按钮，如图14-3所示。

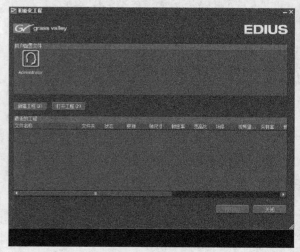

图14-3

02 在"工程设置"对话框中，在"预设列表"中选择"SD 720×576 25P 4:3 8bit"选项，然后将工程文件命名为"动态字幕制作"，接着更改保存路径，最后单击"确定"按钮，如图14-4所示。

图14-4

03 单击"素材库"选项卡，打开素材库，然后单击"打开"按钮，接着在弹出的"打开"对话框中选择"背景"素材，最后单击"打开"按钮将素材导入EDIUS软件，如图14-5所示。

图14-5

04 将素材添加到时间轨道上，然后设置该素材的出点时间为第8秒，为后续添加滚动字幕做准备，如图14-6所示。

图14-6

05 在"素材库"面板中单击"文字"按钮，打开"Quick Titler"面板，如图14-7所示。

图14-7

06 在"Quick Titler"面板的右侧对象栏"背景属性"面板中，设置"字幕类型"选项为"爬动（向右）"，如图14-8所示。

图14-8

07 在"Quick Titler"面板中，单击"对象栏"中的"文字"命令，然后创建字幕"旅游专线：010-88888888"；接着在右侧"文本属性"中设置"字体"为"黑体"、"字号"为48，再选择"居中"；最后设置"填充颜色"为白色、"方向"为120，如图14-9所示。

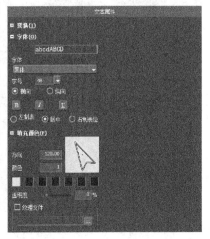

图14-9

08 下面设置文字属性。勾选"边缘"选项，然后设置"颜色"为7；接着勾选"阴影"选项，设置"颜色"为黑色，如图14-10所示。文字预览效果如图14-11所示。

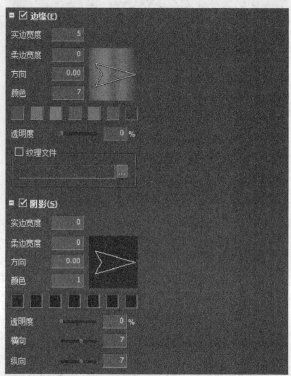

图14-10

图14-11

 技巧与提示

设置的7种颜色，从左往右，其具体RGB色值分别为"R:229，G:62，B:26""R:232，G:132，B:0""R:151，G:187，B:0""R:43，G:141，B:101""R:29，G:180，B:196""R:44，G:106，B：255""R:141，G:23，B:134"。

09 执行"Quick Titler"面板中的"文件>保持

(S)"菜单命令，将字幕进行保存。然后在"素材库"窗口中，将保存的字幕重命名为"Title"，如图14-12所示。

图14-12

10 将字幕"Title"直接拖曳到时间线中，放置在"背景"轨道下面的文字轨道上，然后修改出点时间为第8秒，如图14-13所示。

图14-13

11 执行"文件>输出（E）>输出到文件（F）"菜单命令，将该项目输出，如图14-14所示。

图14-14

12 在弹出的"输出到文件"对话框中，选择"H.264/AVC"格式，然后单击"输出"按钮，如图14-15所示。

图14-15

13 在"H.264/AVC"对话框中，设置视频输出的路径和名称，然后修改"画质"为"常规"，接着单击"保存（S）"按钮，如图14-16所示。EDIUS Pro 7进入数字视频文件的渲染状态，如图14-17所示。

图14-16

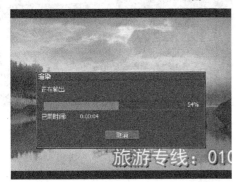

图14-17

14 使用QuickTime播放器播放输出的数字视频文件，画面效果如图14-18所示。

图14-18

【视频字幕制作14-2】：天气预报1

素材位置	实例文件>CH14>实战：天气预报1
实例位置	实例文件>CH14>实战：天气预报1.ezp
视频位置	多媒体教学>CH14>实战：天气预报1.flv
难易指数	★★★☆☆
技术掌握	Quick Titler字幕工具和视频布局的应用

天气预报1完成的效果如图14-19所示。

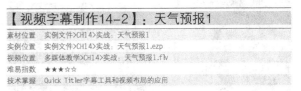

图14-19

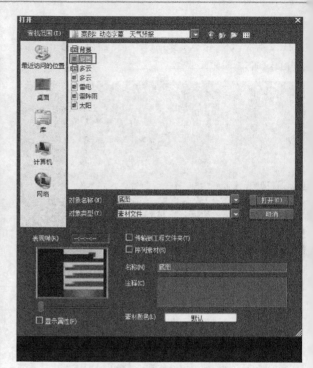

图14-21

03 将"素材库"面板中的"底图"素材拖曳到2V的轨道中，设置其出点时间为第9秒23帧，如图14-22所示。"录制窗口"中的显示效果如图14-23所示。

图14-22

01 启动EDIUS软件，然后在"初始化工程"对话框中单击"新建工程（N）"按钮，接着在"工程设置"对话框中将工程名改为"天气预报"，并设置保存路径；最后选择"SD720×576 25P 4:3 8bit"选项，如图14-20所示。

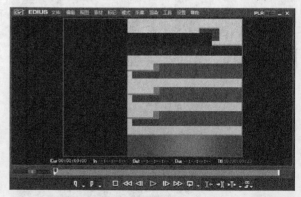

图14-23

图14-20

02 在"素材库"面板中单击"导入素材"按钮🔲，然后在弹出的"打开"对话框中，选择"底图"素材，接着单击"打开"按钮导入该素材，如图14-21所示。

04 在"素材库"面板中继续单击"导入素材"按钮🔲，用同样的方法导入"背景"素材，如图14-24所示。

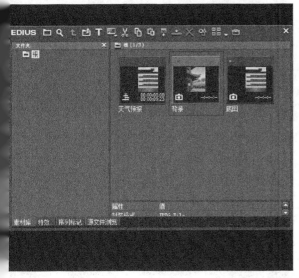

图14-24

05 将素材"背景"拖曳到1VA的轨道中，然后修改其出点时间为第9秒23帧，"录制窗口"中的显示效果如图12-25所示。

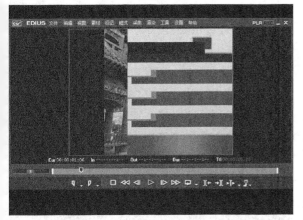

图14-25

06 选择"背景"素材，然后单击鼠标右键，在弹出的菜单中选择"布局（O）"命令，如图14-26所示。

图14-26

07 在弹出的"视频布局"对话框中，将时间指针拖曳到第0秒处，然后在"位置"选项中激活"位置"属性下的"X"，接着设置其值为-200，如图14-27所示。

图14-27

08 将时间指针移动到第5秒处，然后设置"X"的值为-149，如图14-28所示。

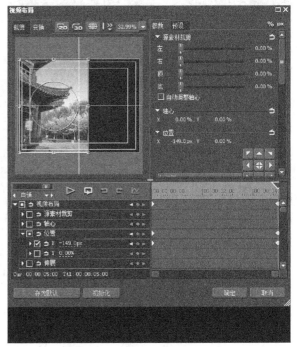

图14-28

09 在"时间线"面板中单击"创建字幕"按钮，然后在弹出的下拉菜单中选择"Quick Titler"选项，如图14-29所示。

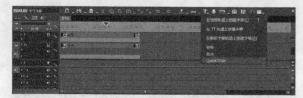

图14-29

10 在"Quick Titler"面板中单击"横向文字"按钮**T**，然后在合适的位置单击并输入"全国主要城市天气预报"文字，如图14-30所示。接着在右侧的属性面板中，设置"X"为274、"Y"为61、"宽度"为367、"高度"为45、"字体"为"黑体"、"字号"为26，再选择"字体加粗"；最后设置"填充颜色"为白色，并勾选"边缘"选项，设置"实边宽度"的值为5，如图14-31所示。

图14-30

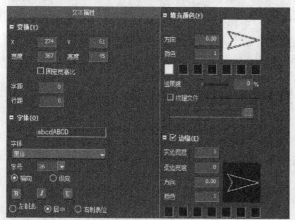

图14-31

11 执行"Quick Titler"面板中的"文件>保存(S)"菜单命令，将字幕保存。然后将字幕拖曳到1T字轨道上，接着设置其出点时间为第9秒23帧，如图14-32所示。

图14-32

12 在默认的状态下，EDIUS Pro 7字幕轨道只有一条，在后续的制作中需要添加新的字幕轨道。单击字幕轨道空白地区，执行"单击鼠标右键>添加>在下方添加字幕轨道"命令，如图14-33所示。

图14-33

13 在"时间线"面板中单击"创建字幕"按钮**T**，然后在弹出的下拉菜单中选择"在2T轨道上创建字幕"选项，打开"Quick Titler"面板。接着在"Quick Titler"面板中单击"横向文字"按钮**T**，并在合适的位置单击鼠标左键，同时输入"城市 天气 温度"文字；最后设置"字体"为"微软雅黑"、"字号"为24、"填充颜色"为橙色（R为255、G为119、B为0），如图14-34和图14-35所示。

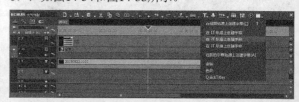

图14-34

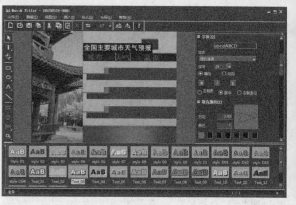

图14-35

14 在后续的制作中需要使用到多条视频轨道，因此需要添加视频轨道。在"时间线"面板空白处单击鼠标右键，然后在弹出的菜单中选择"添加>在上方添加视频轨道"命令，为该案例添加一条视频轨道，如图14-36所示。

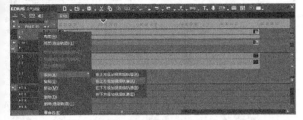

图14-36

15 在"时间线"面板中单击"创建字幕"按钮 **T**，然后在弹出的下拉菜单中选择"在视频轨道上创建字幕"选项，打开"Quick Titler"面板。接着在"Quick Titler"面板中单击"横向文字"按钮 **T**，再在合适的位置单击鼠标左键并输入文字"北京"；最后设置"字体"为"黑体"、"字号"为24、"填充颜色"为黑色，如图14-37和图14-38所示。

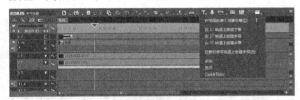

图14-37

图14-38

16 将上一步创建的字幕"北京"拖曳到3V轨道上，然后设置其出点时间为第9秒23帧；接着选择字幕"北京"，再单击鼠标右键，在弹出的菜单中选择"布局（O）"命令，如图14-39所示。

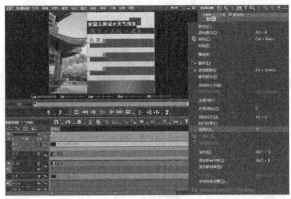

图14-39

17 在"视频布局"面板中激活"3D"模式，然后将时间指针移动到第0秒的位置，接着激活"旋转"属性中的"Y"，最后将"Y"的数值设置为90°，如图所14-40所示。

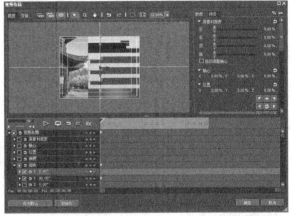

图14-40

18 将指针移动到第1秒的位置，设置"Y"的值为0，系统会自动产生关键帧，然后单击"确定"按钮，如图14-41所示。完成的字幕动画效果如图14-42所示。

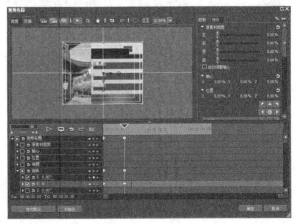

图14-41

283

图14-42

19 在"素材库"面板中单击"导入素材"按钮，然后在"打开"面板中选择"多云""雷电""雷阵雨"和"太阳"素材，接着单击"打开"按钮，将以上素材导入素材库，如图14-43所示。

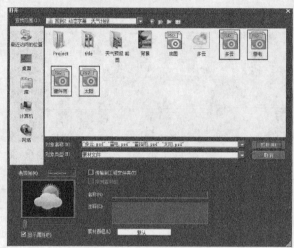

图14-43

20 新建一个视频轨道，将"太阳"文件拖曳到相应的视频轨道中；然后选择该"太阳"素材，执行"单击鼠标右键>布局"命令，打开"视频布局"对话框。接着展开"伸展"选项，将"X"和"Y"设置为50%，最后展开"位置"属性，设置"X"为14.38、"Y"为-12.78，如图14-44所示。画面显示效果如图14-45所示。

图14-44

图14-45

21 为天气预报添加温度值。新建一个视频轨道，然后在素材库面板单击"创建字幕"按钮 **T.**，打开"Quick Titler"面板。接着在画面中输入字幕"24度-33度"，最后设置"X"为583、"Y"为193、"宽度"为129、"高度"为43、"字体"为"微软雅黑"、"字号"为24、"文字颜色"为白色，如图14-46所示。

图14-46

22 执行"Quick Titler"面板中的"文件>保存(S)"菜单命令，将字幕进行保存。然后将该字幕添加到上一步新建的视频轨道上；接着选择该字幕素材，单击鼠标右键，在弹出的菜单中选择"布局"命令，在弹出的"视频布局"对话框中激活"3D"模式；最后将指针移动到第0秒处，在"旋转"选项中激活"Y"并设置值为103°，如图14-47所示。

图14-47

23 将指针移动到第2秒处，在"旋转"选项中修改"Y"的值为0，如图14-48所示。

图14-48

24 新建一个视频轨道，在素材库面板中单击"创建字幕"按钮 **T.**，打开"Quick Titler"面板。然后在画面中输入"8月5日"，接着设置"文字颜色"为白色、"字体"为"微软雅黑"、"字号"为18，并勾选"加粗"选项，最后将字幕放置到适当的位置，如图14-49所示。

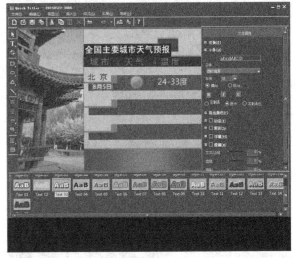

图14-49

25 执行"Quick Titler"面板中的"文件>保存(S)"菜单命令，将字幕保存。然后将日期字幕拖曳到新建的视频轨道中；接着选择该字幕素材，单击鼠标右键，在弹出的菜单中选择"布局"命令，在弹出的"视频布局"中将时间指针移动到第0秒处；最后在"可见度和颜色"选项中激活"素材不透明度"选项，并设置该选项数值为0%，如图14-50所示。

图14-50

26 将指针放置到第1秒处,修改"素材不透明度"选项数值为100,如图14-51所示。

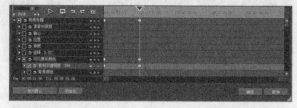

图14-51

27 使用上述同样的方法,完成其他字幕动画的制作。拖动时间指针观看最终的天气预报效果,画面效果如图14-52所示。

图14-52

28 执行"文件>输出(E)>输出到文件(F)"菜单命令,将该项目输出,如图14-53所示。

图14-53

29 在"输出到文件"对话框中,选择"H.264/AVC"格式,然后单击"输出"按钮,如图14-54所示。

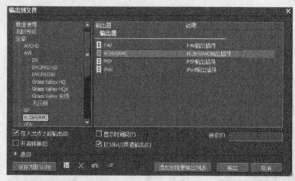

图14-54

30 在"H.264/AVC"对话框中,设置视频输出的路径和名称,然后设置"画质"为"常规",接着单击"保存(S)"按钮,如图14-55所示。EDIUS Pro 7进入数字视频文件的渲染状态中,如图14-56所示。

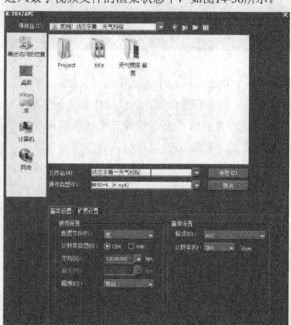

图14-55

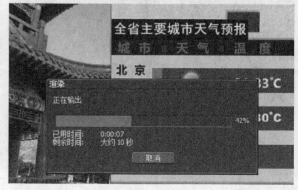

图14-56

31 使用QuickTime播放器观看输出的数字视频文件，如图14-57所示。

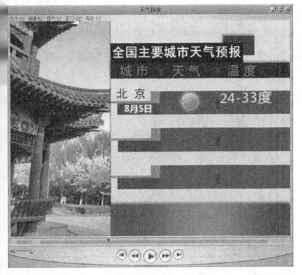

图14-57

【视频字幕制作14-3】：天气预报2

素材位置	实例文件>CH14>实战：天气预报2
实例位置	实例文件>CH14>实战：天气预报2.ezp
视频位置	多媒体教学>CH14>实战：天气预报2.flv
难易指数	★★★☆☆
技术掌握	Quick Titler字幕工具的综合应用

天气预报2完成的效果如图14-58所示。

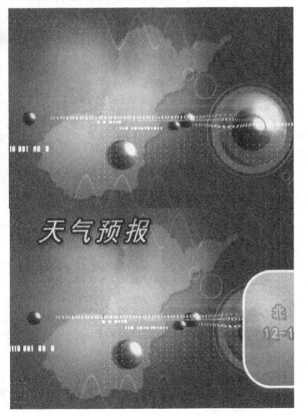

图14-58

01 在桌面上双击EDIUS快捷图标，启动EDIUS Pro 7程序，然后在"初始化工程"对话框中单击"新创建工程（N）"按钮，如图14-59所示。

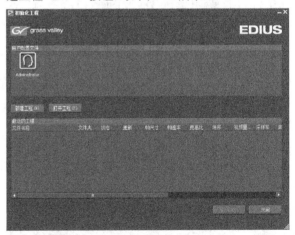

图14-59

02 在"工程设置"对话框的"预设列表"中选择"SD 720×576 25P 4:3 8bit"选项；然后将工程文件命名为"静态字幕—天气预报"，并更改保存路径；接着单击"确定"按钮，关闭"工程设置"对话框，进入EDIUS工作界面，如图14-60所示。

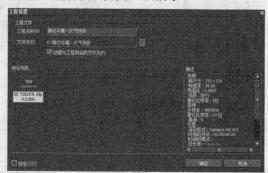

图14-60

03 在"素材库"面板中，单击"导入素材"按钮 🔃，导入"背景.mov"素材，然后将其拖曳到1VA轨道上，如图14-61所示。

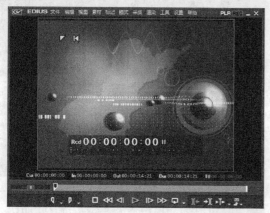

图14-61

04 在"时间线"面板中单击"创建字幕"按钮 Ⓣ，然后在弹出的下拉菜单中选择"Quick Titler"；接着在"Quick Titler"面板中单击"横向文字"按钮 Ⓣ，在合适的位置单击后输入"天气预报"文字。在右侧的属性面板中，设置"X"为70、"Y"为50，"宽度"为322、"高度"为88、"字距"为30、"行距"为0、"字体"为"黑体"、"字号"为40，最后选择"字体倾斜"选项，如图14-62所示。

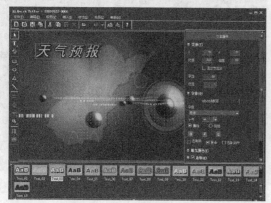

图14-62

05 展开"填充颜色"选项，设置"方向"为60、"颜色"为3；然后调整颜色分别为黄色、白色、粉色；接着展开"边缘"选项，设置"实边宽度"为5、"柔变宽度"为1；再展开"阴影"选项设置"柔边宽度"为6、"透明度"为70、"横向"为7、"纵向"为7，如右图14-63所示。

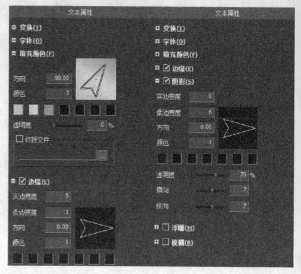

图14-63

06 字幕设置完成后，执行"Quick Titler"面板中的"文件>保存(S)"菜单命令，然后将该字幕拖曳到1T字轨道上，接着设置其出点时间为第6秒，如图14-64所示。

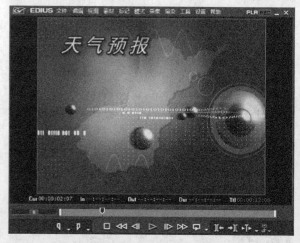

图14-64

07 在"时间线"面板中，单击"创建字幕"按钮 Ⓣ；然后在弹出的下拉菜单中，选择"Quick Titler"选项；接着在"Quick Titler"对话框中，单击"选择对象"按钮 ▶；最后在右侧对象栏中选择"字幕类型"为"爬行（从右）"选项，如图14-65所示。

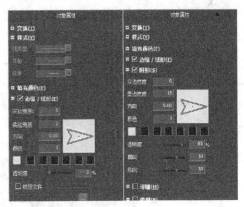

图14-67

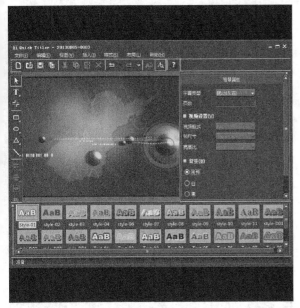

图14-65

08 在对象工具栏中单击"创建圆角矩形"按钮 ，建立圆角矩形；然后在右侧对象栏中修改"X"为56、"Y"为186、"宽度"为585、"高度"为306；接着在"颜色填充"选项中设置"方向"为268、"颜色"为2；再将颜色设置为黄色（R为255、G为249、B为2）和橙色（R为255、G为102、B为0）、"透明度"为19%，如图14-66所示。

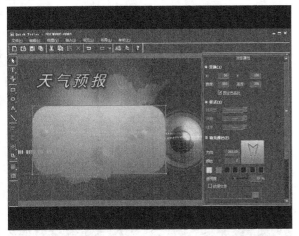

图14-66

09 在"边缘/线型"选项中，设置"实边宽度"为5、"柔边宽度"为2、"颜色"为（红为232、绿为232、蓝为232），然后展开"阴影"选项，设置"柔边宽度"为15、"透明度"为85%、"横向"为10、"纵向"为10，如图14-67所示。

10 在对象工具栏中使用"横向文本"按钮 ，分别创建文字"北京12-13日"和"傍晚有雷阵雨局部地区有大到暴雨"。然后选择"北京12-13日"文字，在右侧的属性面板中，设置"X"为105、"Y"为265、"宽度"为160、"高度"为156、"字距"为20、"行距"为50、"字体"为"黑体"、"字号"为26；接着展开"填充颜色"选项，设置"方向"为120，"颜色"为1，"填充颜色"为亮灰色；再展开"边缘"选项，设置"实边宽度值"为5、颜色为7，根据画面中的颜色进行设置；并在"阴影"选项中，设置"方向"为10、"颜色"为1、"透明度"为60%、"横向"为7、"纵向"为7；最后在"浮雕"选项中，设置"角度"为5、"边缘高度"为3、"照明X轴"为1、"照明Y轴"为2、"照明Z轴"为–3，如图14-68所示。

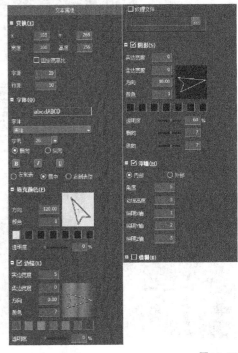

图14-68

11 选择"傍晚有雷阵雨局部地区有大到暴雨"文字，然后在右侧的属性面板中，设置"X"为234、"Y"为112、"宽度"为332、"高度"为246、"行距"为-200、"字体"为"黑体"、"字号"为22，接着展开"填充颜色"选项，设置"方向"为120，"颜色"为1、填充颜色为(红为33、绿为3、蓝为0)，如图14-69所示。文字的最终效果如图14-70所示。

图14-69

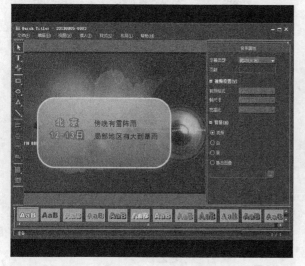

图14-70

12 将上一步中创建的字幕拖曳至2V的轨道中，设置其出点时间为第6秒，如图14-71所示。

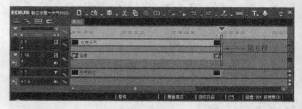

图14-71

13 执行"文件>输出（E）>输出到文件（F）"菜单命令，将该项目输出，如图14-72所示。

图14-72

14 在弹出的"输出到文件"对话框中，选择左边列表中的"H.264/AVC"，然后选择右边列表中的"H.264/AVC"项，接着单击"输出"按钮，如图14-73所示。

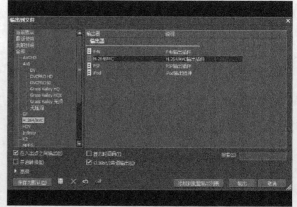

图14-73

15 在"H.264/AVC"对话框中，设置视频输出的路径和名称，然后设置"画质"为"常规"，接着单击"保存（S）"按钮，EDIUS Pro 7就进入数字视频文件的渲染状态中，如图14-74和图14-75所示。

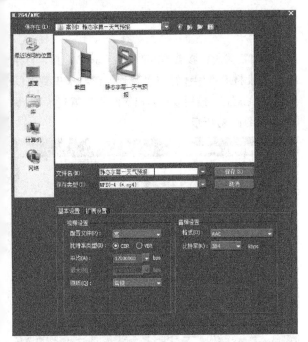

图14-74

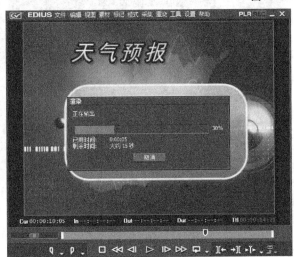

图14-75

16 最后输出的画面效果如图14-76所示。

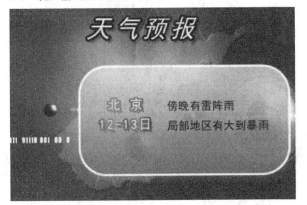

图14-76

14.3 调色案例制作篇

在本小节中通过《国画效果》、《水墨效果》和《老电影效果》案例的综合讲解,让剪辑师们在领会和掌握EDIUS Pro 7中最实用的调色技巧,同时,积累镜头效果合成的实战经验。

【调色案例制作14-4】:国画效果

素材位置　实例文件>CH14>实战:国画效果
实例位置　实例文件>CH14>实战:国画效果.ezp
视频位置　多媒体教学>CH14>实战:国画效果.flv
难易指数　★★★☆☆
技术掌握　色彩平衡、焦点柔化、平滑模糊以及铅笔画等滤镜的综合应用

国画效果完成的效果如图14-77所示。

←── 风景素材

←── 宣纸

←── 印章

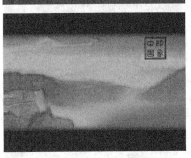

←── 最终效果

图14-77

01 在桌面上左键双击EDIUS快捷图标，启动EDIUS 7程序，然后在"初始化工程"对话框中，单击"新建工程（N）"按钮，如图14-78所示。

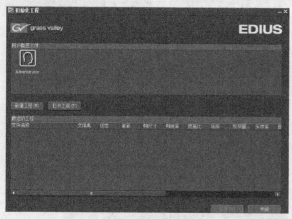

图14-78

02 在"工程设置"对话框中，设置"工程名称（N）"为"国画效果"，然后勾选"自定义（C）"选项，单击"确定"按钮，如图14-79所示。

图14-79

03 在"工程设置"对话框的"视频预设"中选择"SD PAL 720×576 25p 4:3"，然后设置"帧尺寸"为"720×576"、"宽高比"设置为"显示宽高比4:3"、"渲染格式"为"Grass Valley HQ标准"，接着单击"确定"按钮，如图14-80所示。

图14-80

04 在"素材库"面板中单击"导入素材"按钮，出现"打开"对话框；然后选择"风景""宣纸"和"印章"素材；接着单击"打开"按钮，将素材导入至"素材库"中；再将"风景"素材拖曳到时间线1VA轨道上；最后设置其出点时间为第5秒，如图14-81和图14-82所示。

图14-81

图14-82

05 在"特效"面板中选择"特效>视频滤镜>色彩校正>色彩平衡"选项，然后将选择的滤镜拖曳至1VA的"风景"素材上，如图14-83所示。

图14-83

06 在"信息"面板中双击"色彩平衡",然后在弹出的对话框中设置"色度"为-5、"对比度"为13、青—红为-2、黄—蓝为-2,如图14-84所示。

图14-84

07 在"特效"面板中选择"特效>视频滤镜>平滑模糊"选项,将选择的滤镜拖曳至1VA的"风景"素材上,如图14-85所示。

图14-85

08 在"信息"面板中双击"平滑模糊",然后在弹出的"平滑模糊"对话框中,设置"半径(R)"的值为10,如图14-86所示。

图14-86

09 在"特效"面板中选择"特效>视频滤镜>焦点柔化"选项,将选择的滤镜拖曳至1VA的"风景"素材上,如图14-87所示。

图14-87

10 在"信息"面板中双击"焦点柔化",然后在弹出的"焦点柔化"对话框中设置"半径"为15、"模糊"为50、"亮度"为6,如图14-88所示。

图14-88

11 通过"色彩平衡""平滑模糊"和"焦点柔化"滤镜特效调节后,国画的基础效果如图14-89所示。

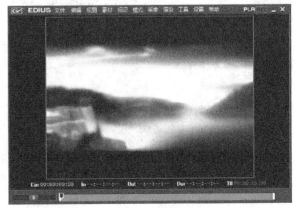

图14-89

12 在时间线中选择1VA轨道中的风景素材，并单击鼠标右键，然后在弹出的菜单中选择"复制"素材命令，接着在空白的2V轨道中单击鼠标右键选择"粘贴"命令，如图14-90所示。

图14-90

13 在"特效"面板中选择"特效>视频滤镜>铅笔画"选项，将选择的滤镜拖曳至2V的"风景"素材上，如图14-91所示。

图14-91

14 在"信息"面板中双击"铅笔画"，在弹出的"铅笔画"对话框中，设置"密度（I）"为15，然后选择"翻转"选项，这样即可完成笔画边界线的效果，如图14-92所示。

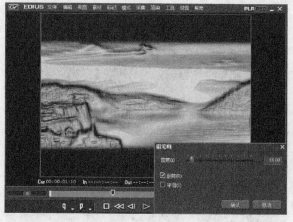

图14-92

15 选择2V轨道上的素材，单击鼠标右键，在弹出的菜单中选择"布局"，打开"视频布局"对话框；然后展开"可见度和颜色"属性，修改"源素材"为40%，这样笔画边界线的效果就可以叠加到原始素材上，如图14-93所示。画面预览效果如图14-94所示。

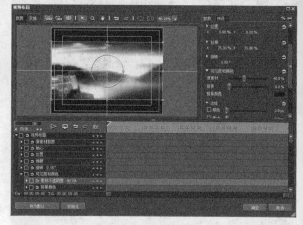

图14-93

图14-94

16 在视频轨道的空白区域单击鼠标右键，在弹出的菜单中选择"添加>在上方添加视频轨道"命令，图14-95所示。

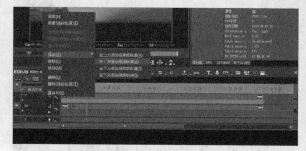

图14-95

17 将"素材库"中的"宣纸"素材拖曳到3V视频轨道中，然后设置其出点时间为第5秒，如图14-96所示。

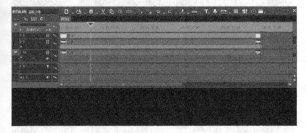

图14-96

18 在"特效"面板中选择"特效>键>混合>强光模式"选项，将选择的滤镜拖曳至3V的"宣纸"素材的透明区域上，如图14-97所示。

图14-97

19 选择"宣纸"素材，单击鼠标右键，在弹出的菜单中选择"布局"命令，打开"视频布局"对话框。然后将"可见度和颜色"中的"源素材"设置为20%，使宣纸的纹理叠加到原始素材上，如图14-98所示。画面预览效果如图14-99所示。

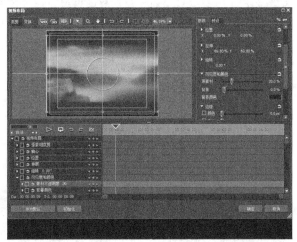

图14-98

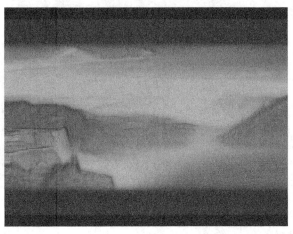

图14-99

20 在视频轨道的空白区域鼠标右键，在弹出的菜单中选择"添加>在上方添加视频轨道"命令，将"素材库"中"印章"素材拖曳到4V视频轨道上，最后设置其出点时间在第5秒处，如图14-100所示。

图14-100

21 选择"印章"素材，单击鼠标右键，在弹出的菜单中选择"布局"命令，打开"视频布局"对话框。然后展开"位置"属性，设置"X"为33.26%、"Y"为-23.68%，接着展开"拉伸"属性栏，设置"X"和"Y"的数值为20%，如图14-101所示。画面的显示效果，如图14-102所示。

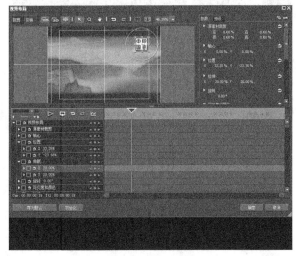

图14-101

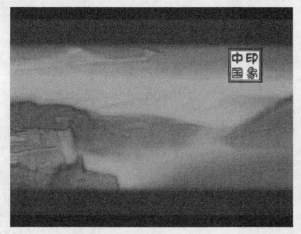

图14-102

22 在"特效"面板中,选择"特效>键>混合>变暗模式"选项,将该滤镜拖曳至4V的"印章"素材的透明区域中,如图14-103所示。画面的预览效果如图14-104所示。

图14-103

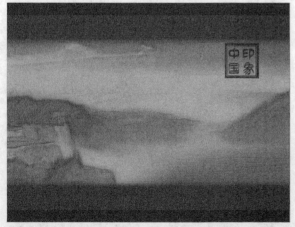

图14-104

23 给国画效果添加遮幅,执行"素材>创建素材>色块"菜单命令,创建一个黑色的色块,如图14-105所示。

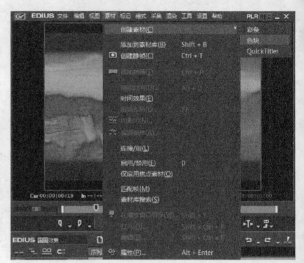

图14-105

24 在视频轨道的空白区域单击鼠标右键,在弹出的菜单中选择"添加>在上方添加视频轨道"命令,新建两个视频轨道;然后将上一步中新建的黑色色块(Color Matte)拖曳到5V视频轨道上,接着设置其出点时间为第5秒,如图14-106所示。

图14-106

25 选择5V视频轨道上的"Color Matte"视频素材,单击鼠标右键,然后在弹出的菜单中选择"布局"菜单命令,打开该素材的"视频布局"对话框,接着在"源素材裁剪"属性栏中设置"底"为485px,如图14-107所示。

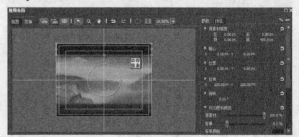

图14-107

26 将"素材库"面板中的黑色色块(Color Matte)拖曳到6V视频轨道上;然后设置其出点时间为第5秒,接着选择6V视频轨道上的"Color Matte"视频素材，单击鼠标右键，再在弹出的菜单中选择"布局"
菜单命令，打开该素材的"视频布局"对话框；最后
在"源素材裁剪"属性栏中，设置"顶"为480px，如
图14-108所示。画面的预览效果，如图14-109所示。

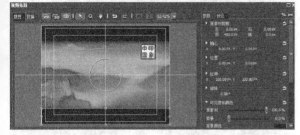

图14-108

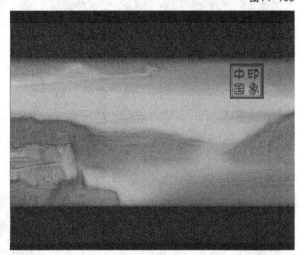

图14-109

27 执行"文件>输出（E）>输出到文件（F）"菜
单命令，将该项目输出，如图14-110所示。

图14-110

28 在弹出的"输出到文件"对话框中，选择左边
列表中的"H.264/AVC"，然后选择右边列表中的
"H.264/AVC"项，接着单击"输出"按钮，如图
14-111所示。

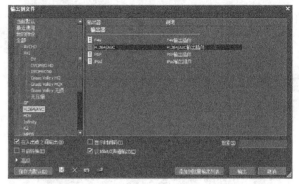

图14-111

29 在"H.264/AVC"对话框中，设置视频输出的路
径和名称，然后设置"画质"为"常规"，接着单击
"保存（S）"按钮，EDIUS Pro 7就进入数字视频文
件的渲染状态中，如图14-112和图14-113所示。

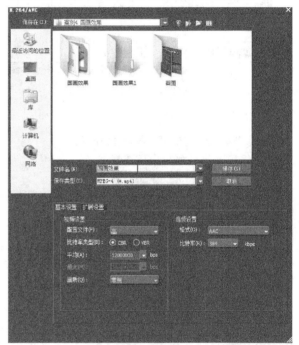

图14-112

图14-113

30 使用QuickTime播放器来播放输出的数字视频文件，画面效果如图14-114所示。

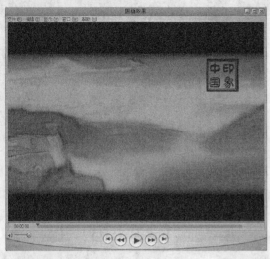

图14-114

【调色案例制作14-5】：水墨效果

素材位置	实例文件>CH14>实战：水墨效果
实例位置	实例文件>CH14>实战：水墨效果.ezp
视频位置	多媒体教学>CH14>实战：水墨效果.flv
难易指数	★★★☆☆
技术掌握	单色、YUV曲线、焦点柔化和浮雕等视频滤镜以及混合模式的应用。

水墨效果完成的效果如图14-115所示。

← 风景素材

← 印章

← 最终效果

图14-115

01 在桌面上左键双击EDIUS快捷图标，启动EDIUS Pro 7程序，然后在"初始化工程"对话框中单击"新建工程（N）"按钮，如图14-116所示。

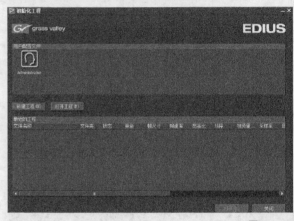

图14-116

02 在"工程设置"对话框中，设置"工程名称（N）"为"水墨"，然后勾选"自定义（C）"选项后，单击"确定"按钮，如图14-117所示。

图14-117

03 在"工程设置"对话框的"视频预设"中选择"SD PAL 720×576 25p 4:3"，然后设置"帧尺寸"为"720×576"、"宽高比"设置为"显示宽高比4:3"、"渲染格式"为"Grass Valley HQ标准"，接着单击"确定"按钮，如图14-118所示。

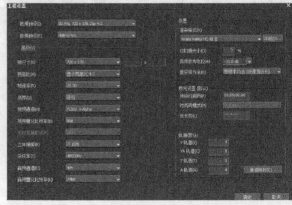

图14-118

04 单击素材库面板中的"导入素材"按钮🖳，选择该案例中所需要的素材，然后单击"打开"按钮导入素材，如图14-119所示。

图14-119

05 将素材库面板中的0044视频素材拖曳到1 VA视频轨道中，画面的显示效果如图14-120所示。

图14-120

06 选择"特效"面板中"特效>视频滤镜>色彩校正>单色"选项，然后将该滤镜拖曳到时间线0044视频素材上，如图14-121所示。画面的预览效果如图14-122所示。

图14-121

图14-122

07 选择"特效"面板中"特效>视频滤镜>色彩校正> YUV曲线"选项，将该滤镜拖曳到时间线0044视频素材上，接着设置"YUV曲线"滤镜中"Y"和"U"通道中的曲线，如图14-123所示。画面的预览效果如图14-124所示。

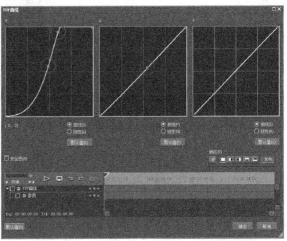

图14-123

图14-124

08 选择"特效"面板中"特效>视频滤镜>焦点柔化"选项,然后将该滤镜拖曳到时间线0044视频素材上,接着修改"焦点柔化"滤镜中"半径(R)"为17、"模糊(B)"为89、"亮度(I)"为20,如图14-125所示。画面的预览效果如图14-126所示。

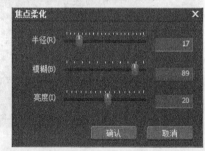

图14-125

图14-126

09 在时间线中选择1VA轨道中的0044视频素材并单击鼠标右键,然后在弹出的菜单中选择"复制"素材命令,接着在空白的2V轨道中单击鼠标右键选择"粘贴"命令,再在2V轨道中,保留0044视频素材上的单色滤镜,删除其他滤镜,如图14-127所示。

图14-127

10 选择"特效"面板中"特效>视频滤镜>浮雕"选项,然后将该滤镜拖曳到时间线2V轨道的0044视频素材上,接着修改"浮雕"滤镜中"深度(E)"为3,如图14-128所示。画面的预览效果如图14-129所示。

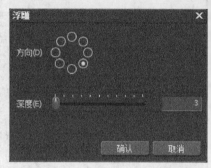

图14-128

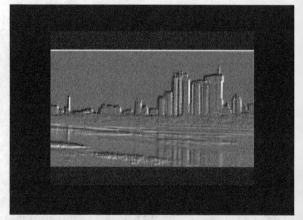

图14-129

11 选择"特效"面板中"特效>视频滤镜>焦点柔化"选项,然后将该滤镜拖曳到时间线2V轨道的0044视频素材上,接着修改"焦点柔化"滤镜中"半径(R)"为25、"模糊(B)"为75、"亮度(I)"为20,如图14-130所示。画面的预览效果如图14-131所示。

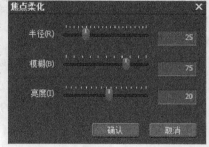

图14-130

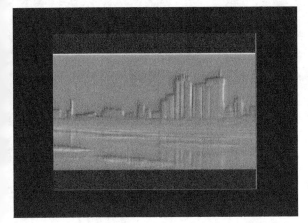

图14-131

12 选择"特效"面板中"特效>视频滤镜>色彩校正> YUV曲线"选项，然后将该滤镜拖曳到时间线2V轨道的0044视频素材上，接着设置"YUV曲线"滤镜中"Y"通道中的曲线，如图14-132所示。画面的预览效果如图14-133所示。

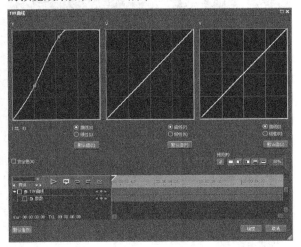

图14-132

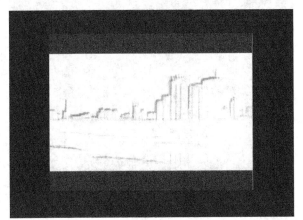

图14-133

13 在"特效"面板中，选择"特效>键>混合>变暗模式"选项，然后将该滤镜拖曳至2V的0044素材的透明区域中，画面的预览效果如图14-134所示。

图14-134

14 在视频轨道空白处执行"单击鼠标右键>添加>在上方添加视频轨道"命令，然后增加视频轨道3V。将素材库中的"宣纸"素材拖曳到视频轨道3V轨道中，接着设置"宣纸"素材的出点时间为第31秒18帧，如图14-135所示。

图14-135

15 选中"宣纸"素材，在"特效"面板中选择"特效>键>混合>变暗模式"选项，然后将"变暗模式"滤镜拖曳到宣纸素材上，如图14-136所示。

图14-136

16 选择"特效"面板中"特效>视频滤镜>色彩校正>颜色轮"选项，然后将该滤镜拖曳到时间线3V轨道的"宣纸"素材上，接着设置"颜色轮"滤镜中"亮度（B）"为127、"对比度（C）"为65，如图14-137所示。

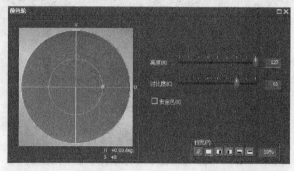

图14-137

17 选择时间线3V轨道的"宣纸"素材，单击鼠标右键，在弹出的菜单中选择"布局"命令，打开"视频布局"对话框，接着展开"可见度和颜色"属性选项，设置"源素材"为56%，如图14-138所示。画面的预览效果如图14-139所示。

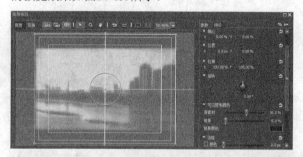

图14-138

图14-139

18 在视频轨道空白处执行"单击鼠标右键>添加>在上方添加视频轨道"命令，然后增加视频轨道

4V，接着将素材库中的"印章"素材拖曳到视频轨道4V轨道中，最后设置"印章"素材的出点时间为第31秒18帧，如图14-140所示。

图14-140

19 选择时间线4V轨道的"印章"素材，单击鼠标右键，在弹出的菜单中选择"布局"命令，打开"视频布局"对话框，接着在"位置"属性中，设置"X"为36.30%、"Y"为-26.10%，最后在"拉伸"属性中，设置"X"和"Y"的数值为17.10%，如图14-141所示。

图14-141

20 执行"文件>输出（E）>输出到文件（F）"菜单命令，将该项目输出，如图14-142所示。

图14-142

21 在弹出的"输出到文件"对话框中，选择左边列表中的"H.264/AVC"，然后选择右边窗口中的"H.264/AVC"项，接着单击"输出"按钮，如图14-143所示。

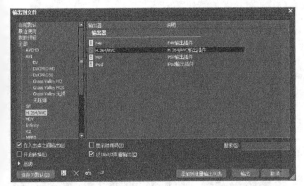

图14-143

22 在"H.264/AVC"对话框中，设置视频输出的路径和名称，然后设置"画质"为"常规"，接着单击"保存（S）"按钮，EDIUS Pro 7就进入数字视频文件的渲染状态中，如图14-144和14-145所示。

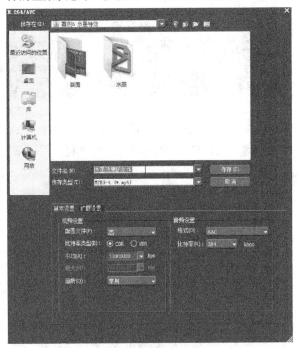

图14-144

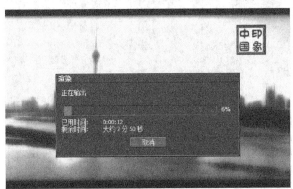

图14-145

23 使用QuickTime播放器来观看最后输出的数字视频文件，画面效果如图14-146所示。

图14-146

【调色案例制作14-6】：老电影效果

素材位置	实例文件>CH14>实战：老电影效果
实例位置	实例文件>CH14>实战：老电影效果.ezp
视频位置	多媒体教学>CH14>实战：老电影效果.flv
难易指数	★★★☆☆
技术掌握	老电影、视频噪声和色彩平衡等滤镜的综合应用。

老电影完成的效果如图14-147所示。

图14-147

01 在桌面上双击EDIUS快捷图标，启动EDIUS Pro 7程序，然后在"初始化工程"对话框中单击"新建工程（N）"按钮，如图14-148所示。

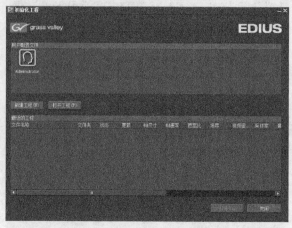

图14-148

02 在"工程设置"对话框中，设置"工程名称（N）"为"老电影"，然后勾选"自定义（C）"选项，单击"确定"按钮，如图14-149所示。

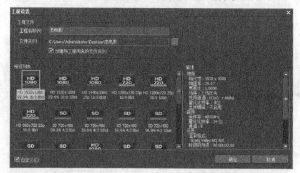

图14-149

03 在"工程设置"对话框的"视频预设"中选择"SD PAL 720×576 25p 16:9"，接着设置"帧尺寸"为"720×576"、"宽高比"为"显示宽高比16:9"、"渲染格式"为"Grass Valley HQ标准"，最后单击"确定"按钮，如图14-150所示。

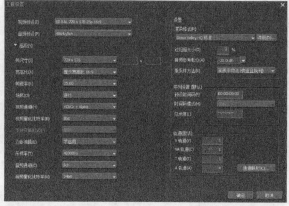

图14-150

04 单击"素材库"面板按钮栏上的"添加素材"按钮，导入所需要剪辑的素材，如图14-151所示。

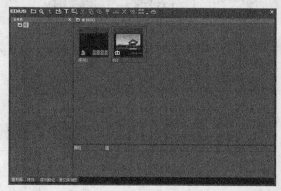

图14-151

05 将素材库中的011素材拖曳到视频轨道1VA轨道中，然后设置其出点时间为第10秒，如图14-152所示。

图14-152

06 选择"特效"面板中"特效>视频滤镜>老电影"选项；然后将该滤镜拖曳到时间线011视频素材上，并修改"老电影"设置面板中"毛发比率"为50、"大小"为50、"数量"为20、"亮度"为50、"持续时间"为10；接着在"刮痕和噪声"选项中，设置"数量"为50、"亮度"为120、"移动性"为120、"持续时间"为100；再在"帧跳动"选项中，设置"偏移"为60、"概率"为10，并在"边缘暗化"区域，设置"暗化"为60；最后在"闪烁"选项区，设置"幅度"为16，单击"确定"按钮，如图14-153所示。

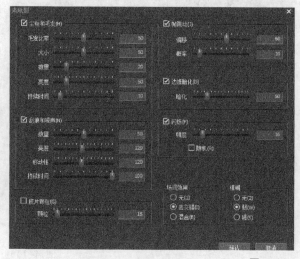

图14-153

07 选择"特效"面板中"特效>视频滤镜>色彩校正>视频噪声"选项，将该滤镜拖曳到时间线011视频素材上，然后设置"视频噪声"滤镜中"比率（R）"为17，如图14-154所示。画面的预览效果如图14-155所示。

图14-154

图14-155

08 选择"特效"面板中"特效>视频滤镜>色彩校正>色彩平衡"选项，然后将该滤镜拖曳到时间线011视频素材上，设置"色彩平衡"滤镜中"亮度"为-6、"对比度"为12，青—红的数值为15、黄—蓝为-18，如图14-156所示。画面的预览效果如图14-157所示。

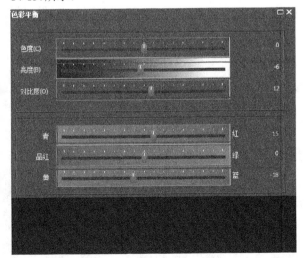

图14-156

图14-157

09 执行"文件>输出（E）>输出到文件（F）"菜单命令，将该项目输出，如图14-158所示。

图14-158

10 在弹出的"输出到文件"对话框中，选择左边列表中的"QuickTime"选项，然后选择右边列表中的"QuickTime Grass Valley HQ很好 8bit 4:2:2在线（很好）"选项，接着单击"输出"按钮，如图14-159所示。

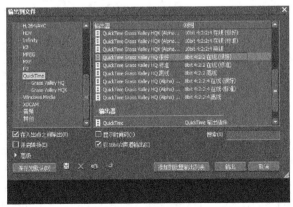

图14-159

11 在"QuickTime"对话框中，设置视频输出的路径和名称，然后单击"保存（S）"按钮，EDIUS Pro 7就进入数字视频文件的渲染状态中，如图14-160和图14-161所示。

12 使用QuickTime播放器来观看最后输出的数字视频文件，画面效果如图14-162所示。

图14-162

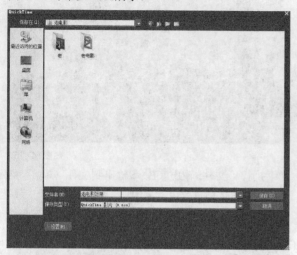

图14-160

图14-161

EDIUS

第 15 章

商业案例

在本章中通过一个真实的商业案例来演绎常规宣传片的制作思路和手法。通过该案例的讲解与学习，旨在提升读者在商业项目制作方面的能力，同时为读者在今后的工作中积累一些经验。

15.1 概述

　　这是一条关于河南洛阳文化旅游的宣传片，主要介绍洛阳的旅游、饮食和文化等。首先根据配乐和视频素材，按照一定的节奏和顺序进行宣传片的剪辑，然后根据画面的需要制作一些小元素，最终完成宣传片的制作。

素材位置	实例文件>CH15>豫见河南 品味洛阳
实例位置	实例文件>CH15>豫见河南 品味洛阳.ezp
视频位置	多媒体教学>CH15>豫见河南 品味洛阳.flv
难易指数	★★★★☆
技术掌握	城市文化宣传片的制作流程

　　本案完成的效果如图15-1所示。

图15-1

15.2 项目创建

01 在桌面上双击EDIUS快捷图标，启动EDIUS Pro 7程序。在"初始化工程"对话框中，单击"新建工程（N）"按钮，如图15-2所示。

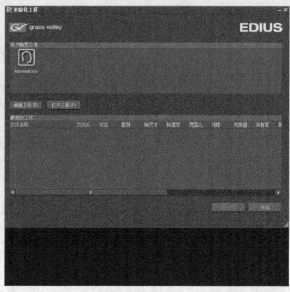

图15-2

02 在"工程设置"对话框中设置"工程名称（N）"为"豫见河南 品味洛阳"，然后勾选"自定义（C）"选项，最后单击"确定"按钮，如图15-3所示。

图15-3

03 在"工程设置"对话框的"视频预设"中选择"SD PAL 720×576 25p 4:3"，设置"帧尺寸"为"自定义720×576"、"宽高比"为"显示宽高比4:3"、"渲染格式"为"Grass Valley HQ标准"，最后单击"确定"按钮，如图15-4所示。

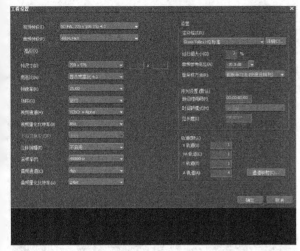

图15-4

04 在"素材库"面板单击"导入素材"按钮，然后在"打开"对话框中框选所需的视频素材，接着单击"打开"按钮导入素材，如图15-5所示。

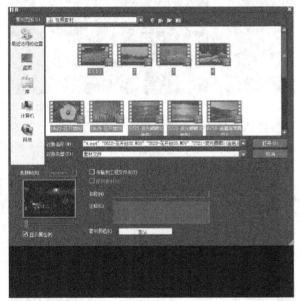

图15-5

15.3 整理素材

01 将素材导入到素材库后，发现该宣传片制作中需要使用的素材较多，需要对素材进行整理和分类。在素材库面板左侧执行"右键>新建文件夹"菜单命令，建立一个文件夹，然后将该文件夹重命名为"视频素材"，最后将刚才导入的所有素材拖曳到"视频素材"文件夹中，如图15-6所示。

图15-6

02 单击"添加素材"按钮，导入"片头"素材，如图15-7所示。

图15-7

03 选择"片头"素材，然后将其拖曳到"序列1"的时间线1VA轨道中，如图15-8所示。

图15-8

15.4 粗剪镜头

01 在素材库中选择"日出"素材，将其拖曳至时间线1VA轨道上，放置在片头结束的位置。在"素材库"面板中双击"宣传片"素材；然后在"播放窗口"中将时间指针拖动到第39秒15帧处，单击"设置入点"按钮 设置该素材的入点；接着单击"播放"按钮 ，再在第46秒24帧处单击"设置出点"按钮 设置该素材的出点；最后单击"插入到时间线"按钮 ，将该段素材添加到时间线上，如图15-9所示。

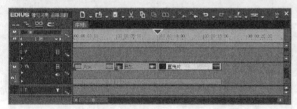

图15-9

02 在"素材库"中双击"旅游宣传片01"素材；然后在"播放窗口"中将时间指针拖动到第5分07秒23帧处；接着单击"设置入点"按钮 设置该素材的入点，点击"播放"按钮 ；再在第5分12秒04帧处，单击"设置出点"按钮 设置该素材的出点；最后单击"插入到时间线"按钮 ，将该段素材添加到时间线上，如图15-10所示。

图15-10

03 采用上述同样的步骤，将该宣传片中所需要的镜头素材添加在时间线1VA轨道上，如图15-11所示。

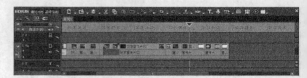

图15-11

04 在时间线1VA轨道上的视频素材上单击鼠标右键，然后在弹出的菜单中选择"连接/组>解锁"命令，将视频素材与音频素材进行分解，如图15-12所示。

图15-12

05 将1VA轨道上解锁后的所有音频素材删除，便于在后续剪辑工作中使用其他背景音乐，如图15-13所示。

图15-13

15.5 备份素材

01 对挑选出来的素材进行复制操作，便于错误操作或删除素材时调用。在菜单中执行"文件>新建>序列"命令，建立一条新的时间线，如图15-14所示。

图15-14

02 框选"序列1"中的所有镜头素材，然后单击鼠标右键，接着在弹出的菜单中选择"复制（C）"命令，如图15-15所示。

图15-15

03 在"序列2"时间轨道的空白位置单击鼠标右键，然后在弹出的菜单中选择"粘贴（P）"命令，将"序列1"中的素材备份到"序列2"时间线中，如图15-16所示。

图15-16

15.6 添加配乐

01 在"素材库"面板的"根"文件夹目录下创建一个文件夹，然后将其命名为"配乐"，接着双击鼠标左键，导入该宣传片中所需要的配乐，如图15-17和15-18所示。

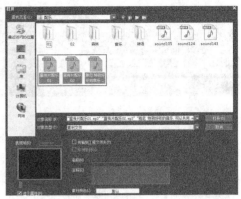

图15-17

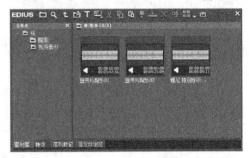

图15-18

02 选择"宣传片配乐01"素材，然后将其拖曳至"序列1"的时间线1 A轨道中，如图15-19所示。

图15-19

03 将"序列1"时间线中的1A轨道上的配音展开，可以通过配音素材的波形表看到段落间隔；然后选择音频轨道，将时间滑块拖动到29秒16帧处；接着按"C"键，将前面部分的音频素材删除；最后将剩下的部分拖曳到0帧处，如图15-20所示。时间线上最终显示效果如图15-21所示。

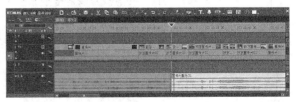

图15-20

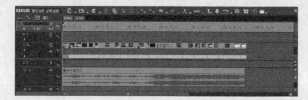

图15-21

技巧与提示

所有影片都应按照节奏进行剪辑，宣传片的制作更应严格地按照配音或音乐来进行剪辑。本案例没有使用配音，而是根据音乐的节奏进行素材的剪辑，从而使观看者接受片中的影音元素。

15.7 精剪镜头及添加转场

01 将"序列1"时间线中除"片头"之外的其他所有视频素材整体向后移动，准备进行实际剪辑操作。针对该"片头"素材，为其创建"淡入淡出"效果。在"特效"面板中选择"特效>转场>2D>溶化"，接着将"溶化"转场拖拽至片头开始部分，最后将淡入的持续时间设置为1秒，如图15-22所示。

图15-22

02 为"片头"添加淡出效果，然后在"特效"面板中拖动"溶化"转场至片头结束部分，将淡出的时间设置为0.5秒，如图15-23所示。

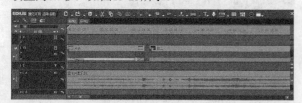

图15-23

03 片头淡出之后，中间留黑15帧的位置，接着为日出素材添加淡入效果，按上述同样的步骤为该素材添加"溶化"转场。继续选择该段素材，执行"右键>持续时间"菜单命令，弹出"持续时间"对话框，可以看出该段素材的时间长度为9秒18帧，如图15-24和图15-25所示。

图15-24

图15-25

04 在"持续时间"对话框中，将"持续时间"修改为5秒，单击"确定"按钮，使该段素材加速，时间长度为5秒，如图15-26和图15-27所示。

图15-26

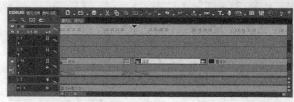

图15-27

05 为控制观看影片的节奏，在日出镜头和后面的大门镜头之间增加"溶化"转场，并将转场的时间设置为1秒，使两个镜头之间产生淡入淡出的效果，如图15-28所示。

图15-28

技巧与提示

根据配乐的节奏和镜头所要表现的顺序，在大门镜头后面加入了一组名胜古迹镜头。为了避免观看者视觉疲劳并丰富镜头内容，在大段落的并列素材使用上要遵循"2.5秒原则"，也就是每段相似内容的素材在观看者能接受的2～3秒内进行切换，避免产生拖沓的视觉感觉。

06 在一组并列的名胜古迹镜头之后，加入一组风景区素材，同时加入一段慢转动镜头的仰拍素材，充分展示河南和洛阳美丽的风景。镜头可采用大景、中景和特写镜头相结合的方式表现，在风景区展示结束时，以一只蝴蝶在花朵上驻足的特写镜头结束，如图15-29和图15-30所示。

图15-29

图15-30

07 在风景区镜头结束之后，剪接一组河南和洛阳的美食镜头。根据音乐加入河南烩面制作工艺和食材、洛阳不翻汤、洛阳水席等镜头，通过水席中不同菜品的变换展示出洛阳的美食，如图15-31和图15-32所示。

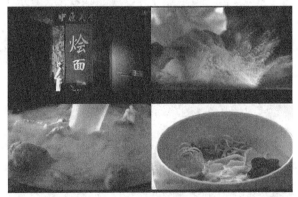

图15-31

图15-32

08 在饮食镜头结束之后，加入河南和洛阳的文化内容。第一组镜头为牡丹的大景，接着是一组牡丹竞相开放和各地游客赏花的镜头，同时加入花朵的镜头，如图15-33所示。

图15-33

09 在结尾部分加入河南和洛阳的航拍城市大景、牡丹花会的开幕式、音乐喷泉和市体育馆等一组镜头，展示洛阳的飞速发展和作为经济副中心城市的美景，以大气镜头结束此段落，如图15-34所示。

图15-34

10 选择最后一个镜头，然后为其添加"溶化"转场，使视频素材在结束位置逐渐淡出。接着为音乐设置淡出效果，首先单击1A轨道上的小三角；然后将时间线滑块放置在2分15秒处，在音频的波形上单击即可添加一个关键帧，将时间线滑块放置该音频的结尾处；最后添加一个关键帧，选择结尾处的关键帧向下拖动，使音频素材在结束位置逐渐消失。此段影片的剪辑操作如图15-35所示。

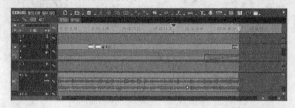

图15-35

11 将时间线滑块放置在起始位置，为开头音乐创建淡入效果。在1A轨道上的第1秒处增加关键帧，将开头处的关键帧向下拖动，完成淡入效果，如图15-36所示。

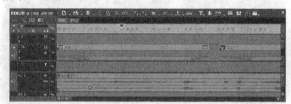

图15-36

12 单击键盘的空格键播放影片，可发现部分镜头之间衔接过于生硬，所以需要进行转场处理。在"特效"面板中选择"转场>2D>溶化"，将其拖曳至需要增加转场的镜头中间，使镜头之间产生渐变过渡衔接，如图15-37所示。

图15-37

15.8 字幕及元素的添加

01 下面为宣传片添加字幕。在"素材库"面板中单击鼠标右键，然后新建一个文件夹，并将其命名为"字幕"。接着将其拖曳到"根"目录下，再双击"素材库"面板，导入需要的字幕文件，如图15-38所示。

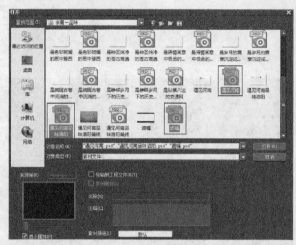

图15-38

02 在"素材库"面板中拖曳"遇见河南"字幕文件至2V轨道中，如图15-39所示。

图15-39

03 下面调整字幕的位置。选择"字幕"素材，双击"信息"面板中的"视频布局"选项，打开"视频布局"对话框，接着展开"位置"属性，设置"X"的数值为28.28%、"Y"的数值为37.11%，最后单击"确定"按钮，如图15-40所示。画面显示效果如图15-41所示。

图15-40

图15-41

04 将字幕"遇见河南"的入点时间与日出镜头的入点时间保持同步，然后拖曳"溶化"转场至字幕Mix区域，为字幕增加淡入效果，如图15-42所示。画面预览效果如图15-43所示。

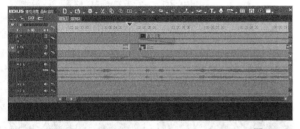

图15-42

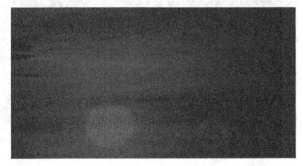

图15-43

05 使用上一步的操作，为字幕添加淡出效果。将"溶化"转场拖曳至字幕素材的结尾处，使字幕产生淡出效果，如图15-44所示。

图15-44

06 选择视频轨道，执行"右键>添加>在上方添加

视频轨道"菜单命令，为该时间线添加视频轨道，如图15-45所示。

图15-45

07 在"素材库"面板中导入"遮幅"素材，并将其拖曳到3V轨道上；然后打开"视觉布局"面板，修改"位置"中的"X"值为-0.20%、"Y"的值为0.90%；接着修改"拉伸"中"X"和"Y"的数值均为78.00%，如图15-46所示。画面的预览效果如图15-47所示。最后设置"遮幅"素材的出点时间在第2秒21分17帧处。

图15-46

图15-47

08 在宣传片结尾部分增加最终定版。在"素材库"面板中导入"遇见河南品味洛阳"素材，然后将其拖曳至1VA轨道上最后一个镜头的后面，接着设置该素材的时间长度为5秒，最后为该素材添加淡入淡出效果，同时将音乐向后延长，如图15-48所示。

图15-48

15.9 成片输出

01 按空格键播放完成的影片，在确认剪辑工作完成后执行"文件>输出>输出到文件"命令，将项目输出，如图15-49所示。

图15-49

02 在弹出的"输出到文件"对话框中选择输出为"Quick Time"格式，然后在输出器中选择"Quick Time Grass Velley HQ标准"类型，然后单击"输出"按钮，如图15-50所示。

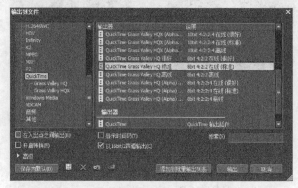

图15-50

03 在设置视频输出的路径和名称后，单击"保存（S）"按钮，如图15-51所示。在执行渲染操作后，弹出的"渲染"对话框中将显示输出进度与已用时间信息，如图15-52所示。

图15-51

图15-52

04 在渲染输出后，使用QuickTime播放器来观看视频，最终的影片画面效果如图15-53所示。

图15-53